木工表面处理
操作精解

［美］杰夫·朱伊特◎著　　倪海岚◎译

北京科学技术出版社

免责声明： 由于木工操作过程本身存在受伤的风险，因此本书无法保证书中的技术对每个人来说都是安全的。如果你对任何操作心存疑虑，请不要尝试。出版商和作者不对本书内容或读者为了使用书中的技术而使用相应工具造成的任何伤害或损失承担任何责任。出版商和作者敦促所有操作者遵守木工操作的安全指南。

Originally published in the United States of America by The Taunton Press, Inc. in 2004
Translation into Simplified Chinese Copyright © 2022 by Beijing Science and Technology Publishing Co., Inc., All rights reserved. Published under license.

著作权合同登记号　图字：01-2019-2245

图书在版编目（CIP）数据

木工表面处理操作精解 /（美）杰夫·朱伊特著；倪海岚译. —北京：北京科学技术出版社，2022.9
书名原文：Taunton's Complete Illustrated Guide to Finishing
ISBN 978-7-5714-2320-9

Ⅰ.①木…　Ⅱ.①杰…　②倪…　Ⅲ.①木制品－涂漆　Ⅳ.① TS664.05

中国版本图书馆 CIP 数据核字（2022）第 087439 号

策划编辑：刘　超　张心如
责任编辑：刘　超
责任校对：贾　荣
营销编辑：葛冬燕
封面制作：异一设计
图文制作：天露霖文化
责任印制：李　茗
出 版 人：曾庆宇
出版发行：北京科学技术出版社
社　　址：北京西直门南大街 16 号
ISBN 978-7-5714-2320-9

定　　价：168.00 元

邮政编码：100035
电　　话：0086-10-66135495（总编室）
　　　　　0086-10-66113227（发行部）
网　　址：www.bkydw.cn
印　　刷：北京利丰雅高长城印刷有限公司
开　　本：889 mm×1194 mm　1/16
字　　数：500 千字
印　　张：16.75
版　　次：2022 年 9 月第 1 版
印　　次：2022 年 9 月第 1 次印刷

致谢

本书的出版是群策群力的结果。感谢来自雾化喷涂科技公司（C.A.Technologies）的鲍勃·尼迈耶（Bob Niemeyer）、保罗·菲什拜因（Paul Fishbein）、保罗·威拉德（Paul Willard）、鲍勃·梅勒特（Bob Mellete），感谢莫霍克表面处理产品公司（Mohawk Finishing Products）的格雷格·威廉姆斯（Greg Williams）和帕特·迪瓦恩（Pat Devine），感谢来自富尔国际（Fuhr International）的戴夫（Dave）和亚当·富尔（Adam Fuhr），感谢靶向涂层公司（Target Coatings）的杰夫·韦斯（Jeff Weiss），感谢博世公司（Bosch）的克里斯·卡尔森（Chris Carlson），感谢他们为本书提供的技术指导、文字校对和专业知识。感谢汤顿出版社（Taunton Press）的海伦·阿尔伯特（Helen Albert）和珍妮弗·彼得斯（Jennifer Peters），是他们的努力让这本书得以问世。感谢凯斯西储大学（Case Western Reserve University）的戴维·马蒂森（David Matthiesen）、约翰·西尔斯（John Sears）、艾伦·麦克维尔（Alan McIlwain）和拉拉·基弗（Lara Keefer），他们为本书提供了清晰的扫描电镜图像。

感谢沃默思吉他（Warmoth Guitars）的保罗·沃默思（Paul Warmoth），感谢巴特利收藏（Bartley Collection）、博世公司（Bosch）、工业木工涂料（IC&S）、克利夫兰木材公司（Cleveland Lumber）的文斯·瓦伦蒂诺（Vince Valentino）、莫霍克表面处理产品公司、津色涂料（Zinsser）、波特电缆（Porter Cable）、杰特设备（Jet Equipment）、斯图尔特-麦克唐纳吉他商店（Stewart-MacDonald Guitar Shop Supply）、桑迪池塘硬木公司（Sandy Pond Hardwoods）的马克·亚当斯（Marc Adams）和吉姆·柯比（Jim Kirby）、比尔工具公司（The Beall Tool Company）、雾化喷涂科技公司、精确喷涂公司（Accuspray）、克雷默颜料（Kremer Pigments）、俄亥俄州索伦市（Solon）的DSI分销公司（DSI Distributing Inc）、班科销售公司（Benco Sales）、涡轮公司（Turbinaire），感谢他们为本书提供的产品支持。

最后，诚挚地感谢我的编辑保罗·安东尼（Paul Anthony），感谢我的岳父乔治·韦瑟比（George Weatherbe），他在本书的创作过程中给予了我很大的帮助。感谢我的朋友兼得力助手巴里·瑞特（Barry Reiter）。最后，感谢我的妻子苏珊，她精湛的摄影技术与细致的构图让这本书变得生动，她的耐心与热情同样激励着我，帮助我完成这项浩大的工程。

献给我的妻子，苏珊（Susan）。

引言

表面处理是家具制作中的最后一道工序。涂层不仅可以保护木料免受污渍、水渍和其他损害的影响，同时可以使木料的颜色层次更加丰富，使木料的光泽更契合作品的气质。对我来说，表面处理是整个作品制作过程中最惬意的环节，因为它把所有元素融汇在了一起。不管是为具有复杂花纹的卷曲枫木擦涂油或虫胶，还是成功完成了老涂层的修复，你都会发现表面处理带给你的快乐。

不过，我敢打赌，对大多数人来说，表面处理并不有趣，甚至令人感觉痛苦。因为在表面处理时，木匠们总是遇到自己想要竭力避免的问题。比如"鱼眼""褶皱""斑点""渗色"以及"橘皮"这些问题，你希望它们出现在你处理的家具上吗？

这本书会为你提供进行表面处理的指导，让你也像我一样从中感受到快乐。我的表面处理技术是基于大量的错误积累起来的，你可能没有那么多的时间和机会像我一样进行尝试，因此，我会对工具、产品和操作技术进行详细的阐述，使你逐渐获得对表面处理过程的控制能力，并从中获得乐趣。这里没有教条式的建议，我会将经典的处理方式与新技术和现代材料结合起来，向你展示这项技术的迷人之处。

你会看到，本书大约 30% 的篇幅都在讲木料表面的预处理，这也是本书与其他同类书籍的不同之处。恰当的表面预处理可使后续的表面处理过程事半功倍。预处理之后我们会介绍木料的染色，作为表面处理中问题比较集中的部分，我用了一整个"部分"来介绍染色问题的排除与解决。在这之后，我会讲解如何根据表面处理产品的物理、化学性质以及作品的美学需要来选择产品。最后，我会介绍表面处理产品的涂布方法，你会学到法式抛光工艺、喷涂技术以及水基表面处理产品的使用要点。

最重要的是保持开放的心态。虽然表面处理没有什么秘密和捷径，但确实有一些实用的建议和技巧可以帮助你快速入门。不管是染色、填充孔隙还是涂抹面漆，我都会展示尽可能多的操作选择供你参考。我同样希望你能在学习过程中受到启发，发展出属于你自己的技巧。我从事表面处理已逾 40 年，但我感觉需要学习的东西仍然很多。这本书只是一个起点，你应当大胆尝试，形成属于自己的方法体系。

如何使用本书

首先，这本书是用来使用的，而不是用来放在书架上积灰的。当你需要使用一种新的或者不熟悉的技术时，你就要把它取来，打开并放在工作台上。所以，你要确保它靠近你进行木工制作的地方。

在接下来的几页，你会看到各种各样的方法，基本涵盖了这一领域重要的木工制作过程。和很多实践领域相同，木工制作过程同样存在很多殊途同归的情况，到底选择哪种方法取决于以下几种因素。

时间。你是十分匆忙，还是有充裕的时间享受手工工具带给你的安静制作过程？

你的工具。你是拥有那种所有木工都羡慕的工作间，还是只有常见的手工工具或电动工具可用？

你的技术水平。你是因为刚刚入门而喜欢相对简单的方法，还是希望经常挑战自己，提高自己的技能？

作品。你正在制作的作品是为了实用，还是希望获得一个最佳的展示效果？

这本书囊括了多种多样的技术来满足这些需求。

要想找到适合自己的方式，你首先要问自己两个问题：我想得到什么样的结果，以及为了得到这一结果我想使用什么样的工具？

有些时候，有许多方法和工具可以得到同样的结果；有些时候，只有一两种可行的方法。但无论哪种情况，我们都要采用最为实用的方法，所以你可能不会在本书中找到你喜欢的完成某个特殊过程的奇怪方法。这里介绍的每一种方法都是合理的，还有少数方法是为了放松你在木工制作过程中紧绷的肌肉而准备的。

为了条理清晰，本书的内容通过两个层次展开。"部分"把所有内容划分为几个大块，"章节"则是把关联性强的技术及其建议汇总在一起。我们通常按照从最普通的方法到需要特殊工具或更高技能的制作工艺的顺序展开内容，也有少数一些内容以其他的方式展开。

在每个"部分"你首先会看到一组标记页码的照片。这些照片是形象化的目录。每张照片代表一个章节，页码则是该章节的起始页。

每个章节以一个概述或简介开始，随后是相关的工具和技术信息。每一章的重点是一组技术，其中囊括了包括安全提示在内的重要信息。你会了解到本章特定的工具和如何制作必要的夹具。

分步图解是本书的核心部分。操作过程中的关键步骤会通过一组照片展示出来，与之匹配的文字描述操作过程，引导你通过图文的相辅相成理解相关操作。根据个人学习习惯的不同，先看文字或者先看图都可以。但要记住，图片和文字是一个整体。有时候，其他章节会存在某种方法的替代方法，书中也会专门提及。

为了提高阅读效率，当某个工艺或者相似流程中的某个步骤在其他章节出现时，我们会用"交叉参考"的方式标示出来。你会在概述和分步图解中看到黄色的交叉参考标记。如果你看到标记，请务必仔细阅读相关内容，这些安全警告千万不能忽略。无论何时，如果你看到 ! 标记，请务必仔细阅读相关内容，这些安全警告千万不能忽略。无论何时一定要安全操作，并使用安全防护设备。如果你对某个技术感到不确定，请不要继续操作，而是尝试另一种方法。

另外，我们在保留原书英制单位的同时加入了公制单位供参考，并且为了方便大家学习，长度单位统一采用毫米为单位。

最后，无论何时你想温故或者知新，都不要忘了使用这本书。它旨在成为一种必要的参考，帮助你变成更好的木工。能够达到这一目的的唯一方式就是让它成为和你心爱的凿子一样熟悉的工作间工具。

——编者

目　录

▶ **第一部分　工具　1**

第1章　表面处理环境　2

操作空间 2

喷涂表面处理产品 6

储存与配制表面处理产品 8

固定与移动部件 9

消防与安全 11

第2章　表面预处理工具　13

切削工具 13

打磨工具 15

集尘工具 22

气动工具 23

研磨工具 26

第3章　表面处理工具　30

手工工具 30

喷枪和喷涂方式 32

安全装备 35

刷涂和喷涂 37

▶ **第二部分　表面预处理　43**

第4章　平面的预处理　44

准备工作 44

规划操作 45

电动机械打磨 45

手工打磨 47

处理大面 48

处理部件边缘 55

第 5 章　曲面和复杂表面的预处理 58

从整齐的切口开始 58

固定部件 58

砂磨块和砂磨垫 59

平顺优先 60

手工打磨 60

电动机器打磨 61

处理曲面 62

第 6 章　修补缺陷 71

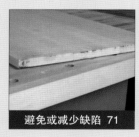

避免或减少缺陷 71

检查预处理表面 72

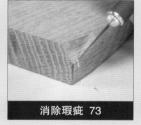

消除瑕疵 73

制作木补丁 74

使用填料 74

修补操作 78

第三部分　木料染色 85

第 7 章　染色基础与操作 86

色素染色剂 86

染料染色剂 88

染色剂产品 90

染色剂的使用 92

染色剂的选择 94

染色操作 95

第 8 章　釉料、填料染色剂和调色剂 104

釉料 104

填料染色剂 108

调色剂 109

操作实例 113

第 9 章　天然染料、化学染色剂与漂白剂 120

天然染料 120

化学染色剂 121

漂白剂 125

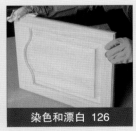
染色和漂白 126

第 10 章　颜色控制 131

控制端面的吸收 131

控制斑点形成 132

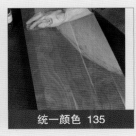
统一颜色 135

胶合板与木皮的染色 136

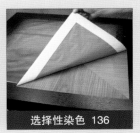
选择性染色 136

配色 137

制作比色板 139

工业方法 140

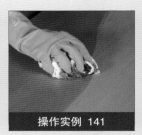
操作实例 141

色彩理论的应用 148

► 第四部分　填充剂与封闭剂 151

第 11 章　填充剂 152

是否进行填充 152

使用面漆填充 153

使用膏状木填料填充 154

油基膏状木填料 154

水基膏状木填料 156

彩色膏状木填料 157

填充操作 159

第 12 章　封闭剂 167

简化打磨过程 167

加快干燥与防止起毛刺 167

使用面漆封闭 168

防止染色剂迁移和污染 168

封闭剂种类 168

封闭操作 171

第五部分　面漆 175

第 13 章　选择面漆 176

面漆的选择 176

挥发性面漆与反应性面漆 177

耐久性 178

外观 179

安全性与环境问题 180

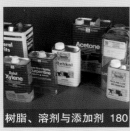
树脂、溶剂与添加剂 180

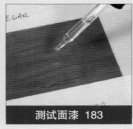
测试面漆 183

涂抹面漆的基础 184

测试和测量 186

刷涂 188

喷涂 191

第 14 章　反应性面漆 197

纯油 197

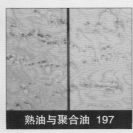
熟油与聚合油 197

纯油的使用基础 198

清漆 199

油与清漆的混合物 201

改性面漆 201

操作实例 205

第 15 章　挥发性面漆 212

虫胶 212

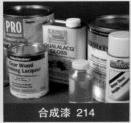
合成漆 214

虫胶与合成漆的使用 215

操作实例 219

第 16 章　水基面漆 228

历史与发展 228

水基面漆的成分 228

水基面漆的使用 229

水基面漆的涂抹 233

水基涂料 235

使用水基面漆 236

第 17 章　擦拭漆面 242

擦拭涂层 242

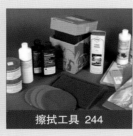
擦拭工具 244

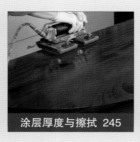
涂层厚度与擦拭 245

擦涂操作 248

◆ 第一部分 ◆
工 具

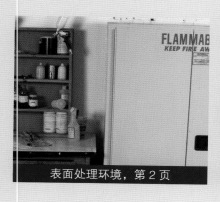

表面处理环境，第 2 页

表面预处理工具，第 13 页

表面处理工具，第 30 页

用来处理木料的工具也许不如台锯或电木铣那般迷人，但它们同样重要。合适的工具是获得满意处理效果的关键。表面处理过程中常用到的两类工具分别是表面预处理工具和表面处理工具。表面预处理工具包括手工刨、刮刀和砂光机——这些工具具有不同的使用方式，能够产生不同的处理效果。表面处理工具囊括了从简单的刷子到复杂的喷涂系统的多种工具，这类工具对处理效果的影响与产品的选择同等重要。

除了一般的工具，表面处理还会用到一些基础的必需品，比如防护设备、储物柜，以及照明、通风和供暖条件良好的操作区域。这一部分将会就如何准备操作区域，以及表面处理过程中该使用何种工具与防护设备进行阐述。

第 1 章
表面处理环境

不管在哪里进行表面处理，保持操作区域整洁、通风顺畅和光线充足都是很重要的。操作区域还要配备良好的供暖设施，以便在寒冷的天气能够保持区域内温度恒定。如果使用的材料易燃或具有其他危险性，则需要进行机械通风来排出烟雾和过喷的涂料。此外，还要配备储物用的柜子或架子，以及处理过程中用来固定部件和作品的设备。

操作空间

理想情况下，进行表面处理的区域要与普通木工操作区分开，如果条件有限，二者也是离得越远越好。如果天气允许，可以到室外进行表面处理。下面会针对室内或室外表面处理分别给出一些建议。

室内表面处理

在狭窄的工房里，木工桌或台锯的台面也许是唯一能进行表面处理的地方了。若是如此，需要在木工桌或台锯的台面上铺上防水布提供保

木工桌是为部件进行表面预处理和擦涂表面处理产品的绝佳工具。图片上方朝南的玻璃窗为工房引入了充足的自然光。

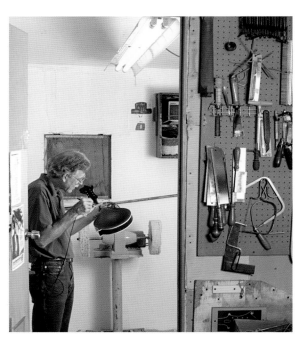

制琴师唐·马克西（Don MacRostie）在他的专用表面处理室中制作出精美的曼陀林饰面。白色的墙壁和头顶荧光灯的反射器，均有助于光线在房间内均匀分布。

可以用干净的防水布覆盖台锯台面，将其改造成表面处理工作台。将 4 根干壁螺丝拧入椅子腿底部使其抬高，可以让椅子腿的表面处理更容易进行。

天气好的时候，可以充分利用充足的自然光和通风条件在户外进行表面处理，不过要在阴影区域进行操作。可以用一对锯木架和一张平整的刨花板搭建一张简易工作台。

护。规划好操作顺序，在完成打磨和机械加工后至少留出 12 小时的时间让粉尘充分沉降，使用环境空气净化器可适当缩短该时间。在暖和的天气里，可以用风扇将粉尘排出屋外；而在较冷的日子里，为了避免热量散失，需要紧闭窗户。如果不得不在普通区域进行表面处理，最好选用虫胶、油、清漆这样的快干型产品，以免干燥时间过久导致粉尘颗粒黏附在涂层表面。

户外表面处理

户外自然光充足，并能自然通风，是进行表面处理的另一选择。当然了，天气必须合适，不能很冷，也不能非常湿热。天气好的时候，放几个锯木架提供支撑，就可以在户外操作了。操作区域要选在阴影区域，以避免阳光直射；如果阴影区域不好找，也可以用帆布或塑料布支起一个帐篷；为了防风，可以在车库或其他建筑侧面设

置挡风板。如果在室外进行表面处理，记得把完成处理的作品拿到室内进行干燥，切忌作品在户外过夜。

温度和湿度

温度和湿度是工房内最难控制的两个因素。表面处理产品的最佳固化温度为 65~80 ℉（18.3~26.7℃），最佳相对湿度不要超过 50%。温度低于 50 ℉（10.0℃），表面处理产品的固化会大大延迟，甚至停滞；虽然高温本身不一定会影响表面处理的效果，但高温与高湿度的协同作用往往会带来很多问题。

为了更好地监控环境温度和湿度，我建议购买一支便宜的电子温 / 湿度计。当相对湿度超过 85% 时，应避免进行表面处理，除非能够通过风扇提供良好的空气循环（可以适当缓解湿度的负面影响），这一点在使用水基产品时尤其重要。一些表面处理产品中含有添加剂，可以改善极端湿度条件下产品的流动性和固化速度。

注意，木材本身也有 5%~8% 的含水量，这一数据可以用木材湿度计进行精确测量。如果没有木材湿度计，可以把经过干燥的木材在室内放置至少 2 个月，再进行加工和表面处理。

电子温 / 湿度计可以告诉你，当前的环境条件是否适宜进行表面处理。图中显示的温度和湿度数值（第一行）刚刚好。

照明

自然光是进行表面处理的最佳选择，其全色谱便于我们查看涂层的真实颜色。如果你的工房采光不佳，则必须使用荧光灯或白炽灯提供照明。我比较喜欢荧光灯，因为荧光灯具有不同的色温（单位为 K）和显色指数（Color Rendering Index，CRI）等级。3000 K 左右的低色温荧光灯能够发出类似烛光的温暖柔和的光线；5000 K 左右的高色温荧光灯光线偏冷，但模拟了全光谱的自然光。进行配色时，最好选用 CRI 值 90 左右、色温 5000 K 左右的荧光灯。这种灯泡比标准灯泡价格更贵且更耗电，应只在喷漆房或染色区域等对颜色要求严格的区域安装。不过，不是所有的灯泡都会在包装上标注色温和 CRI 值，所以你最好从一位专业的照明经销商那里购买灯泡。

为保证车间的照明，可将天花板涂成白色，同时使用高架灯座安装荧光灯。如果天花板颜色较深，或者荧光灯以悬挂方式固定，可以使用带反射面的条状灯座，以便于将灯光分散均匀。对于木工桌和工作区的照明，我使用白炽灯。我在木工桌上进行打磨时，会使用 65 W 的便携式泛光灯，此时光线以低角度照射部件表面，可使其上的缺陷暴露无遗。

对于这张半月形桃花心木桌面这样的大平面，由这两盏"罐头"灯提供的侧光可使头顶照明无法呈现的缺陷显形。

供暖

在冷天进行表面处理时需要对车间进行供暖。进行表面处理最适宜的温度是 70 °F ~80 °F（21.1℃ ~26.7℃），尽管有时也会在低于 60 °F（15.6℃）或高于 90 °F（32.2℃）的温度下操作。工房的供暖方式取决于对装置及设备的偏好和其

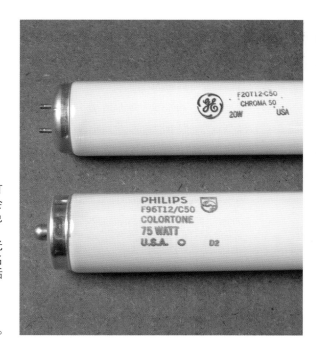

全光谱荧光灯管上一般不会标注它们的色温或 CRI 值，但全光增荧光灯管的产品名称中通常包括数字"50"，如"色度 50""色调 50""SPX50"等。

这种全封闭的燃气辐射加热器可为商业工房的表面处理区域提供足够的热量。这种装置可加热从外部吸入的空气，通过长管道辐射释放热量，最后将废气排出。

可用性，燃气、电力和燃木壁炉均可用于供暖，但燃木壁炉和其他具有明火或炽热元件的器具容易引发火灾。

在商业工房中，你需要查看相关法规，了解适合易燃产品的供暖方式。我所在的地区要求使用无明火的全封闭系统，因此我选择的是燃气红外管道式加热系统。这种系统可从外界吸入空气，在一个全封闭舱内对空气进行加热，并使其通过交换管道向下释放热量，最后再将废气排出。这种加热方式十分清洁，不会产生粉尘或煤烟，同时可实现节能启动。以燃气或丙烷为燃料的通气式全封闭加热器也是一种颇为安全的选择。

通风

几乎所有表面处理产品在涂抹和固化时都会释放出有害的溶剂。除了穿戴防护装备，保护健康最好的方法就是在通风良好的区域进行操作。理想情况下，空气应形成对流，为此可

以安装一台排风扇，并在其附近进行操作，让排气扇把你和部件周围的溶剂蒸气排放到户外。排风扇的尺寸大小可以通过计算房间的容积数来确定（长 × 宽 × 高），然后购买具有相应处理能力的排风扇。这样的排风扇可以每分钟完成一次室内空气的交换，这对于消除手工喷涂产生的蒸气（尽管没有过度喷涂）十分有利。不过，在安装排风扇的时候要记住，应同时设置可引入新鲜空气的进气口。

[小贴士]
在使用排风扇排出工房中的溶剂蒸气时，应打开窗户，让新鲜空气流入。

不过，这一系统的缺陷在冬天就会凸显出来，因为排气扇会将已加热的空气排到户外。如果手工涂抹表面处理产品，你可以有几种选择。首先，考虑使用不易燃的水基表面处理产品；如果要使用溶剂基的表面处理产品，则需在尽可能大的空

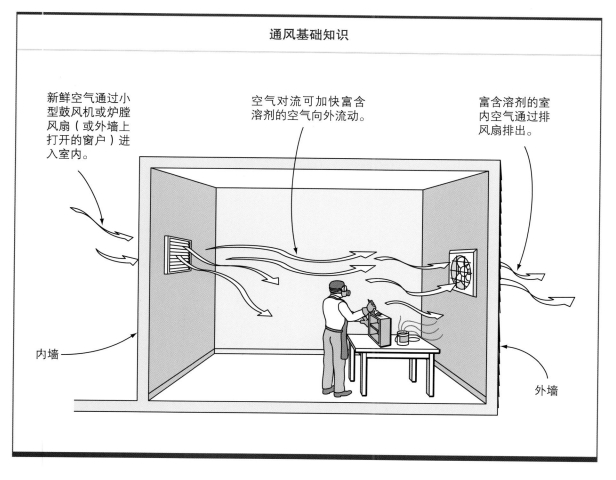

通风基础知识

新鲜空气通过小型鼓风机或炉膛风扇（或外墙上打开的窗户）进入室内。

空气对流可加快富含溶剂的空气向外流动。

富含溶剂的室内空气通过排风扇排出。

内墙

外墙

如果对汽车、邻居或花园没有影响，在有阴影的地方进行户外喷涂倒是一个不错的选择。这种情况下你仍然需要佩戴呼吸器，来保护自己免受有毒化学物质的危害。

简易喷漆柜

一面开口的家电纸箱可以作为室内喷涂水基表面处理产品时的简易喷漆柜使用。在纸箱的另一面开一个窗户，用来安装箱式风扇，从而将喷涂时产生的溶剂蒸气与过喷涂料及时排出。（注意：不能使用此装置来喷涂易燃的表面处理产品。）

间中进行操作，来防止蒸气浓度过高，同时需佩戴有机蒸气呼吸器，并远离任何能够产生明火的炉子或加热器。表面处理完成后，打开门窗让新鲜空气进入，同时开启排风扇，促进室内的溶剂蒸气排出。稍后关闭工房重新供暖，加快部件涂层的干燥。

喷涂表面处理产品

喷涂是进行表面处理的好方法，前提是对设备进行合理的设置。在户外进行喷涂作业是最简单的，尤其是在使用易燃的溶剂基产品时。当然，你要确保喷涂时的噪声和气味不会影响到邻居们，过喷的表面处理产品也不会飘落到他们的汽车或窗户上。

只要合理规划，水基表面处理产品的喷涂可以在室内进行。我建议你不要在室内喷涂易燃涂料，除非那是一个专用房间，配有防爆排风扇和防爆照明装置。在室内进行喷涂时，务必清除喷枪上的过喷残留，这不仅是出于健康和安全的考虑，也是为了防止过喷的雾化颗粒落在家具表面，导致其粗糙不平。一个简单的方法是，在窗边或门口的箱式风扇前进行喷涂，也可以用塑料薄膜和落地式弹簧杆隔离出一块操作区域，甚至可以使用旧洗衣机或冰箱纸箱来建造一个简易的"喷漆房"，在其背后开口用来安放风扇。

喷漆柜

如果你在企业工作，或者你的工房位于商业区，就需要遵守商业建筑的使用规则。这种情况下，如果要进行喷涂操作，就必须安装喷漆柜。你可以自制喷漆柜，也可以直接购买成品。价

这个敞口的商业金属喷漆柜安装有防爆风扇、电机、照明灯和金属墙，满足了当地所有的法规要求。注意在手边放置灭火器。

➤ 喷漆柜的保养

　　对喷漆柜进行适当的维护有助于保持其最佳性能。可以通过下面这些措施来确保喷漆柜的使用效率和安全性。

- 在金属喷漆柜中使用可去除的覆层。这种可反光、暂时性的覆层可以在被过喷涂料严重污染后撕除。
- 用胶带将临时的阻燃纸覆盖在地板上来保护地板，同时增加光线反射。也可以用胶带把这种材料覆盖在喷漆柜的墙面上，用作检查颜色和喷枪设置的一次性调色板。
- 当过滤器的过滤效率受影响超过 50% 时，需要及时更换过滤器，尤其是后方的增压过滤器。这些过滤器可能会被归为有害废物，因此在丢弃之前应了解当地的法规。
- 经常使用真空吸尘器清扫喷漆柜内外的地面。

在金属喷漆柜内部涂抹一层橡胶白漆，这个覆层可以根据需要直接撕掉。可以使用喷枪喷涂或用乳胶辊进行滚涂。

阻燃纸可用作临时地面覆层，防止地面被过喷涂料污染，同时将光线向上反射至通常难以看见的部件底部。

格最低的喷漆柜与一台优质台锯的价格差不多，不过，也许你能够从拍卖会上淘到一件便宜的喷漆柜。

　　如果是完整包装的喷漆柜，上面配备的防爆风扇通常与喷漆柜的尺寸是匹配的。需要注意的是，喷漆柜里的高速排风扇会迅速把整个柜子里的空气全部吸走，可以通过补风装置从外部引入新鲜空气并将其引至喷漆柜前，解决这一问题。尽管补风装置十分昂贵，但对于商业工房，这笔投入是值得的。

　　喷漆柜中的照明设备必须是防爆的，照明、电气和通风设备需由有资质的专业技术人员进行安装。此外，建筑和消防法规要求喷漆柜中装备自动喷水或干粉喷洒装置。法规也可能对排气管的位置有特定要求。如要在商业建筑中安装喷漆柜，请务必咨询当地的消防部门，确保遵从当地的法律法规。

作者专门为他的喷漆柜设计了一扇门，用来阻挡工房中的粉尘进入其中。上方的补风单元从外界引入新鲜空气，来补充由于喷漆柜排风扇排出废气形成的真空。

经过合理规划，也可在室内喷涂易燃的表面处理产品。喷涂区域必须配备防爆的排风扇和照明装置。照片中为了便于看清楚，移除了前置的风扇过滤器。

这个防火金属柜符合当地的消防要求。金属柜被安放在喷枪桌旁，这是一只旧的豪赛牌金属柜，顶部为瓷质，便于清洁。

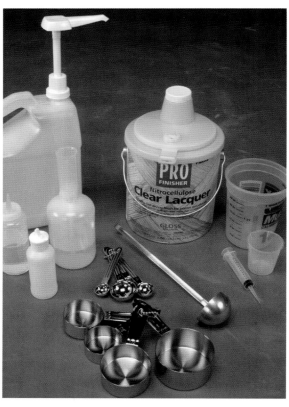

塑料泵和挤压瓶是称量和配制表面处理产品的绝佳工具，可以从塑料经销商处购买。不锈钢量杯和量勺可以从超市或厨房用品商店购买。

作者使用了一款非常简单的电脑软件为表面处理产品和溶剂罐子制作标签。标签上的信息包含产品名称、日期，以及从生产商的《化学品安全技术说明书（MSDS）》中摘录的健康和安全信息。

储存与配制表面处理产品

为防止引发火灾，易燃的表面处理产品应存放在防火金属柜中。商业工房使用的防火金属柜需要达到美国国家消防协会（National Fire Protection Association，NFPA）规定的防火等级。我建议家庭工房使用的防火金属柜的钢板厚度不低于 22 Ga（0.76 mm）。

在配制表面处理产品的过程中，需要称量和转移液体、粉末以及膏状物。我使用的都是一些非常简单的工具，大部分可以在网上买到。不过，我也经常去药店、厨房配件经销商和美容用品店寻找合适的称量工具。

转移液体

从罐子里转移液体，量勺是最好用的工具，带手工泵的加仑壶也很方便。塑料挤压瓶适合多次转移已知体积的液体。对于少量液体的转移，我喜欢使用带锥形喷嘴的注射器，因为可以根据液体的浓稠对其进行裁剪。

称重

不管是固体还是液体，测重量要比测体积准

确得多。数字天平可快速调零，具有高效、便利的优点，因此传统天平现已逐渐被数字天平取代。天平的等级通过量程（以 g 表示）和精确性（以 g 或比 g 更小的重量单位表示）进行评定。如果你经常进行少量物质的称量，可以买一台读数精确到 0.1 g 的天平。一台量程为 200 g、读数精确到 0.1 g 的电子天平只要不到 100 美元。如果只需粗略地称量（比如称取虫胶片），一台便宜的食品秤或邮政秤就足够了。

如果需要将表面处理产品或溶剂转移到另一个瓶子中，记得在瓶子上标注产品名称和日期。

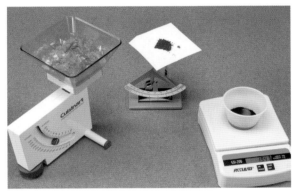

一台 20 美元的食品秤（左）用来称量虫胶片已经足够了。传统天平（中）的价格是食品秤的两倍，其读数可以精确到克。如果需要精确测量，则需用电子天平（右），其价格约为 100 美元。

这张结实平整的细木工风格木工桌上配备了肩台钳和端台钳，可以固定部件进行打磨。其中端台钳可利用限位块固定放平的面板，肩台钳可用于固定抽屉和其他笨重的部件。

可以在电脑上制作标签，或者直接在一张空白的标签上书写信息。如果可能，可以把原始容器上的产品信息和安全信息裁下来，留作以后参考。

固定与移动部件

用于固定、支撑和移动部件的工房夹具和配件可提高工作效率，获得更好的表面处理效果。

木工桌在部件的打磨和刨平过程中至关重要。为了使操作能够有效进行，木工桌应该稳固，并能够固定待加工的部件。一张结实的细木工风格木工桌应装有一体式的端台钳和肩台钳，用于固定各种部件。不过，一台简单、坚固、安装有快速释放台钳的自制木工桌也可以很好地满足操作要求。确保台钳中含有滑动限位块，用来将面板平整地固定在台面上。

在工房内移动部件的时候，手推车就派上用场了。将脚轮安装在结实的平板上，然后将整个装置调整到所需的高度，就可以完成一辆简易手推车的制作。如果需要移动娱乐柜或餐具柜这样的大型作品，我会在回收的旧门板上安装 4 in（101.6 mm）的氯丁橡胶万向脚轮将其制成平板车，这种平板车使用起来非常方便。

抗疲劳垫可以防止加工过程中划伤地板或部件表面。也可以使用移动毯，但毯子不容易保持清洁。我认为，移动毯比较适合在表面处理前后和运送过程中遮盖部件。

安装在木工桌台面顶部、带有滑动限位块的快速释放台钳可以牢牢固定边缘待刨削的木板。如果把一块木板夹在台面上，使其起到限位块的作用，就可以借助台钳的滑动限位块将其压平。

四只氯丁橡胶万向脚轮加上一块覆盖地毯的旧门板，就可以制作一辆用来移动娱乐柜等大型作品的平板车。

橡胶抗疲劳垫可提供柔软的表面，在打磨过程中为部件提供保护。这种垫子相比地毯或织物垫更容易清洗。

在对面板喷涂染色剂或透明表面处理产品时，"钉床"可以提供很好的支撑。钉床是通过在 ½ in（12.7 mm）厚的定向刨花板或胶合板上以 4 in（101.6 mm）的间隔固定长 1 in（25.4 mm）的订书钉形成网格布局制成的。为了防止在涂层表面留下痕迹，可以使用干壁螺丝代替订书钉。

表面处理板可在表面处理过程中和完成处理后固定部件，可以处理抽屉、门和搁板等各种部件，使用非常方便。表面处理板也被称为"钉板"，因为最好的表面处理板是通过钉子或螺丝来支撑待处理部件的，这样可以先处理不外露的面，然后把这一面放在钉板上，再处理显示面。

钉板很容易制作。最简单的方法是在胶合板上拧入 4 根干壁螺丝。还可以采用"钉床"的制作方法：将订书钉以 4 in（101.6 mm）网格的形式钉在木板上，如此可以均匀分散部件的重量，将表面处理过程中可能出现的划痕减少到最少。在这两种方法中，精确布局的干壁螺丝更适合涂抹油漆的操作，订书钉则更适合涂抹透明表面处理产品的操作，因为订书钉的钝头会在油漆上留下可见的痕迹，但对透明表面处理产品来说，这种痕迹几乎看不到。

干燥架可以为部件涂层的固化提供稳固的空间。我见过最好的设计是一种放满部件后可以推动的干燥架。另一种设计方式，通过简单地将螺栓以 5 in（127.0 mm）的间隔固定在墙上，形成 4×4 的布局，用来固定直径 1 in（25.4 mm）的销钉或 PVC 管制成的干燥架，效果也不错。

这辆移动干燥架上的 PVC 管"撑臂"可根据不同部件进行调整。这一干燥架是专门为干燥厨房橱柜部件设计的。

这台可移动的转盘装置安装了脚轮，并为防止装置倾翻放置了沙袋。通过将不同长度的 1¼ in（31.8 mm）直径的管子嵌入 2 in（50.8 mm）直径的底座管子中，可以为装置安装不同的台面。

　　表面处理转盘在许多喷涂操作中起到了重要作用。将胶合板面板连接到餐厅转盘上，然后将组件固定在桌面上，就得到了一个简易的表面处理转盘。当然，更有效、更通用的设计是独立式的转盘 / 推车装置。此装置底座上装有可移动的脚轮，为了防止装置倾翻，可在底座上放置沙袋降低重心。此装置同时应用了螺纹地板法兰，用不同直径的管子连接顶部和底部。

消防与安全

　　大多数表面处理产品中含有易燃的或对环境有害的成分。因此，应在表面处理区域附近配备至少一台 ABC 干粉灭火器，这种灭火器可用于应对三种最常见的起火情况。当然，在商业工房中，灭火器是必须配备的。最常见的危险之一来自于对经过表面处理产品浸泡的抹布处理不当引起的自燃，大部分与表面处理相关的火灾都是这种情况。因此，务必正确处理用过的抹布（参阅第 12 页"抹布的正确处理"）。

对于表面处理，ABC 干粉灭火器是最好的通用型灭火器。确保定期检查灭火器。

可以通过沉淀残渣的方法"清洁"用过的溶剂，上层清澈的液体可用于清洗刷子和部件表面。

　　注意妥善处理表面处理产品的废弃物。不可将其直接倒入下水道，即使是水基产品也不行（水基产品中同样含有有害物质）。许多城市开展了油漆和溶剂回收项目，促进这些材料的回收。商业工房需付费处理有害废物，或直接对溶剂回收系统进行投资。如果每月产生的废弃溶剂超过 5 gal（18.9 L），溶剂回收系统会是比较经济的选择。

➤ 抹布的正确处理

如果处理不当，沾有大量油基表面处理产品的抹布可能会自燃。先把抹布浸泡在水中，然后将其摊开或挂起晾干，注意此时不能将抹布折叠。待抹布干燥后，才可将其扔进垃圾箱。

可以将溶剂储存在容器中，待固体自然沉降后回收油漆溶剂油和油漆稀释剂等溶剂。将上层的干净液体倒出，用于部件表面的清洁和初步刷洗。

如果你所在地区无法处理有害废物，那么最好的办法是让溶剂自然挥发到室外。切忌将油基表面处理产品与锯末混合，因为这样可能会导致火灾。将废弃溶剂倒入浅锅中置于室外，待其挥发至干糊状后便可当作常规垃圾丢弃。

防范产品危害最好的方法是了解产品的成分、安全性和健康注意事项，这些信息都可以从产品标签上找到。一定要仔细阅读产品标签！对于工业产品，美国法律要求向使用该产品的用户提供《化学品安全技术说明书》。任何产品（不论是消费品还是工业品）的《化学品安全技术说明书》都可从生产商处获取，无论其中是否含有有害成分。

第 2 章
表面预处理工具

表面处理的效果很大程度上取决于部件表面的预处理是否到位。在表面处理之前，木料表面必须是干净光滑的，任何平刨、压刨和锯片产生的痕迹，以及任何散乱的木纤维都必须去除。木料表面必须非常平整，特别是需要涂抹反光型表面处理产品的木料表面，因为这种产品会使木料表面的凹凸不平变得更加突出。染色剂和油漆无法掩盖缺陷，它们只会使缺陷变得更加明显。

表面预处理工具可分为两大类：切削工具和打磨工具。切削工具包括手工刨、刮刀和锉刀。打磨工具囊括了从简单的砂纸到大型固定鼓式砂光机和带式砂光机的多种工具。在表面预处理过程中，通常需要将切削工具和打磨工具结合起来使用。

切削工具

我通常使用电动砂光机完成大部分的表面预处理，但手工刨和刮刀也是不可忽视的，具体选择由操作需要决定。相比砂纸，这些工具的去料速度更快，同时不会产生大量粉尘。对于许多木料，一柄经过精细调整的手工刨可以除去机器的铣削痕迹，同时提供可直接进行处理的表面，几乎不需要任何后续的打磨。对于一些易于撕裂的木料，我会使用刮刀或砂纸进行处理。

手工刨

手工刨可以说是获得平整、光滑表面最有效的工具了，对具有明显铣削痕迹的表面来说尤其如此。在通过精细的痕迹为作品带来复古外观方面，手工刨是其他工具无法比拟的。

我经常使用的手工刨有 3 种：粗刨、细刨和短刨。粗刨可用于消除顶板、支撑腿、挡板和其他长部件上的铣削痕迹。粗刨的长刨身使其在为桌面和其他大型面板进行初步整平时格外方便。细刨可用于常规的刨光操作，也可安排在粗刨后进一步处理较大的表面。短刨则用于去除部件边缘的锯痕和修整部件端面。

手工刨经过正确调整才能正常工作，且其底面必须非常平整。在检查底面之前，首先要确保刨刀已经固定到位，然后在底面上放一把平尺。若底面不够平整，可以将 120 目的湿 / 干砂纸固定在厚玻璃板或其他平整的表面（比如台锯或平刨的台面）进行打磨。刨刀必须非常锋利，否则可能会撕裂部件（参阅第 26 页"研磨刨刀"）。

不过，即使是经过调整、刨刀锋利的手工刨，也难以处理纹理粗糙的木料。这时候就要用到刮刀了。

刮刀

刮刀将木料表面处理平滑的方式与手工刨截然不同。刨刀是通过刀口前沿切入木料中的，刮

表面处理时作者最常用的3种刨刀，从左向右依次是6号粗刨、4号细刨和低角度短刨。

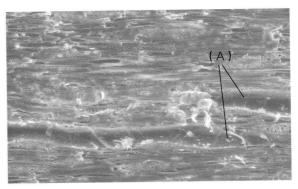

图为经刮削处理的胡桃木显微照片，从图中两孔（A）周围区域可以看出，相比刨刀，刮刀会破坏细胞结构。因此照片中的细胞结构也不如手工刨处理后的照片那样清晰。

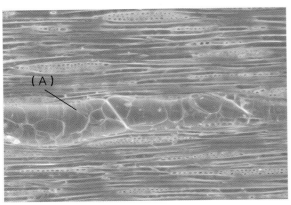

从这张显微照片中可以看到，使用手工刨可以在胡桃木表面制造出干净的切口。照片中央（A）的大缺口代表一个孔。注意细胞结构的清晰度，即使未经表面处理，木料表面也足够光亮了。

这些是在表面预处理中最常用的刮刀，从底部开始沿顺时针方向看，它们分别是鹅颈刮刀、弯刮刀、直边刮刀、小型木工刮刀和80号史丹利木工刮刀。

刀则是利用其锋利的卷边切入木料的（见右下方示意图）。刮刀的刮削方式可以最大限度地避免撕裂木料，不过刮削后的表面不像手工刨的刨削面那么整齐。

　　刮刀是我最喜欢的表面预处理工具。和刨刀一样，在将它们研磨锋利之前，它们是一无是处的，但只要它们保持锋利，你就会对它们爱不释手。刮刀有两种基本类型：手刮刀和木工刮刀。

　　手刮刀就是一块坚硬平整的钢片。这种刮刀很好控制，甚至可以深入角落和其他一些刨刀和砂纸无法触及的位置进行处理。手刮刀也被称为"卡片"刮刀，它们既可以处理弯曲的表面，也可以处理平整的表面，并能去除桌腿等复杂形状的部件表面的刀痕。手刮刀具有多种形状可供选择，方形刮刀可以完成90%的工作量，弯刮刀则在去除曲面上的电木铣头和成形机振颤产生的加工痕迹时格外有用。只要掌握了弯刮刀的研磨技术，你就会发现，在处理内凹装饰件或家具弯腿的复杂曲面时，没有比它更好的工具了。

手刮刀

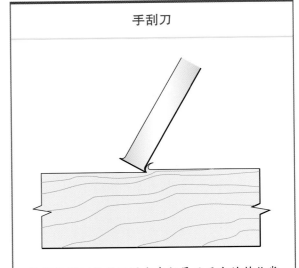

这张手刮刀的端视图向我们展示了它的钩状卷边是如何切入木纤维的。由于其切削角度比刨刀的切削角度大得多，所以即使是逆纹理进行切削，也不易造成木料撕裂。

木工刮刀有时也被称为"刮刨"，其切削原理与手刮刀相同，不同的是，木工刮刀的金属刮板被固定在一个底座上，以便刮削平面时更好控制。我通常会在刮削面板或桌面，尤其是需要进行大幅刮削或刮削不易处理的木料时使用木工刮刀。一般在使用木工刮刀后，我会再用手刮刀进行最后的处理。

锉刀

锉刀一般被认为是"成形工具"，其作为表面预处理工具的角色被忽视了。但是，它们非常适合在带锯切割之后对曲面边缘进行修整，或处理弯腿等形状复杂部件的不规则区域。锉刀通常可以够到其他工具无法触及的区域。

关于用来进行表面预处理的锉刀，我推荐 8 in（203.2 mm）或 10 in（254.0 mm）的半圆形粗锉刀和半圆形细锉刀。还有一种小型的"4 合 1"锉刀，使用起来非常方便，这种锉刀的一头是半圆形粗锉刀，另一头是半圆形细锉刀。

打磨工具

打磨是平整木料表面最常用的一种技术。打磨不需要刨削或刮削那样的技术，也不会撕裂木料。砂纸相对便宜，且具有多种目数，从粗糙的表面到最精细的面漆表面，都可以用砂纸进行打磨。美中不足的是，打磨通常会产生大量粉尘。

打磨产品通常被称为"磨料"，可以使用多种材料制作。关于这一点，我稍后会进行介绍。最重要的是，这些材料是通过磨削木料发挥作用的，而不是像刨刀和刮刀那样切削木料。因此，你需要逐级使用粒度更细的砂纸，以获得真正光滑的木料表面。

砂纸

砂纸在磨料类型、形状、目数和背衬材料方面都有很多选择，常常让人不知如何选择。一般

来说，只要考虑两个因素：磨料和背衬材料。下面我首先介绍磨料。

磨料

磨料的作用是在木料表面切下细小的刨花。磨料的种类对砂纸功能的影响是最大的。可用于木工领域的磨料种类不多，已全部列举在了下页的图中。

石榴石是一种具有锋利边缘的有棱角颗粒，可以干净利落地切割木料。这种矿物十分易碎，这意味着，在使用过程中，石榴石仍然会裂开，从而形成新的锋利边缘。这种磨料并不坚硬，磨损很快，因此较适合手工打磨而非机器打磨。石榴石砂纸相当便宜，非常适合机器打磨后的最终手工打磨。

氧化铝颗粒比石榴石更为致密，其颗粒呈粗楔形。这种磨料比石榴石更加坚硬，是木工中最常用的砂纸磨料，其耐久性和形状使其非常适合打磨橡木、枫木等硬木以及来自热带阔叶树的其他硬木。

碳化硅（金刚砂）颗粒呈针状，具有锋利的边缘。尽管十分易碎，但这种磨料可以像切割工具的刃口一样切割得干净而深入。碳化硅比氧化铝更加坚硬，价格也更为昂贵。虽然碳化硅砂纸可用于打磨木料表面，但最适合的还是用来打磨坚硬的涂层表面。此砂纸也可以用来去除工具表面的铁锈。

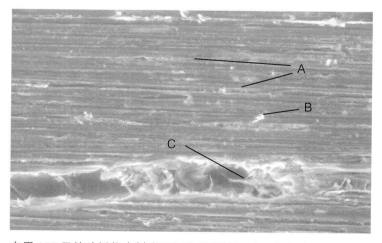

在用 180 目的砂纸将木料表面打磨光滑的同时，也会消除大部分的细胞细节。磨料会在木料上留下划痕（A）和细小的木料碎片（B）。注意图中的孔壁（C）是如何被砂纸破碎的。

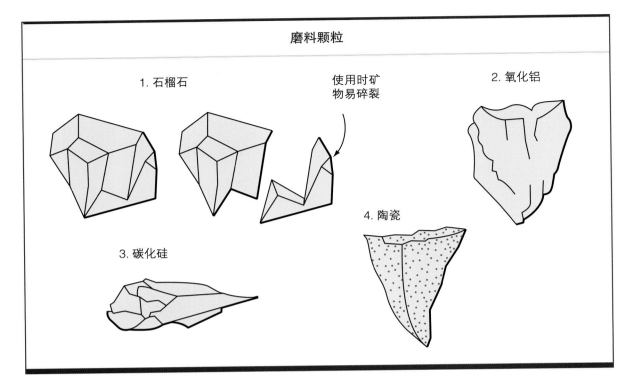

磨料颗粒

1. 石榴石

使用时矿物易碎裂

2. 氧化铝

3. 碳化硅

4. 陶瓷

氧化铝陶瓷和锆刚玉是一种将氧化铝和玻璃状陶瓷或二氧化锆熔融制成的合金。这种磨料十分坚韧，其亚微晶结构会在使用过程中不断磨损，从而使其保持锋利。这种砂纸通常安装在电动砂磨设备的皮带、套筒和砂鼓上，不单张出售。

陶瓷磨料经久耐用，使用过程中不易发热，但其目数最高只有 150 目。

背衬材料与黏合剂

磨料通过黏合剂黏合在背衬材料上。背衬材料和黏合剂有助于提高砂纸的柔韧性与耐用性。背衬材料有 3 种类型：纸、布和塑料薄膜。

纸是最常用的背衬材料，其"重量"或厚度规格可以分为 A、C、D、E 和 F 级，其中 A 级是最薄的，F 级是最厚的。纸越薄，砂纸的柔韧性越好。像 180 目和 220 目这样磨料颗粒较细的砂纸通常使用 A 级纸，100 目和 80 目这样磨料颗粒较粗的砂纸则使用更厚、更硬的 C 级或 D 级纸。

在砂纸耐用性十分关键的场所（比如固定式和便携式带式砂光机的砂带），多使用布料作为背衬材料。布料的重量规格分为 J、X 和 Y 级，其中 J 级布料最轻、最柔韧，而 Y 级布料最厚重。

薄膜是最为昂贵的背衬材料，通常仅用于优质产品，比如 3M 公司的微精磨磨料砂纸。虽然这种砂纸也能用来打磨木料，但它们主要是为打磨和抛光涂层表面而设计的。

砂纸产品

砂纸具有各种形状，可用于手工打磨或搭配不同的机器使用。常见的砂纸形状有块状、圆盘状、带状，以及其他可以满足特殊用途的形状。

[小贴士]

近年来，制造商开始提供添加了硬脂酸盐的砂纸，这种砂纸可以缓解摩擦引起的堵塞和生热。这种砂纸可以对透明涂层进行干式打磨，而无须进行麻烦的湿式打磨。

[小贴士]

一些专业砂纸产品（比如无负荷砂纸、陶瓷砂纸和超极细砂纸）可能无法在普通五金店买到，可以通过网络寻找相关资源。

➤ 砂纸等级

有 3 种主要的砂纸分级系统，分别是 CAMI 系统、FEPA 系统和微米（Micron）系统。CAMI 系统是美国传统的砂纸分级系统，FEPA 系统则是基于欧洲标准的砂纸分级系统。

FEPA 分级系统在砂纸目数前加有字母 P，在 220 目以内，FEPA 系统的数值与 CAMI 系统的数值基本是等价的；超过 220 目后，FEPA 系统的数值会明显大于同等粒度的 CAMI 系统数值。微米系统（以符号 M 表示）主要适用于 220 目以上的精细砂纸。

CAMI 系统对砂纸磨料颗粒的均一性要求最低，而 FEPA 系统和微米系统则遵循更加严格的标准。在打磨木料表面时，磨料颗粒度的均一性不是很重要，但在打磨涂层表面时，则应优先选择基于 FEPA 系统和微米系统标准的砂纸。

36~80 目的砂纸通常用于整形，100~220 目的砂纸则用于整平与打磨光滑。对于木料表面的机器或手工打磨，含有抗负载涂层的 100~240 目的氧化铝砂纸是最好的选择。若要对涂层表面进行干式打磨，320~600 目的抗负载砂纸效果最佳；若要进行湿式打磨，则可以选择 400~1200 目的金刚砂湿/干砂纸。

砂纸粒度比较

CAMI	FEPA	微米	等级
1500		3	极细
		5	
		6	
1200			
		9	
1000			
800	p2000		超细
	p1500	15	
600	p1200		
500	p1000		
	p1000		
400	p800		特细
		25	
360	p600		
		30	
320	p400	35	较细
		40	
	p360		
280		45	
		50	
240	p280		
		55	细
		60	
220	p220	65	
180	p180		
150	p150		
120	p120		中等
100	p100		
80	p80		
60	p60		粗
30	p36		

块状砂纸的标准尺寸为 9 in × 11 in（228.6 mm × 279.4 mm），可以将其切割成更小的尺寸，用于手工打磨或机器打磨。A 级背衬纸砂纸可用于曲面和复杂形状的手工打磨，而较硬的 C 级和 D 级背衬纸砂纸可用于平面的整平。

圆盘状砂纸可以使用各种类型的磨料、背衬材料和黏合剂，可以单独使用，也可以成卷使用。砂纸通过压敏黏合剂（PSA）或钩毛搭扣系统（与尼龙搭扣类似）附着在研磨垫上。对于磨料磨损前需要一直使用的操作，最好使用压敏黏合剂；钩毛搭扣系统比较适合间歇性操作，我喜欢用它打磨部件的轮廓，因为其背衬可以更好地贴合曲面。

带状砂纸一般以氧化铝、陶瓷或二者的混合物为磨料。这类砂纸的背衬材料通常是布料，不过一些宽带砂光机也会使用更便宜的纸背衬带状

砂纸上通常标有目数，但一般不会说明磨料的类型，也不会注明磨料颗粒的疏密。图中的金色和灰白色砂纸经过了硬脂酸盐处理。

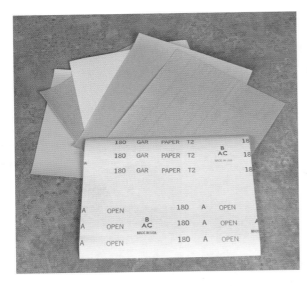

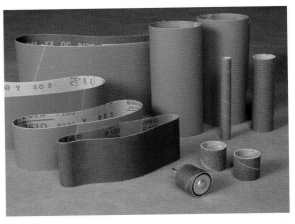

带状砂纸使用的磨料一般为氧化铝、陶瓷或者二者的混合物。背衬材料通常为布料，不过一些宽带砂光机也会使用纸背衬砂纸。鼓套式砂纸的背衬一般更厚、更硬。

圆盘状砂纸可以使用不同的磨料、背衬材料和黏合剂制作。圆盘上的孔与砂光机衬垫上的孔对应，具有除尘效果。

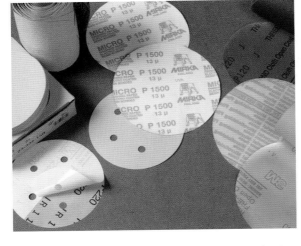

带有泡沫垫和泡沫块的砂纸主要用于整形打磨。有些砂纸既可用于湿式打磨，也能用于干式打磨，有些则只能用于湿式打磨。这种砂纸是将碳化硅或氧化铝颗粒黏附在开孔或闭孔的泡沫板上制成的，清洗后可重复使用。

砂纸。带状砂纸也可以卷装使用，多用于小型工房为砂鼓包裹砂纸。

套筒砂纸用于摆轴砂光机或软鼓气动砂光机，主要用来打磨部件轮廓和整形。

带有泡沫垫和泡沫块的砂纸主要用于湿式或干式的整形打磨。这种砂纸一般是将碳化硅或氧化铝颗粒黏附在开孔或闭孔的泡沫板上制成的，它们能够防水，且清洗后可以重复使用。

钢丝绒是由多股细钢丝绞合构成的精细网状磨料。但这种材料在使用过程中常会有钢屑掉落，因此不适合打磨木料表面和中间涂层，一般只在擦除面漆时使用。我通常会使用合成研磨垫代替钢丝绒。合成研磨垫要首先构造塑料纤维的随机网状结构，然后再用磨料砂浆和胶浆浸渍。常见的商品合成研磨垫品牌有思高百利（Scotch-Brite）、贝尔特克斯（Bear-Tex）和磨龙（Mirlon）

钢丝绒和合成研磨垫可单块出售，也可卷装出售。我认为最有用的产品是 000 号和 0000 号钢丝绒，以及极细（褐色）和超细（灰色）的合成研磨垫。

等。合成研磨垫具有不同的级别，分别对应普通钢丝绒的级别。

颤振片轮是由末端切开的砂纸条连接到中央轴制成的，可安装在钻头、台钻或台式磨床上，非常适合曲面和模压边缘部件的打磨。

颤振片轮是将末端切开的砂纸条连接到中央轴制成的，可安装在台钻上或叠放在钻轴上，非常适合曲面和模压边缘的打磨。

> ### ➤ 疏植与密植
>
> 不同的砂纸，其磨料的密度也是有差别的。"疏植"是指 40%~70% 的背衬面积覆盖有磨料，而"密植"则表示磨料覆盖了 100% 的背衬面积。疏植砂纸适用于打磨材料容易堵塞砂纸的情况，且一般只用于木料表面的打磨；而密植砂纸适用于湿式打磨。

手工打磨

尽管大部分打磨工作可由机器完成，但手工打磨仍是必不可少的，因为手工打磨更易控制，尤其是在将成形装饰件和雕刻件的复杂表面打磨光滑时。手工打磨还用于涂层间的打磨，以及对机器打磨表面进行最终打磨的情况。

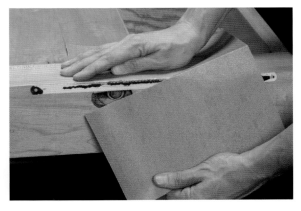

安装在木工桌边缘的旧弓锯锯片可以快速将砂纸剪裁到所需的大小。为了避免在木工桌上拧入螺丝，可以用双面胶带把弓锯锯片粘在台面边缘。

将砂纸平整地存放于自制的储物箱中。最好将储物箱放到橱柜中，以保持砂纸的整洁和干燥。

手工打磨不需要很多工具，主要的工具就是砂纸以及为其提供支撑的砂磨块，具体内容我会在第 4 章和第 5 章介绍。其他需要了解的方法就只有如何剪裁和储存砂纸了。

可以将砂纸剪裁或撕成需要的大小。我在木工桌边缘安装了一个旧弓锯锯片，用来快速剪裁砂纸。

块状砂纸需整齐、平整地储存，储物箱是最佳选择。如果条件允许，应保持储存环境凉爽干燥。为此，可将储物箱放置在橱柜中，这样还可以有效隔离工房中的粉尘和散落的碎屑。如果工房内很潮湿，可在橱柜中放置干燥剂，同时用一些物品压住砂纸防止其卷曲。

砂光机

便携式砂光机

现在，大部分打磨工作是由砂光机完成的，砂光机的选择也很多。一些砂光机擅长整平和消除缺陷，另一些砂光机则可以打磨狭窄的角落和精致的细节部位。常用的便携式砂光机可分为 4 种，即带式砂光机、轨道式砂光机、不规则轨道式砂光机和细节 / 轮廓砂光机。

带式砂光机是完成大量打磨操作的最佳工具，比如对实木桌面、侧板和其他宽大木板的整平和初步打磨。更小、更轻便的带式砂光机可用于修整曲面、打磨端面以及其他需要工具具备出色机动性的操作。较重的 4 in × 24 in（101.6 mm × 609.6 mm）的砂光机因其重量、压板面积和打磨力度，最适合用于面板的整平。对于一般的带式打磨，3 in × 21 in（76.2 mm × 533.4 mm）的砂光机就足够了。

轨道式砂光机也被称为振动式砂光机。根据标准砂纸的尺寸，轨道式砂光机可以适用 1/4 块

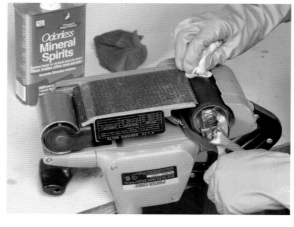

像带式砂光机这样的电动工具可以完成大量的打磨操作。用油漆溶剂油定期清洗压板和滚筒可使机器保持最佳性能。

砂纸和 1/2 块砂纸。在使用时，研磨垫会沿轨道做重复卷曲运动。在对平整的表面或边缘进行打磨时，轨道式砂光机要比不规则轨道式砂光机更容易控制。研磨垫笔直的边缘有利于轻松打磨箱体隔板和抽屉侧板。这种砂光机是进行可控打磨的首选，尤其适合不需要快速打磨的情况，比如对内嵌部件或复杂的木皮组件进行打磨的时候。

不规则轨道式砂光机是当前最受欢迎的砂光机，既能满足业余爱好的需要，也可以用于专业生产。不规则轨道式砂光机将轨道式砂光机的轨道运动与圆盘式砂光机的旋转运动结合起来，获得了更加强大的打磨能力，以及较轨道式砂光机更不明显的不规则划痕图案。

不规则轨道式砂光机具备多种握把和不同直径的研磨垫——常用尺寸为 5 in（127.0 mm）、6 in（152.4 mm）和 8 in（203.2 mm）。掌式和手枪式砂光机的电机与轴取向一致，使砂光机更为可控。这两种砂光机通常使用的是 5 in（127.0 mm）或 6 in（152.4 mm）的研磨垫。桶式砂光机中的高安培数电机与轴呈直角，这种砂光机在良好可控性的基础上打磨力度也有所提升。

细节砂光机和轮廓砂光机是为处理小区域而专门设计的。细节砂光机有一个细长的三角形振荡头，可进入狭窄区域进行打磨。轮廓砂光机采用前后直线运动的方式进行打磨，可装备各种凹面头或凸面头，用来打磨成形的装饰件，也可以配备三角形研磨垫，用于整平平面的细节。带式

带式砂光机是打磨力度最大的便携式电动打磨工具。较重的 4 in × 24 in（101.6 mm × 609.6 mm）砂光机（右）适合整平面板，较为轻巧的 3 in × 21 in（76.2 mm × 533.4 mm）砂光机（左）则适用于需要工具具备出色机动性的操作。

大部分轨道式或振动式砂光机可以容纳 1/4 或 1/2 块标准砂纸。配有乙烯基垫的型号可以粘贴压敏黏合剂砂纸，从而可以快速换纸。可更换型乙烯基垫适用于老型号的砂光机。

细节砂光机小而紧凑，含有一个可以进入狭窄曲面和轮廓部分的凸出滑轮。

固定带式砂光机和圆盘砂光机

在以前，对许多工房来说，固定式砂光机过于庞大且昂贵。但近年来，制造技术的进步使固定式砂光机的体积大幅缩小，包括鼓式砂光机、振动主轴砂光机和磨边机在内的多种型号得以大量配备。

这种相对小型的机器塑形小部件尤其有用，因为可以将部件主动接触机器而不是用机器接触部件。带式砂光机的压板可以垂直或水平地安装在工具台上，有些型号的机器还可以切换压板位置。带式砂光机的砂带具有多种可选尺寸。圆盘砂光机垂直安装有巨大的旋转圆盘，可用于修整斜面、塑形小部件和打磨外凸边缘。带式 / 圆盘组合式砂光机在现在的工房中十分常见。

宽带砂光机和往复式砂光机

在进行面板整平和平面部件打磨时，宽带砂光机和往复式砂光机是最好的选择。这两种机器使用的是连续的宽带砂纸，通过支撑压板与部件接触。对于宽带砂光机，部件在传送带上穿过机器，同时机器内部的可调节压板将旋转的砂纸向下压在部件表面。对于往复式砂光机，操作者可以手动或机械地将压板向下压在部件表面。这两类机器较为昂贵，但可以快速完成打磨。

固定鼓式砂光机

固定鼓式砂光机解决了宽带砂光机成本较高和小型工房需求相对不足的矛盾。宽带砂光机每次打磨都能迅速去除大量木料，而鼓式砂光机每次的去料量十分有限，且进料速度很慢。尽管如此，鼓式砂光机在整平宽板、打磨薄板和小部件方面仍然是一流的。

磨边机

磨边机本质上是一台垂直安装的带式砂光机，被用于修整、打磨门或面板的边缘。这种机器非常适合打磨端面和修整斜面，尤其适合修整

带式 / 圆盘组合砂光机非常适合修整斜面、小部件的塑形和凹面的打磨。

不规则轨道式砂光机具有掌式、手枪式和桶式等类型（从左至右）。大多数型号都有连接真空软管的端口。

细节砂光机可免除复杂的手工打磨操作。左边的型号是细节 / 轮廓组合砂光机，配备通用型打磨头，可以打磨多种部件轮廓。

鼓式砂光机适合打磨框架部件和宽板。它们可与集尘系统连接，操作时产生的粉尘很少。某些型号的鼓式砂光机安装有两个鼓，可分别安装不同目数的砂纸。

框架-面板门的面板边缘，也可以使用外侧的皮带轮对凹面进行塑形。

振动主轴砂光机

　　振动主轴砂光机是为打磨曲面边缘而设计的，其旋转鼓上下摆动，可在避免灼烧木料的情况下实现干净的打磨。某些型号的机器台面稍有倾斜，可用来打磨斜边。台式振动主轴砂光机对工房来说是很实惠的。

磨边机适合修整部件边缘，以及门板和抽屉面板，使其与相应的开口匹配。

振动主轴砂光机是打磨曲面边缘最好的工具。这种落地式的小型台式振动主轴砂光机足以满足一般需要。

集尘工具

　　吸入木屑对身体是有害的。只是在打磨过程中提供通风是远远不够的。为了有效地保护身体健康，需要双管齐下，既要从源头消除粉尘，也要同时佩戴呼吸防护装备。从源头捕获粉尘，需要用工具收集粉尘，我会在本节具体阐述；而关于呼吸防护的内容，我会在第 3 章中介绍。

　　有多种方式可以实现集尘。最简单，也最有效的方法是将真空吸尘器连接到打磨工具上，在粉尘进入空气之前将其吸走。大多数固定式砂光机都具有用于连接集尘器或真空软管的端口，大多数便携式砂光机的集尘袋可以拆卸下来，以便于连接真空软管。尽管如此，仍会有一些细小的粉尘颗粒进入空气中，而且便携式砂光机上的真空软管操作起来也不甚方便。

　　对于不是很大的部件，更好的解决方案是使

穿垫式除尘是不规则轨道式砂光机的一大特色。由砂光机开关控制的"工具触发"真空吸尘器是一个很好的选择。

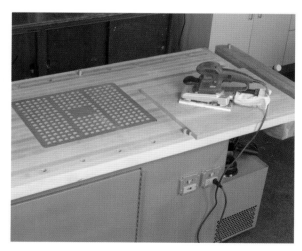

下吸式工作台可在源头处收集粉尘。图中的工作台通过桌内的风扇将桌面上的粉尘吸入。工作台上同时安装了端台钳和限位块。

用下吸式工作台,这种工作台可将打磨产生的粉尘向下吸入桌内,由内部的漏斗捕获粉尘后将空气重新排回室内。一些下吸式工作台顶部装有端台钳,可对部件进行固定。下吸式工作台虽然有

些昂贵,但制造商也能提供一些价格适中、适合小型工房的机型。

环境空气净化器也很重要,可用于过滤掉那些可能会永久悬浮在空气中的细小粉尘(至少在喷涂最后一层清漆前需要使用环境空气净化器)。

气动工具

表面处理中使用的许多砂光机都有相应的气动型号。气动砂光机需要配备压缩机才能正常运转。当然,使用传统喷涂设备进行喷涂操作时也要用到压缩机,这部分内容我会在后续章节中详细介绍。在本节中,我会重点介绍气动式砂光机与此类砂光机需要配备的压缩机。

气动砂光机

最常见的气动砂光机有不规则轨道砂光机、振动式砂光机和颤振式砂光机。气动砂光机的优势在于,与电动砂光机相比,它们的体积更小,重量更轻,同时气动砂光机价格也更便宜,且工作时不易振动。一旦体验了气动砂光机,你可能就不习惯再使用电动砂光机了。美中不足的是,气动砂光机通常需要配备大型的固定式压缩机,这对小型工房或家庭用户来说可能不值得投入。

气动砂光机有两大缺陷。第一点可能只是个小问题,即它们需要定期上油,不过我们可

气动砂光机具有与电动砂光机相似的型号。图中从左至右分别是不规则轨道砂光机、1/3 砂纸轨道垫式砂光机和用来打磨部件轮廓并装有星形砂纸的气动工具。

以通过安装自动上油器来解决这一问题。第二点，也是气动式砂光机的主要缺陷，由于其运行时需要大量空气，所以需要为其安装大型的固定式压缩机。

压缩机

压缩机的工作原理是：当空气被压缩至超过大气压时，便可储存能量；当压缩空气流动起来时，这部分能量会被释放出来，用于驱动机械。压缩机的工作流程可分为三步。第一步，通过泵将空气从低压状态压缩至高压状态；第二步，将压缩空气储存在储气罐中；第三步，通过空气调节器以可控方式释放空气，为机械或喷枪提供动力。

表面处理中使用的大部分压缩机都是单级或双级的。单级和双级指的是空气被马达活塞压缩的次数。双级压缩机效率更高且不易发热。便携式压缩机通常为单级，而固定式压缩机通常为双级。

图中这台80gal（302.8 L）的双级压缩机可以同时为喷涂装置和气动打磨装置提供动力。这台压缩机可以100 psi（689.5 kPa）的压力、26 cfm（44.2 m³/h）的流量输送压缩空气。

> ## ➤ 选择压缩机
>
> 在选择压缩机的时候，不要被额定功率误导。压缩机最重要的指标是其在特定空气压强下的空气流量。在购买之前，可先计算所要操作机器的空气需要量。如果需要一台压缩机同时运行两台以上的机器，应将这些工具的空气流量值相加。不过，大多数情况下，机器都是间歇运行的，因此一般规则是，若一台机器的运行时间只占总时间的一半，则将所有机器的空气流量值相加后再除以2。
>
> 此外，还要在油润滑和无油型号的机器之间进行选择。油润滑压缩机通常更贵，但它们运转起来更安静，且不易发热；无油润滑压缩机运行时噪声更大，且温度更高。无油润滑压缩机的一大好处是，它可以避免润滑油污染压缩空气和喷涂的面漆层。

为了衡量一台压缩机的容量，我们首先要明白两个术语，即"空气流量"和"空气压强"。cfm（立方英尺/分）是衡量空气流量的单位，而psi（磅/平方英寸）是空气压强单位。一台压缩机的容量，以及其他气动工具的容量，都要通过这两个术语组合起来表示。

气钉枪使用高速气流来驱动钉子，这种设备无须大量空气，但空气必须以高压状态输送。气钉枪需要的空气压强为90 psi（620.6 kPa）、空气流量为2 cfm（3.4 m³/h）的高压空气。相比之下，常规喷枪需要空气压强为40~50 psi（275.8~344.7 kPa）、空气流量10~12 cfm（17.0~20.4 m³/h）的高压空气，而持续运作的砂光机则需要空气压强为90 psi（620.6 kPa）、空气流量为16~19 cfm（27.2~32.3 m³/h）的高压空气。

空气管道

气动工具可以直接安装到软管的螺纹接头上，但更方便的方法是使用气动快速接头。如果只需用便携式压缩机驱动喷枪，可以直接用一根橡胶空气软管将压缩机和喷枪连接起来，通过压缩机上的调节器控制气压。如果使用的是一台大型压缩机，则应考虑用空气管道将空气从压缩机输送至工作台，以避免长长的空气软管造成妨碍。

空气管道还有另一个好处，即可作为辅助储气罐增加空气存储量。最好的办法是将空气管道安装在墙面的高处，在需要接入的位置设置下伸线。

如果只有一个位置需要使用压缩空气，可以直接把空气管道从压缩机连接至此区域；如果有多个位置需要使用压缩空气，则应将空气管道环绕车间设置。在安装空气管道时，应将其朝向压缩机倾斜，这样空气管道中的水分便可流回水箱或某一支管，便于排放。为了避免气压下降，应使用大直径空气管道，以发夹形转弯的方式安装，使空气管道从墙面延伸至工作区域。

空气管道的最佳选择是黑铁管或镀锌管。由于缺乏专业工具，难以对空气管道进行切割或制作螺纹，所以许多工房会将此工作交给水管工。如果你准备自己动手，千万不要选择塑料管或聚氯乙烯（PVC）管！因为塑料管无法承载压缩空气！你可以使用易于切割和焊接的铜管。在末端使用与空气管道匹配的 L 形铜管和螺纹焊管配件。使用铜管的风险是，如果发生火灾，铜管的焊接处可能会熔化，导致空气管道中的空气泄漏，使火势加剧。因此，在商业工房或一些火灾风险较高的区域，是不能使用铜管的。

过滤器

压缩空气中含有水分，可能会影响机器性能，污染面漆层。为了避免水分的危害，可以在空气管道和机器之间安装一个水分过滤器，或者直接将过滤器安装在管道系统中。油润滑压缩机需要串联油（凝聚）过滤器，因为油润滑压缩机会将小油滴喷入空气管道中，造成面漆层污染。

过滤器有各种配置。组合式过滤／调节装置可以方便地调节工作台区域的空气压力，而不必调整压缩机。过滤器组包括油过滤器和水分过滤器，以及可吸收水蒸气的干燥剂。为了尽可能减少系统中的水分，需定期排空压缩机水箱，也可以安装自动排水装置进行自动处理。

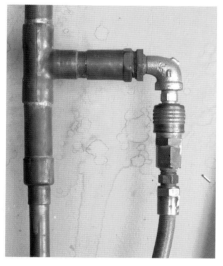

可以使用丙烷焊枪轻松地将用于连接空气管道的螺纹管接头焊接到铜管上。

空气管道需向压缩机倾斜，让空气管道中的水分回流到接收水箱，或流入管道系统的支路中，以便排放。

这种自动排水装置可减少压缩机中的水分。每当压缩机循环启动和关闭时，该装置就会开启。

研磨工具

研磨刨刀

使用配有白色氧化铝砂轮的慢速（1725 r/min）研磨机在刨刀上研磨出一个约25°的主斜面（图A），然后改用1200目的水石研磨刃口（图B）。为确定合适的研磨角度，可以慢慢摆动刨刀，直至感觉到其尖端和根部平贴在水石表面。接下来，在水石上移动刨刀，同时保持前臂和手腕锁定，以免刨刀晃动。刃口的左右边缘应比中间部分的研磨时间稍长一些，这样可以防止刨刀的边角在刨削过程中吃入木料中。研磨形成 1/32 in（0.8 mm）宽的刃口平面即可，更宽的刃口是没有必要的。

接下来，换成6000目的水石继续研磨。名仓石可以在表面形成一层细浆，非常适合研磨刨刀的背面（图C）。当刨刀背面研磨光亮后，翻转刨刀，像之前那样将刃口斜面平贴在名仓石表面，然后将刨刀前倾约5°，同时锁定前臂和手腕。以较小的圆周运动研磨斜面尖端，形成较小的二级刃面（图D）。与之前一样，左右边缘的研磨时间需稍长一些。

当刃口可以从你的指甲上刮下细小卷曲的指甲屑时，说明刀刃已经足够锋利了（图E）。注意，刨刀其他部位由于布满了砂轮的磨痕而略显暗淡，二级刃面和刃口斜面的根部会比较光亮。

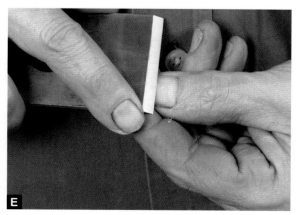

研磨手刮刀

　　第一步操作是把手刮刀的边缘锉平。最简单的方法是将手刮刀边缘放在柄脚紧靠夹具或限位块的单面粗锉刀上磨削（图 A）。为了保护双手，同时更好地抓握手刮刀，我会戴上指尖覆有橡胶涂层的花园手套。当手刮刀沿整个长度方向可以均匀反射光线时，说明其边缘已经研磨平整了。

　　接下来，在 1200 目的水石上研磨手刮刀的边缘。双手握持手刮刀，两个大拇指居中并相对，使手刮刀适度弯曲，直立在水石表面（图 B）。沿半圆路径来回推动手刮刀，去除粗锉刀留下的痕迹。然后，研磨手刮刀的刃口两面，除去毛刺。

　　将手刮刀放在距工作台边缘 $1/32$ in（0.8 mm）处。滴上一两滴煤油或轻质油进行润滑，然后保持研磨器与手刮刀表面水平，施加适当的压力横向于手刮刀表面进行多次磨削。在最后一次磨削时，下压研磨器手柄，使研磨器倾斜约 10° 操作（图 C）。

[小贴士]

　　为了定量研磨手刮刀边缘所需的压力，可以在浴室磅秤上施加 20 lb（9.1 kg）的压力进行练习。

　　用金属台钳夹紧手刮刀的中央，以免损坏其边缘。握持研磨器，使其与手刮刀表面垂直，施加 20 lb（9.1 kg）向下的压力，沿手刮刀边缘拉动研磨器进行多次磨削（图 D）。然后下压研磨器的前端，使其倾斜约 5°，以相同的压力继续磨削 2~3 次。最后，将研磨器倾斜 12°，完成最后的研磨（图 E）。

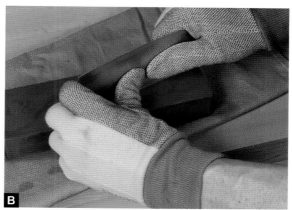

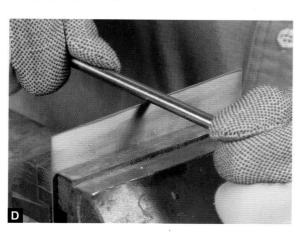

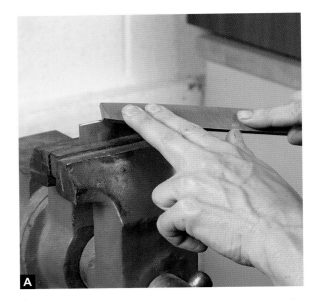

A

B

研磨木工刮刀

　　木工刮刀的研磨过程与手刮刀类似，但只需锉削一面。用台钳将木工刮刀固定，然后在木工刮刀边缘锉削出 45° 斜面（图 A），直至木工刮刀边缘的整个背面形成较为连贯的毛刺。

　　使用 1200 目的水石或精细油石磨去木工刮刀背面的毛刺，然后在 1200 目的水石上继续研磨斜面，并通过明亮的斜光检查研磨效果。经过研磨的区域更亮一些，粗锉的区域则略显暗淡。

　　与研磨手刮刀相同，用研磨器横向于木工刮刀背面磨削几次，以巩固木工刮刀边缘。同样按压研磨器的手柄使其倾斜一定角度，以研磨斜面前缘（图 B）。

　　用台钳夹紧刮刀，保持研磨器倾斜 45°，横向于刃口斜面多次拉动磨削；将研磨器的倾斜角度减少 15°，继续磨削数次；再次将研磨器的倾斜角度减少 15° 磨削数次。结束研磨，此时研磨器与水平面之间的夹角应为 15°（图 C）。

　　将木工刮刀从下向上安装在底座上，以免损坏毛刺（图 D）。拧紧刀片固定螺丝，然后拧紧刮刀背面中央的指旋螺丝（图 E），这样会使木工刮刀的中部略微弯曲。即使是卷纹枫木这样不易处理的木材，研磨后的木工刮刀也能以较宽的路径快速完成刮削，同时不会产生凿痕或导致平面凹凸不平（图 F）。

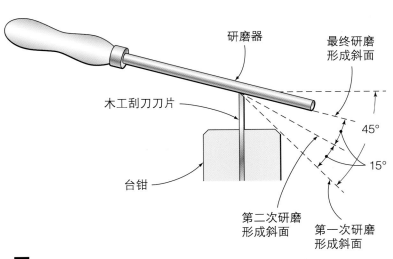

研磨器
最终研磨形成斜面
木工刮刀刀片
45°
15°
台钳
第二次研磨形成斜面
第一次研磨形成斜面

C

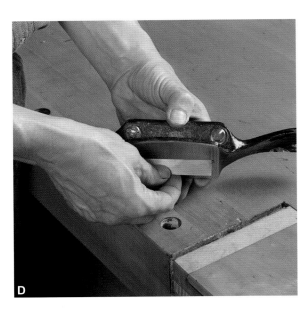

D

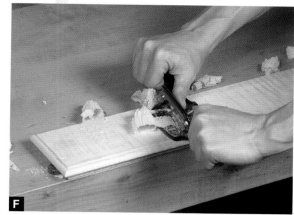

研磨弯刮刀

　　手工锉削鹅颈刮刀等弯刮刀不是一件容易的事，使用配备精细氧化铝砂轮的琢美（Dremel）研磨机研磨弯刮刀的效果较好（图 A）。然后，使用 1200 目的水石研磨弯刮刀表面除去毛刺。将弯刮刀边缘处理平滑后，将研磨器相对于水平面向下倾斜 5°，在弯刮刀边缘制造出新的毛刺（图 B）。如有必要，可以将弯刮刀固定在木制台钳上，以获得更好的杠杆作用。

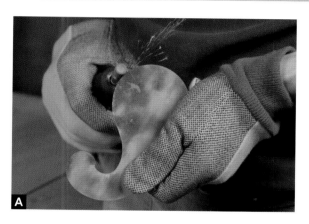

　　要研磨弯刮刀的凹面边缘和凸面边缘，可以将一张 320 目的湿 / 干砂纸包裹在橡胶桶上，并加入一些肥皂水将其润湿进行研磨（图 C）。

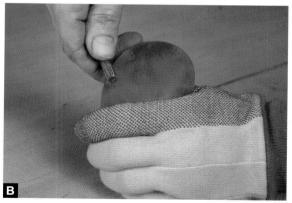

［变式方法］

　　一种超快、可同时实现研磨和毛刺制作的方法是，使用配备 320 目砂带、大小为 1 in × 30 in（25.4 mm × 762.0 mm）的台式带式砂光机。皮带向下传送，可在研磨边缘的同时形成毛刺。不过，在进行此操作时，应将刚性压板从皮带后面取下（图 V）。

第 3 章
表面处理工具

表面处理工具包含三大类：抹布、刷子和喷枪。擦涂和刷涂较为经济，但工作量较大；喷涂速度较快，但容易浪费表面处理产品。喷涂也不能确保涂层没有瑕疵，因此无须放弃刷涂和擦涂这两种方法。在本章，我们会对这些工具进行详细介绍。

手工工具

如果你准备手工进行表面处理，工序倒也不复杂。最基本的工具选择包括抹布、纸巾、擦拭垫和刷子。

抹布、纸巾和擦拭垫

几乎任何干净的吸水棉布都可以用来涂抹表面处理产品。我推荐经过漂白处理的纯棉 T 恤面料。纸巾也可以用来擦涂清漆，十分方便，我比较喜欢使用无纹理型纸巾。在一些表面处理工艺，比如法式抛光中，我也会使用亚麻、纯羊毛材料和平纹细布。适合擦涂虫胶和合成漆的擦拭垫可以从专业的表面处理商店购买。粘布（在油漆店和五金店有售）可用于清除打磨涂层时产生的粉尘和碎屑。羊羔毛涂抹器和短绒矩形垫适合在地板和墙面等较大表面使用。刷式泡沫垫可用于涂抹大多数的清漆和水基表面处理产品。

刷子

刷子的鬃毛总体可分为两类，即天然的或合成的。天然鬃毛刷大部分是用中国猪鬃制成的，可用于油基产品、清漆、虫胶和合成漆的刷涂。合成鬃毛是用尼龙或涤纶等合成纤维制成的。合成鬃毛刷可刷涂水基产品和其他大多数表面处理产品。一把刷子最重要的特征是其刷毛的形状和轮廓，圆形的粗刷可蘸取更多表面处理产品，而纤细的尖头刷可以更好地深入角落和缝隙。

方头刷具有等长的刷毛，这种刷子较为便宜，可用于一般性操作。尖头刷是手工制作的，中间的鬃毛较长，外围的鬃毛稍短，在刷涂时可使表面处理产品分布更均匀，形成的涂层更平滑。很多刷子具有矩形或圆形的轮廓，圆形刷子的鬃毛量几乎是矩形刷子的两倍，可以蘸取更多涂料。

顺时针方向：左上为可用于一般染色和上釉的 T 恤棉布和纸巾；中间的是质地细腻的无绒衬布，更适合上漆和抛光；右下方的粘布可以去除打磨产生的粉尘，粗麻布用于擦涂膏状木填料，平纹细布则用于法式抛光。

刷子可分为合成刷（顶部）和天然鬃毛刷（底部）两大类。合成刷包括泡沫刷、短绒合成垫和合成鬃毛刷。天然鬃毛刷通常使用中国猪鬃制成，图中最下方的刷子及其搭靠的刷子是通过为猪鬃染色制成的仿獾毛刷。

细尼龙刷（左）可进入角落，但不能蘸取很多涂料；椭圆形清漆刷（右）能蘸取较多涂料，可用来刷涂装饰件和其他部件轮廓；仿獾毛刷（中）则综合了这两种刷子的优点。

刷子结构剖析

刷子通过一个环氧树脂底座固定刷毛，并将刷毛与手柄相连。金属箍环绕底座一圈，通过铆钉固定在手柄上。嵌入底座的木制隔板在刷毛间分隔出一个可储存涂料的空间。当你用刷子蘸取涂料时，毛细作用会将涂料吸收并存储于该空间中，直到刷毛与木料表面接触，其中的涂料才会释放出来。

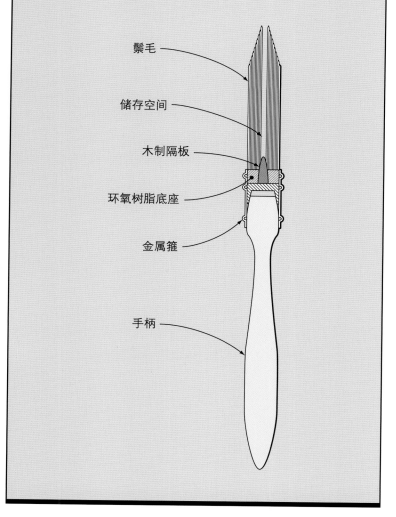

下面是为满足不同任务需要配备的刷子清单。

两把优质的尖头鬃毛刷，用于刷涂清漆：2½ in（63.5 mm）宽的刷子用于较大表面的刷涂，1 in（25.4 mm）宽的刷子用于细节区域的刷涂。质量较好的 2 in（50.8 mm）或 2½ in（63.5 mm）宽的刷子售价为 30~40 美元。几把中等质量的圆形或方形鬃毛刷，用于染色和上釉；至少一把优质的 2 in（50.8 mm）宽的合成鬃毛刷，用于水基表面处理产品的刷涂；几把画刷（包括 1 号刷和 4 号刷各 1 支），用于修饰和细节刷涂。

清单中还可以包括几支细尼龙画笔和几把 1~2½ in（25.4~63.5 mm）宽的尖头圆形毛刷，用于柔化和协调上釉效果、创造仿古和高光等效果。

喷枪和喷涂方式

喷枪通过压缩空气将液态涂料雾化并喷涂至部件表面。在过去 40 年里，喷涂技术发展迅速。工程师们一直在努力提高涂料的传递效率，即实际到达部件表面的涂料量相对于涂料总消耗量的比例。决定传递效率的主要因素是雾化方式，即液体涂料转化为小液滴的方式。涂料雾化主要有三种基本方式：传统高压法、高流量低压法（HVLP）和无气法。

传统高压法

传统喷枪利用压缩机提供的高压空气将涂料雾化。这种技术可以形成极其细腻的涂层，但浪费十分严重。高速的气流会导致大量涂料液滴从部件表面弹开，造成所谓的"过喷"。

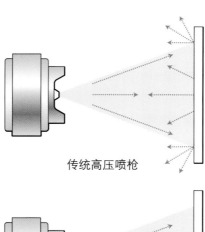

传统高压喷枪

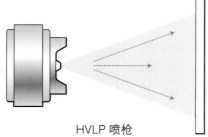

HVLP 喷枪

高流量低压法（HVLP）

HVLP 喷枪的操作原理与传统喷枪相似，但传递效率有所提高。顾名思义，HVLP 喷枪可以以较低的压力将更多的涂料传送至部件表面，因此过喷问题大大缓解。HVLP 喷枪可分为两种，即涡轮喷枪和转换喷枪。这两种喷枪都是以其空气传输方式来命名的。

涡轮喷枪通过 HVLP 系统中安装的涡轮机驱动高流量空气。这种喷枪性能较好，适用于未装备大型标准空气压缩机进行喷涂的情况。这种系统的价格从 300 美元到 1000 美元不等，一般性能较好且价格适中的系统在 600 美元左右。

转换喷枪是由典型的空气压缩机驱动的。通过限制气流，喷枪将高压状态的压缩空气减压或"转化"为喷枪内的低压空气，同时增加气体流量。第一代转化喷枪需由大型固定式空气压缩机提供大量空气，之后设计师开发了多种混合式的转换喷枪，即低流量低压力（LVLP）喷枪。这种喷枪工作时只需不超过 10 cfm 的空气流量，一般的小型空气压缩机即可满足需要。转换喷枪的价格从廉价的 100 美元到工业级型号的 500 美元不等。

涡轮驱动的高流量低压（HVLP）喷枪一般是以套装形式出售的，包括喷枪、涡轮机和用于输送高流量空气的大口径空气软管。

HVLP 转换喷枪通过限制喷枪内部的气流，将来自压缩机的高压空气转换为高流量 / 低压形式的气流。

LVLP 喷枪的气帽（左）具有比 HVLP 转换喷枪气帽（右）更小的开口。尽管 LVLP 喷枪无法达到标准 HVLP 转换喷枪那样宽的喷雾扇面和流体传输效果，但 LVLP 喷枪所需空气流量较小，因此可使用小型压缩机供气。

➤ 喷枪解构

　　大多数喷枪的基本工作原理都是相同的，就如右图所示的那样，是通过压缩机驱动喷枪的。涡轮喷枪也许稍有不同，但主要构件仍然是一样的。空气（绿色）首先从压缩机进入进气孔（A）。某些喷枪配有一个控制阀（B），可以从喷枪内部打开或关闭供气通道。扣下扳机（C）会将柱塞杆（D）压下，从而开启阀门，使空气流过枪体后从气帽（E）中间流出[1]。进一步扣压扳机，它会与弹簧负载的出料针阀（F）啮合，使针阀后移远离喷嘴，从而使表面处理产品（灰色）在气帽处实现雾化。

　　出料控制旋钮（G）通过限制针阀的后退幅度对喷雾流量进行控制。当扇面宽度控制旋钮（H）关闭时，空气只能通过气帽中心和周围的小孔流出[2]，从而形成小而圆的喷雾扇面；打开扇面宽度控制旋钮，空气（橙色）可进入气帽的外角部分，进而将圆形的喷雾扇面压缩为椭圆形。

1 在分压式涡轮喷枪中，省去了这里的控制阀与柱塞组件，因为只要涡轮开启，涡轮中的空气就会源源不断地从气帽流出。
2 对于很多型号的涡轮喷枪，可以通过将气帽转动到不同位置来改变喷雾的扇面宽度。

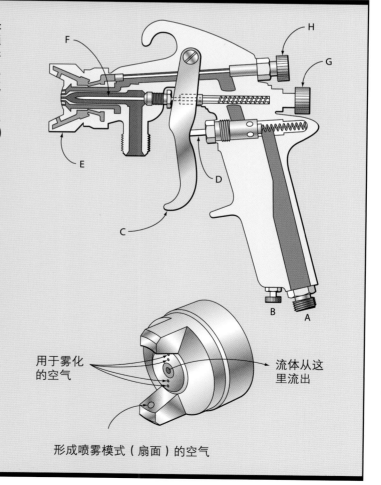

用于雾化的空气

流体从这里流出

形成喷雾模式（扇面）的空气

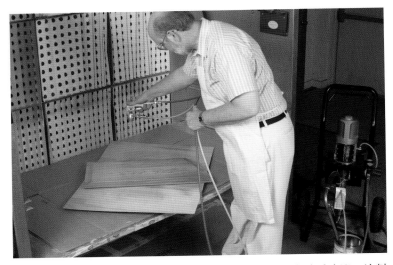

空气辅助无气泵系统由于其出色的传输效率和速度越来越受欢迎。涂料在高压泵（右）的驱动下通过喷枪上的小孔。

无气法和空气辅助喷枪

　　无气喷枪由高压活塞泵提供动力，涂料在2000~6000 psi（13789.5~41368.5 kPa）的压力作用下经过喷枪喷嘴中的猫眼狭缝。无气喷枪适用于喷涂浓稠的实用型涂料，适用于需要快速喷涂，但涂层不必十分光滑的情况，比如粉刷墙壁。空气辅助喷枪与无气喷枪原理相似，但工作压力较低，使用了特殊的气帽进一步雾化涂料。无气技术适用于速度与低过喷量为首要考虑因素的情况，此类喷枪价格在2000美元以上。

▶ 表面处理产品是如何传输的

　　喷枪都是通过下面四种方法之一完成进料的，它们分别是虹吸法、重力法、加压法和泵送法。

　　虹吸法。虹吸式喷枪通过文丘里管或前部排出空气时产生的虹吸作用将液体从下方的进料杯经过进料管吸入喷枪中。这一设计适用于传统高压喷枪，但对于喷涂浓稠液体的HVLP喷枪，由于其中空气压力较低，效果不是很好。

　　重力法。有一个方法可以解决虹吸式喷枪的不足，即利用大气压向下推动液体进入喷枪中。重力式喷枪可以有效地喷涂较为浓稠的涂料，且便于清洗。

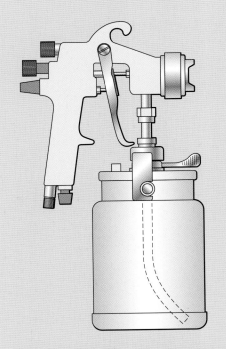

虹吸式喷枪通过虹吸作用从进料杯中吸取涂料。这种喷枪的进料杯顶部总是有一个排气孔。

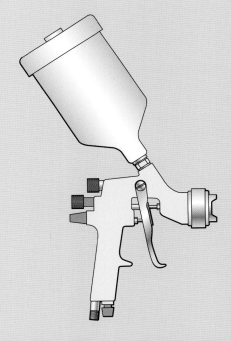

重力式喷枪的进料杯位于喷枪上方，容器顶部也有一个排气孔。

喷涂控制

喷枪的作用是将表面处理产品充分雾化为精细均匀的气雾，并喷涂在部件表面。成功的关键是表面处理产品的黏度与对喷枪控件的设置。

先尝试用未经稀释的表面处理产品进行喷涂。不过，如果材料过于浓稠，可能无法顺利流出，甚至会从喷枪中溅出。如果未经稀释的产品喷涂效果不佳，可以改用更大的针头 / 喷嘴组合，或者以 1 fl oz/qt（31.3 ml/L）的增量添加稀释剂，直到获得精细均匀的喷雾。出于环境方面的考虑，现在许多表面处理产品制造商不鼓励使用需要进行稀释的溶剂基产品。对于水基产品，推荐的稀释幅度为 5%~10%。如果不确定该用多少稀释剂，可以联系制造商咨询。

安全装备

大多数表面处理产品都含有有害的化学物质，所以要保护好皮肤、眼睛和肺。

手部防护

在需要接触溶剂和表面处理产品时，应佩戴耐化学腐蚀的优质手套。薄的乙烯基手套和乳胶

加压法。加压式喷枪系统利用压缩空气对进料杯或通过软管与喷枪相连的远程罐进行加压。加压式喷枪的进料杯容量为 1 qt（0.95 L），而远程加压罐的容量可从 2 qt（1.9 L）到 60 gal（227.1 L）不等。

泵送法。在泵送系统中，涂料通过隔膜泵或活塞式泵运输到喷枪中。隔膜泵适用于传统喷枪与 HVLP 喷枪；而活塞式泵适用于无气喷枪与空气辅助的无气喷枪，在高压下将涂料传输至喷枪。

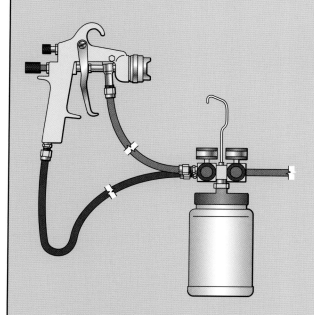

加压式喷枪通过压力将涂料从容器向上运输至喷枪。图中展示的是使用远程加压罐的喷枪，这种喷枪具有较好的机动性。

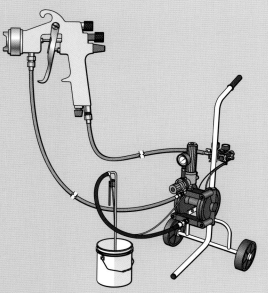

在图中的隔膜泵系统中，空气压缩机提供必要的空气为泵提供动力，隔膜泵从容器中吸取涂料，并将其传输至喷枪中。

手套无法长时间保护皮肤，应当使用更为耐用的手套。对于一般的表面处理，我发现丁腈手套的效果非常好，尤其是带有可吸汗衬里的型号。如果需要长时间使用刺激性化学产品，比如家具剥离剂，则最好使用厚的氯丁橡胶手套。在戴上这种厚重的手套前，先戴上一双棉布手套可以大大提高整体舒适度。

眼部防护

进行表面处理时要求佩戴具有侧挡板的护目镜，因此在操作木工机械时佩戴的护目镜不适用于表面处理操作。在我的工房里，还配备了紧急洗眼工作站和急救箱。

呼吸防护

用于表面处理操作的面罩应能同时应对打磨产生的粉尘、过喷的干浆料和溶剂蒸气的威胁。在进行打磨时，应使用经美国国家职业安全卫生研究所（National Institute for Occupational Safety and Health，NIOSH）认证的、针对木屑的防护面罩。对于溶剂蒸气，针对有机蒸气、雾霾和油漆的滤筒式防毒面具就足够了。我使用的是带有预过滤器的舒适型滤筒式防毒面具，可起到隔离粉尘和蒸气的作用。我会把防毒面具挂在脖子上，这样在我需要防护的时候，可以随时将其戴上。

> **杰维特喷涂三规则**

1. 使用尽可能低的压力操作喷枪，此举可以节约涂料并减少过喷。如果出现"橘皮"——由于气压不足或涂料过于浓稠而形成的粗糙不平的表面——可以每次增加 5 psi（34.5 kPa）的空气压强，直至涂层表面光滑。如果此方法不起作用，可以尝试稀释涂料。如果以上两种方法均不奏效，可能是因为喷枪上安装的针头／喷嘴组件过大，可以更换尺寸稍小的组件。

2. 为了获得最好的涂料喷射效果，应始终使用尽可能小的针头／喷嘴－气帽组件，不必对涂料进行稀释。口径较小的喷嘴通常具有较好的雾化效果。也可以对涂料进行适当稀释，使其得以通过口径较小的喷嘴，但切不可稀释过度。

3. 保持喷枪清洁。喷枪内部或喷嘴和气帽上累积涂料过多会对喷雾效果产生负面影响。参阅第 38 页"喷枪的清洗与保养"，保持喷枪的最佳性能。

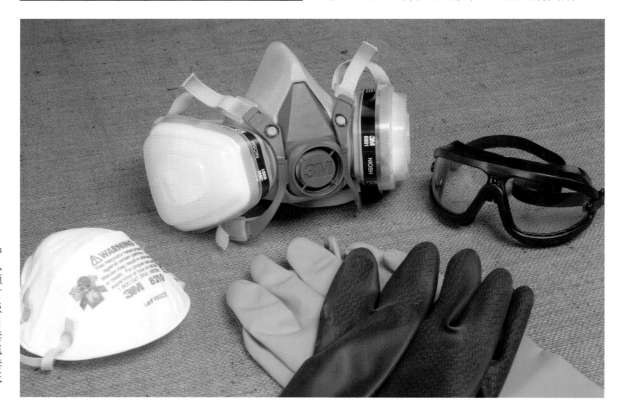

喷涂时的防护装备包括（从顶部起始，顺时针方向）有机滤筒式呼吸器、防溅护目镜、丁腈手套（绿色）、氯丁橡胶手套（黑色）和纸质防尘口罩。

刷涂和喷涂

刷子的保养

买一套优质的刷子要花不少钱，所以做好刷子的保养工作很重要。

清洁流程实际上在刷涂涂料前就已经开始了。在用刷子蘸取涂料之前，先将其浸入涂料对应的清洁溶剂中，这样使用后的刷子会更容易清洁。刷涂完成后，先用一块干净的抹布将刷子上过量的涂料擦去，然后将刷子浸入清洁溶剂中涮洗几次。将溶剂擦除后，用脱脂洗洁精使其起泡，用手掌搓洗刷子的刷毛，并在清洗过程中将刷毛前后弯曲，使其与洗洁精充分接触，尤其是金属箍附近的刷毛，需更加仔细清洗（图 A）。

反复冲洗刷子，直到刷子不再粘手，然后用手掌夹住手柄来回搓动，甩干多余水分（图 B）。接下来用刷子梳将鬃毛刷直（图 C），并用纸巾包住刷子的边缘，一直覆盖到刷子顶部（图 D）。最后将晾干的刷子悬挂或放入抽屉保存。

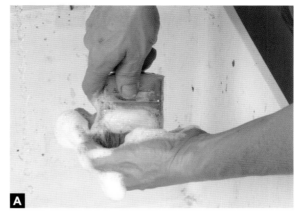

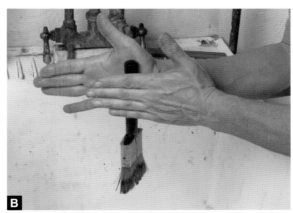

恢复硬化的刷子

首先，将刷子浸泡在以 N-甲基吡咯烷酮（NMP）为溶剂的剥离剂中。

相比二氯甲烷剥离剂，N-甲基吡咯烷酮剥离剂更加温和。将刷子在剥离剂中浸泡约 4 小时，然后戴着手套揉搓刷毛，使剥离剂渗入刷毛之间（图 A）。将刷子置于工作台边缘，用硬钢丝刷

将其中软化的涂料清除。用力按压刷毛使其弯曲，尤其是在靠近金属箍的区域（图 B）。用温水和脱脂洗洁精将剥离剂和涂料残留洗去（图 C）。用刷子梳将鬃毛刷直，同时去除残留的涂料结块。最后用足量的温水冲洗刷子，并遵照"刷子的保养"中提供的方法将刷子包起来保存。

喷枪的清洗和保养

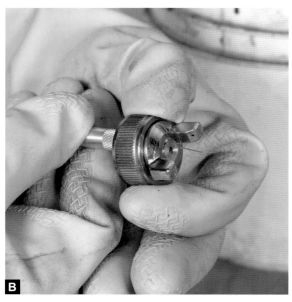

大多数的喷涂问题都是由气帽、针阀和喷嘴的不及时清洁或损坏造成的，因此应定期清洗这些部件。必备的保养工具包括刷子和针头，可以从喷枪供应商处买到。从喷枪上拆下气帽、针阀和喷嘴，将它们浸泡在对应的溶剂中。切忌把喷枪的枪身浸入溶剂中。

用干净的抹布擦拭针头，用软毛刷清洗气帽（图 A）。将一根钢丝针从气帽背后依次穿过环形气孔和中心孔进行清理（图 B）。然后用一把小型毛刷穿过喷嘴开口进行清理（图 C）。擦除残留溶剂，并仔细检查部件内外。重新组装喷枪，应先安装喷嘴，再安装针阀。然后用小刷子在针头上涂抹凡士林或喷枪润滑剂，同时对扳机枢轴螺丝进行润滑。

如果几个小时后会再次使用喷枪，则无须进行如此彻底的清洗。只需按以下步骤处理：保持喷枪高于进料杯，同时按下扳机，以此排出喷枪内的涂料，然后用喷枪喷洒适量干净的溶剂清洗管路。将气帽拆下浸泡在一小罐丙酮中（图 D），以防止小气孔中的涂料凝固，稍后取出气帽，待丙酮完全挥发后，将气帽重新装回。

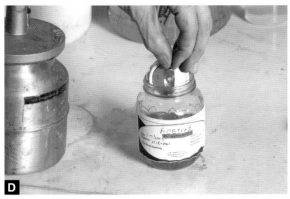

压力罐系统的基本配置

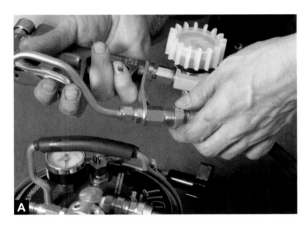

要设置一个可将涂料存放在单独容器中的远程压力罐系统，需要在罐中倒入一半涂料，然后将罐盖重新装回。将空气管道连接到压力罐的空气调节器出口上，将流体管道连接到流体出口上。将空气管接头和流体管接头分别连接到喷枪的进气口和流体进口上（图 A）。将连接处拧紧，并用塑料束线带把管道绑在一起。需要将一条空气管道连接到压力罐的空气调节器上，空气调节器的作用是分流部分空气对压力罐加压，而其余空气则用于为喷枪提供动力。

关于操作气压，如果罐内装的是透明的表面处理产品，则将压力罐的调节器调至 5 psi（34.5 kPa）；如果是较为浓稠的油漆，则应调至 10 psi（68.9 kPa）。关闭进入喷枪的空气通道，按下扳机，直到喷枪喷射出成串的涂料。调整压力罐调节器，使射出的涂料可以在向下弯曲前笔直射出 12~15 in（304.8~381.0 mm）（图 B）。一般来说，你也可以适当增加或减小压力，来加快或减慢传输速度。

在喷涂完成后清洗系统，需要对喷枪和流体管道进行反冲洗。关闭空气供应装置，释放压力罐中的压力，然后打开罐盖使其虚盖在罐口。重新连接空气管道，用手指堵住喷枪喷嘴，按下扳机，涂料会自动流回罐内（图 C）。最后，驱动溶剂在系统中流动完成清洗，具体做法是，先在压力罐中倒入半罐溶剂，并像之前那样给压力罐加压，由于此时喷枪中的雾化空气管道是关闭的，所以需要将溶剂喷入一个回收容器中（图 D）。

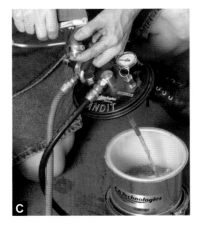

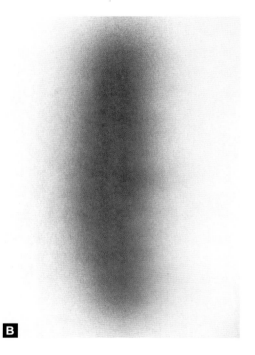

喷枪的调整

有一种快速可靠的方法，用于检查喷枪各组件的安装和设置情况，确保涂料分散均匀。首先，将一块木板垂直放置，然后旋转喷枪的气帽，以水平模式进行喷涂。参考喷枪的使用说明书调整喷枪与木板的距离，持续喷涂，直至涂料出现流挂。如果产生的液滴间隔均匀，说明喷涂设置到位（图 A）。反之，则需要检查组件的设置、更换喷嘴 / 气帽组件或清洗部件。

也可以将黑色涂料喷涂到白色牛皮纸上检查喷枪的设置情况。如果喷枪设置到位，且将气帽调节为垂直喷涂模式，应该产生一个椭圆形的图案，且液滴大小均一，分散均匀（图 B）。如果液滴偏大且大小不一（图 C），说明气压不足或者涂料过于浓稠，此时应根据需要调整气压或稀释涂料。

喷涂部件时，应保持传统喷枪距离部件 8~10 in（203.2~254.0 mm），保持 HVLP 喷枪距离部件 6~8 in（152.4~203.2 mm）。从部件的一端起始喷涂，保持手臂伸直，让喷枪横向于部件移动，喷出一条湿润的涂层带。喷涂过程中应避免涂层出现坑凹。到达部件另一端后松开扳机。继续喷涂，使新的涂层带与之前的涂层带保持半重叠，并以此方式完成剩余表面的喷涂。一般是从部件靠近身体的一端开始喷涂，然后持续向远端移动喷枪，防止干喷形成粗糙的涂层（图 D）。在喷涂垂直表面时，应快速移动喷枪，以防局部累计过多涂料出现流挂。正确的喷枪设置与移动方式可使涂层看起来十分光滑，即使干燥后也不会显得粗糙。

涡轮喷枪的使用

在使用 HVLP 涡轮喷枪进行喷涂时，应根据软管长度使涡轮机尽可能地远离喷涂区域。为确定合适尺寸的针头、喷嘴和气帽组合，需要按照说明书使用黏度杯测量涂料黏度（图 A）。在喷枪的进料杯中加入涂料，将喷枪与气体管路连接，在测试木板上进行喷涂，以检查喷枪的设置是否合理（图 B）。照片中的喷雾范围过大，造成扇面边缘的涂料过多。所以我更换了尺寸稍小的针头、喷嘴和气帽组件，获得了更为均匀连贯的喷雾模式（图 C）。在喷涂部件的边缘和较小的表面时，应将气帽旋转 45°，进一步收窄喷雾扇面（图 D）。

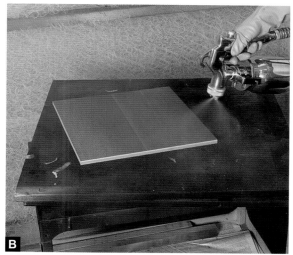

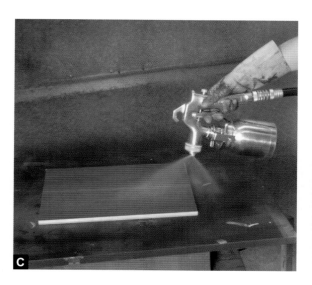

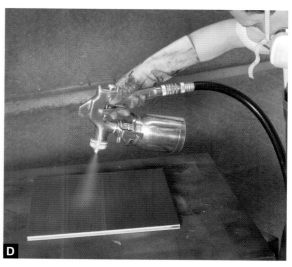

HVLP 转换喷枪的使用

使用空气压缩机驱动喷枪时——不管是传统喷枪，还是 HVLP 或 LVLP 喷枪——你都需要设置合理的工作气压。基本原则是，使用可以将涂料充分雾化的最低气压，以此减少涂料的反弹，减少过喷。制造商可能会推荐特定的工作气压，但对于特定的喷枪，最好对其进行测试，以确定最佳工作压力。HVLP 制造商会指定最大进口压力，这一数值会刻印在枪体或写在操作手册上。首先，将压缩机调节器设置到这一压力，扣下喷枪的扳机使空气刚好可以通过喷枪。喷枪上的微调器可以对压力进行更加精确的调整，因此无须补偿空气管路中下降的压力（图 A）。

接下来，设置喷枪的液体和扇面控制组件。为了准确，应先将这些组件顺时针旋转到关闭的位置。

> ➤ 参阅第 33 页 "喷枪解构"。

如果喷枪装有控制阀（一种内部压力调节阀），需要先将其打开。然后按下扳机，将出料控制旋钮逆时针旋转几圈打开（图 B）。调小出料控制旋钮，可以喷涂部件边缘和较小的区域；增加出料控制旋钮的开度，则可以喷涂较大的表面。接下来，调整喷雾扇面至所需宽度（图 C），并在测试木板上喷涂。如果涂料状态不错，则以 5 psi（34.5 kPa）的幅度逐渐减小气压，直至涂层开始变得粗糙不均，然后增加 5 psi（34.5 kPa）气压，这样你就获得了喷涂此种涂料的合适气压。

◆ 第二部分 ◆
表面预处理

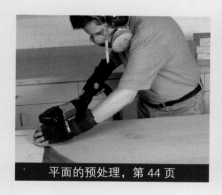
平面的预处理，第 44 页

曲面和复杂表面的预处理，第 58 页

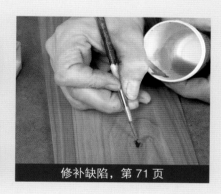
修补缺陷，第 71 页

　　在进行表面处理之前，应先消除部件表面由台锯、电木铣、平刨和压刨等工具留下的加工痕迹，否则不管你多么小心地进行表面处理，也无法掩盖这些粗糙的痕迹。33%~50%的表面处理时间用在了表面预处理上，这样的情况并不稀奇。因此，为了有序、高效地进行操作，同时不会浪费大量时间和制造大量不必要的木屑，掌握正确的技术是十分重要的。在这一部分，我会介绍如何使用手工工具或木工机械来对木料进行正确的预处理。你会了解到何种技术、切削工具和磨料是处理平整表面和复杂表面的最佳选择。最后，你还会学到如何修复那些打磨或刮削无法消除的缺陷。

第 4 章
平面的预处理

我们之前说过，表面处理质量很大程度上取决于木料表面的预处理状况。压刨、平刨等机械可以在一定程度上将木板处理平整和光滑，但作用有限。经过机械处理的表面虽然看上去较为光滑，但留下的加工痕迹会不均匀地吸收染料，或在表面处理后更为凸显。

最终的表面预处理需要使用磨料、手工刨或刮刀中的一种或全部，表面预处理的类型则取决于待处理的部件。比如，如果你想仿制联邦桌，那么只需使用手工刨和刮刀进行最终的预处理。再比如，现代的餐桌或会议桌需要完全平整的平面，则只能通过现代磨料来实现最终的预处理效果。

木材种类也可以决定表面预处理的方式。比如，带式或鼓式砂光机相比手工刨可以迅速高效地磨平卷纹枫木的粗糙表面。不过，有时候使用手工刨去除压刨痕迹会更有效。因此，有必要熟练掌握切削工具与磨料的使用技术。

在本节中，我们会介绍几种平面预处理的有效方法。在下一章，我会重点介绍曲面和复杂表面的预处理方法。

在胶合过程中将面板小心对齐可以减少后续的整平工作量。作者将面板的两端分别夹在 2 块三聚氰胺垫板之间，使木板边缘更好地对齐。

准备工作

提前做好一些工作，可以让表面预处理工作更容易进行。一是用胶水小心胶合边对边拼接的木板，如此便可以将整平的工作量控制在最低限度；二是合理布置工作区域，以获得较高的操作效率。

在胶合面板时，尽量将木板的边缘对齐并用木工夹夹紧。在木板边缘涂抹胶水后，将外侧的两个木工夹夹紧，然后用湿抹布擦去多余胶水，并在面板上下夹上 ¾ in（19.1 mm）厚的三聚氰胺垫板，将面板夹在中间。将其他木工夹夹紧到位。

小贴士
蜡纸可以防止管夹的黑铁管把木板弄脏。

一个优质的砂光台应具有可以舒适操作的高度。我用来打磨面板的砂光台高度及腰。便携式工作灯可以提供良好的背光照明，以探查部件表面的划痕。

在进行打磨、刮削或刨削时，应在舒适的高度进行操作，同时使用较好的背光照明，用来突出部件表面的划痕和缺陷。固定在立柱上并调整至操作高度的低功率泛光灯可使部件表面的划痕和缺陷凸显。

规划操作

经过合理预处理的表面应当平整、光滑、无凹痕和其他表面缺陷。一个部件表面预处理所需的工作量主要取决于其经过压刨、平刨和台锯处理后的状态。比如，框架和桌子挡板等细窄件，在铣削之后已经足够平整，只需适当打磨光滑去除铣削痕迹即可，而桌面和门板等由多块木板胶合拼接的部件，则需要在打磨光滑前先将其整平。

条件允许的话，应在组装之前将各部件先行处理平整和光滑，这样可以使部件处理变得更加容易，在部件组装完毕后，只需对其进行最终打磨。

将部件表面处理平整的工具很多。由单块直纹木板制作的挡板、桌腿、抽屉面板等部件，用

手工刨就可以轻松处理平滑。粗糙或具有精美花纹的木板最好使用磨料处理，或者先用刮刀处理，再用磨料进行最终打磨。固定式鼓式砂光机非常适合打磨难以固定在木工桌上的薄木板。一般来说，将适合于待处理木料的电动机械和手工工具结合起来使用，可以获得最佳处理效果。

电动机械打磨

很多电动机械可以胜任打磨操作，从而省去了很多麻烦。一些便携式电动机械，比如带式砂光机、振动式砂光机和不规则轨道砂光机，价格较为便宜，在木工领域被广泛使用。

带式砂光机

我的大部分木工操作、表面处理和涂层修复操作都会用到带式砂光机。多年来，我用坏了 8 台带式砂光机，几乎可以称得上是带式砂光机"杀手"了。在以最佳性价比实现桌面和其他面板的表面预处理方面，这种机器是难以超越的。为了将面板处理平整，应购买最重、

鼓式砂光机非常适合打磨那些不易固定在木工桌上的薄木板。

逆纹理操作

每个木匠都知道应当顺纹理打磨，这样打磨产生的划痕才会与木材纹理的形态、走向浑然一体。不过，有时也需要横向于纹理进行打磨。打磨横纹时，磨料会横向于细胞束切入，从而可以去除更多材料。这种打磨方式在需要去除大量木料，例如将面板处理平整时格外有效（参阅第51页"使用带式砂光机处理部件"）。

当进行横纹打磨，或者使用振动式砂光机、不规则轨道砂光机打磨时，应严格进行梯度打磨，切勿跳过某一目数。我一般从100目的砂纸开始，然后依次使用120目、150目、180目的砂纸进行打磨，最后使用220目的砂纸收尾。在电动机械打磨之后，我会顺纹理手工打磨，以去除机械打磨残留下来的横纹划痕或圆形划痕。手工打磨的砂纸目数通常从电动机械打磨时所用的最精细的砂纸目数开始。

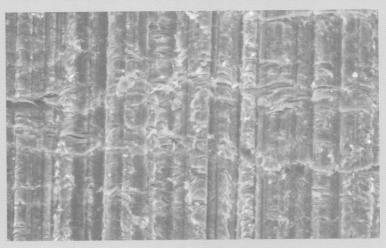

经过100倍放大后，由180目砂纸产生的横向划痕（左右方向）清晰可见，横向贯穿了木材纹理。

最大的带式砂光机。我最喜欢的机器型号是4 in × 24 in（101.6 mm × 609.6 mm）的，因为它的重量和大型压板可以将大块面板快速处理平整。为了获得最佳性能，可以用石墨压板替换原装的金属压板，这些材料通常作为配件列于工具操作手册中。对于带式砂光机和鼓式砂光机，我通常会为其配备耐久性较好的氧化铝陶瓷磨料。我最喜欢的是3M公司制造的紫色帝王石（Regalite）树脂砂带。

[小贴士]

即使使用的机器配有除尘装置，也要采取必要的措施保护自己免受粉尘的危害。

振动式砂光机和不规则轨道砂光机

用带式砂光机完成打磨后，我一般会用振动式砂光机或不规则轨道砂光机对部件表面做进一

➤ 充分利用砂纸

下面这些方法可以使砂纸得到最大限度的利用。
1. 在打磨之前，将部件表面多余的胶水或胶带清除。
2. 定期使用专门的橡胶清洁棒对堵塞的砂带和砂盘进行清理。
3. 偶尔将砂纸放在灰色合成磨料垫或硬纤维地毯上擦拭，以去除砂纸上残留的木屑。

商品橡胶清洁棒可用于清理砂光机的砂带和沙盘，从而延长其使用寿命。

为了提高带式砂光机的操作性能，可以如图所示的那样，将金属压板换成石墨压板。

步的处理。在打磨木皮时，我会优先使用这两种工具。这两种工具被称作"精磨机"，一般配备150~220 目的砂纸。我发现经过硬脂酸盐处理的氧化铝砂纸可以使这类机器获得最佳处理效果。

固定式砂光机

如果需要处理大量平板，可以考虑配备一台鼓式或宽带砂光机。这两种固定式砂光机可以将表面打磨的连贯均一，这一点是手工工具望尘莫及的。有多种价格适中的鼓式砂光机可供选择，它们对小型工房来说完全够用；大型工房或定制工房可以考虑入手宽带砂光机，因为宽带砂光机比鼓式砂光机功能更加强大。

手工打磨

随着电动砂光机的发展，手工打磨似乎有些过时了。然而，手工打磨更易控制，并且对消除振动式砂光机和不规则轨道砂光机产生的涡状划痕来说是必不可少的。

在用块状砂纸打磨平面时，应搭配合适的砂磨块。大部分商品砂磨块是用橡胶制作的，这种砂磨块十分平整且具有刚性，其韧性又可以防止磨料颗粒过早脱落。如果使用的是木制砂磨块，在其一面贴上一层软木可以获得同样的效果。

我喜欢用石榴石砂纸进行手工打磨，因为这种磨料与木料的相互作用十分独特，可以得到较好的处理表面。手工打磨一般是顺纹理进行的，因此可适当跳过某些目数的砂纸。例如，你可以直接从 100 目砂纸跳到 150 目砂纸，然后使用220 目砂纸进行打磨。

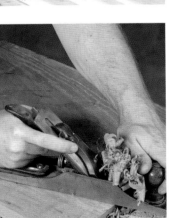

处理大面

刨平面板

　　手工刨非常适合刨平直纹的单块面板。将面板固定在木工桌的限位块之间，或者靠在挡头木上。如果面板存在瓦形形变，应将其凹面朝下放置，并在其较高的部位垫上垫片，防止其滚动。先为粗刨设置较大的刨削深度，使刨身沿面板对角线方向顺纹理进行刨削（图A）。刨削几次后，换到另一个对角线方向继续刨削，期间可以用平尺检查刨削进度（图B）。当面板基本刨平后，使刨身平行于木料纹理进行刨削，消除沿对角方向的刨削痕迹（图C）。然后换用细刨进行更加精细的刨削（图D）。如果你对此时的表面质量感到满意，可以就此停止操作。或者可以用手刮刀将残留的不规则痕迹去除（图E），随后用240目的砂纸进行打磨。

[小贴士]

　　用蜂蜡润滑手工刨底部，可以大大减少刨削时的摩擦力。

手工打磨

　　将一张 9 in × 11 in（ 228.6 mm × 279.4 mm ）的砂纸裁成 4 份，并用其中一块裹住橡胶砂磨块或覆有软木的砂磨垫。施加中等压力，从部件一端起始，向着另一端顺纹理打磨（图 A ）。打磨方向可与木材纹理成 7°～10° 的夹角，此时磨料对木纤维的切削效果较平行于纹理打磨时更好，从而可以获得最佳效果。每次的打磨宽度应与上一次的打磨宽度保持一半左右的重叠（图 B ）。定期将砂纸放在灰色合成研磨垫或硬纤维地毯上擦拭，以去除砂纸上残留的木屑。在操作时应留意砂纸与木料的咬合作用，当砂纸开始打滑时，就应该更换砂纸了。

　　在打磨斜面时，可以用左手大拇指和右手食指保持磨砂块平贴斜面（图 C ）。将左手食指置于磨砂块底部使其稳固，然后为磨砂块包裹 220 目的砂纸对斜面边缘进行打磨。

　　打磨小部件颇有难度。如果不能将砂纸或打磨工具翻来覆去地调整以作用于部件表面，将部件打磨光滑几乎是不可能，而且小部件的固定也非常困难，因此最好将部件放在砂纸上进行打磨。将小部件打磨平整最好的办法是制作一块打磨板，可以将一块砂纸用接触型黏合剂粘在三聚氰胺板或胶合板上制成打磨板。之后将部件放在打磨板上来回打磨即可（图 D ）。

［小贴士］

　　即使砂纸目数超过 220 目，打磨效果也不会有明显提升。不过，如果你准备使用水基表面处理产品，使用 320 目的砂纸打磨部件可以减少毛刺形成。

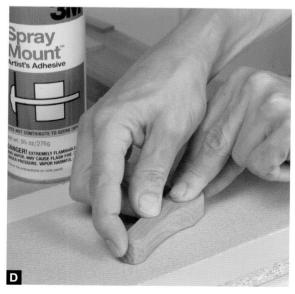

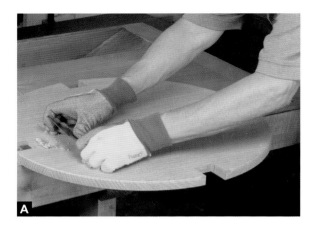

刮削

在使用手刮刀处理平面时，我通常会将推、拉和扫掠等 3 种刮削方法结合起来使用。

我通常从推动手刮刀开始操作。将手指环绕在手刮刀边缘，通过两个大拇指按压手刮刀中心使其稍稍弯曲，以防止手刮刀的尖角切入部件（图A）。以这种握法，可以轻松地将手刮刀从部件近端推至远端。不过，这种刮削方法不可避免地会使手刮刀前缘在起始推动时切入木料中。因此在刮削部件近端边缘时，拉动手刮刀向着身体方向刮削更为有利（图 B）。在这种握法中，我用两侧大拇指握住手刮刀两端，同时将其他手指移动到手刮刀背面施加压力。最后，我会用手刮刀扫掠部件表面，此时应从与拉动手刮刀相反的方向握住手刮刀，并使其稍稍弯曲，以防止其尖角切入木料（图 C）。

[小贴士]

手刮刀具有不同的厚度。较薄的手刮刀施加较小的压力即可弯曲，适合处理小区域。手刮刀在使用过程中会发热，因此我会戴上指头带橡胶的手套隔绝热量，并保持对手刮刀的良好抓握力。

在刮削狭窄表面时，可以先用 220 目的砂纸稍稍打磨部件边缘，再使用手刮刀刮削，以防止手刮刀将方正的边缘撕裂。在刮削桌腿等部件的细窄表面时，将中指、无名指和小指置于手刮刀底部，同时抵紧部件侧面，来支撑手刮刀并使其保持竖直（图 D）。可以只用部分刃口处理狭窄区域，例如榫头附近（图 E）。

使用带式砂光机处理部件

在我看来，带式砂光机是将拼接面板处理平整的最佳工具。按照下面介绍的交叉影线技术进行处理，可使处理后的表面光滑且均匀。

在开始处理之前，使用木工刮刀将面板上残留的黏合剂尽可能地去除干净，同时将出现错位的拼缝整平（图 A）。确保带式砂光机已经调整到位，其压板干净平整。然后将 100 目的砂带安装到带式砂光机上。

[小贴士]

图中所示的防震手套可以减轻手部疲劳。

将面板固定在木工桌上，使用带式砂光机沿面板对角线方向完成 4~5 次全程打磨（图 B）。接下来，沿另一对角线方向用带式砂光机继续打磨，直到整块面板呈现均匀连贯的划痕（图 C）。此时闪亮的区域为低凹区域，为了将其消除，需要重复先前沿两个对角线方向的打磨操作。当面板呈现均一的划痕且反射均匀时，顺纹理打磨，将横纹划痕（用抹布蘸取溶剂擦拭面板有助于突出细微的划痕）去除（图 D）。当所有横纹划痕去除后，更换 120 目的砂带，继续顺纹理打磨。稍后更换 150 目的砂带，继续顺纹理打磨。

此时面板已经足够平整，接下来只需将其处理光滑。从 150 目的砂纸起始手工打磨，依次增加砂纸目数，直至 220 目。

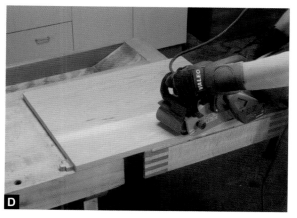

使用不规则轨道砂光机处理大面

理论上来说，不规则轨道砂光机可以向任何方向移动，因为磨料垫产生的大圆形划痕会被偏心轨道产生的小环形划痕掩盖（图A）。不过，使用带式砂光机使用的交叉影线技术可以使处理的表面更加均一。大多数不规则轨道砂光机配备的是直径 5 in（127.0 mm）或 6 in（152.4 mm）的研磨垫，我比较喜欢直径 6 in（152.4 mm）的研磨垫，因为其表面积更大。

刮除面板上残余的黏合剂，在不规则轨道砂光机上安装 100 目或更为精细的砂纸。先将砂光机沿某一角度方向移动（图B），再转至相对的方向继续打磨（图C）。以这样的方式持续打磨，直至最终的砂纸目数。最后，使用与最终目数相同目数的砂纸手工打磨（图D），去除横纹划痕。

不规则轨道砂光机的缺点是，其圆形的磨料垫通常无法处理边角和交叉区域。

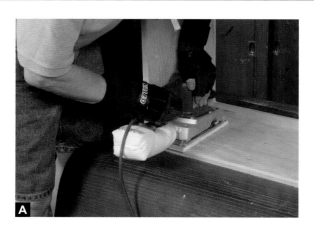

使用振动式砂光机处理部件

振动式砂光机整平面板的速度不及带式砂光机和不规则轨道砂光机，但振动式砂光机适合打磨边角和相交面板，因为它的砂磨垫的侧面可以贴靠在隔板或面框处。比如，在打磨带有面框的书柜时，要从书柜侧板与顶板和底板相交的位置开始操作（图A），将振动式砂光机旋转 90°，利用砂磨垫的长边打磨面框内表面（图B）。接下来打磨剩余区域，打磨方向可以随意一些，重点是保持砂磨垫的前缘远离面框，防止二者相撞（图 C）。最后手工打磨去除涡状痕迹。

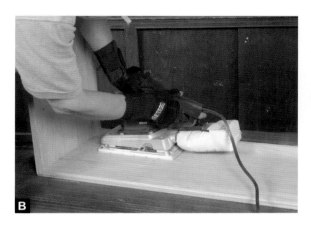

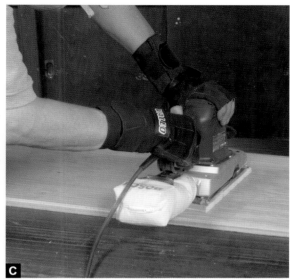

使用鼓式砂光机处理大面

使用鼓式砂光机整平面板时，首先使用 80 目的砂纸，同时将传送台高度降低到比面板厚度高 ¼ in（6.4 mm）的位置。在机器关闭的状态下，将面板插入砂磨滚筒底部（图 A）。开启鼓式砂光机，暂时不开启传送带。逐渐升高传送台，直到转动的砂鼓与面板接触。开启传送带，使面板通过砂鼓，在出口处将其抓住（图 B）。

重复上述步骤，每完成一次进料将传送台提高一点。用 80 目砂纸完成打磨后，更换 120 目或 150 目的砂纸打磨（图 C）。由于鼓式砂光机无法提供最终质量的表面，因此还需要使用不规则轨道砂光机继续打磨，此时砂纸的起始目数应比鼓式砂光机最终打磨时的砂纸目数低一级。

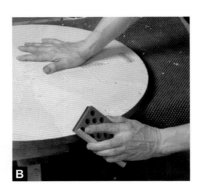

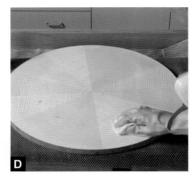

打磨木皮

先使用手刮刀尽可能地将木皮胶带刮除干净（图 A）。如果木皮位于部件边缘，应将其上表面打磨至与桌面平齐，以防止木皮撕裂。将 120 目的砂纸粘在砂磨块上，从外缘向桌子中心打磨（图 B）。

使用电动工具打磨木皮时，手的握法十分重要。用双手牢牢抓住机器，保持打磨垫平贴部件表面。用钩环电缆紧固带将真空软管和电线绑在一起，然后将其绕在手臂上，以防止管线妨碍操作（图 C）。从 120 目砂纸开始用起，先打磨边缘，然后逐渐向中心移动，打磨方向可以随意一些。当你感觉面板平整后，用溶剂进行擦拭，以确保除去黏合剂和胶带（图 D）。然后依次使用 150 目、180 目和 220 目的砂纸继续打磨。

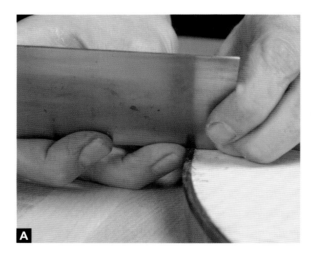

将实木边缘刮削到与木皮平齐

无论是镶嵌边框还是实木封边，修整实木部件的边缘，使其与木皮平齐都不是容易的事。对于图中的鸡翅木镶嵌边框，手刮刀是最好的选择；对于更宽的实木封边，可以使用短刨处理。为了防止刃口切入木皮，需要用左手握住手刮刀，使刃口保持在木皮上方一根发丝的位置，弯曲右手手指托住手刮刀底部，右手的指关节贴靠在台面上提供支撑（图 A）。完成整平后，我会将手刮刀向边缘前推（图 B），并在手刮刀接触镶嵌边框的最后一刻转向侧面，使其横向扫过镶嵌边框，完成最后的整平（图 C）。

处理部件边缘

刨平部件边缘

手工刨可以快速有效地将部件边缘处理光滑。如果使用锋利的刨刀顺纹理进行刨削，处理后的表面几乎无须进一步打磨。我发现，在刨削白橡木弦切板这样的硬木木板时，低角度粗刨（如图所示）效果最好（图 A）。

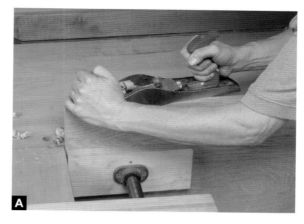

虽然刨削端面也可以用低角度粗刨，但更为常用的是低角度短刨（图 B）。如果横向于端面纹理从近端径直刨削至远端，可能会将远端的边缘切坏。正确的方法是，先用手工刨对远端边缘轻微倒棱（图 C），或者，从两端向中心进行刨削（图 D）。用同一把短刨沿长边缘快速扫掠几下，即可获得不错的倒棱效果（图 E）。

也可以用手刮刀刮削端面（图 F），但处理后的表面不是很光滑，之后还要用 180 或 220 目的砂纸进行打磨。

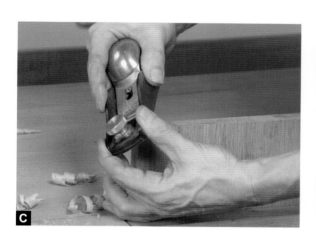

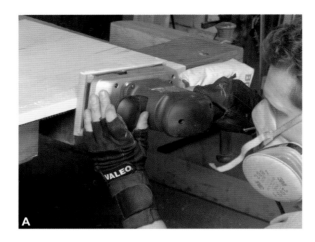

使用振动式砂光机打磨部件边缘

在使用电动机械打磨部件边缘时，振动式砂光机是最佳选择。与不规则轨道砂光机不同，振动式砂光机的砂磨垫可以紧贴部件边缘。保持机器关闭，将振动式砂光机的砂磨垫贴靠在部件边缘，来回滚动砂磨垫，直到你感觉砂磨垫已平贴边缘（图 A）。开机，上下移动振动式砂光机，或者将振动式砂光机倾斜一定角度开始打磨，如此可避免某一区域的砂纸损耗过快（图 B）。振动式砂光机打磨长纹理边缘和端面的效果都很好（图 C）。

使用带式砂光机打磨部件边缘

若以最低速度运行，并将部件固定到位，一台 3 in × 21 in（76.2 mm × 533.4 mm）的小型可变速带式砂光机也可用来打磨部件边缘。使用肩台钳和可调木工桌，将桌面这样的大型部件固定在较为舒适的操作高度（图 A）。操作时用前面那只手的手指从带式砂光机下方抵住部件，来稳固带式砂光机。这一技术也可以用于打磨端面，此时应使用尾台钳将部件固定到位（图 B）。如有必要，可以使用直角尺检查进度（图 C）。

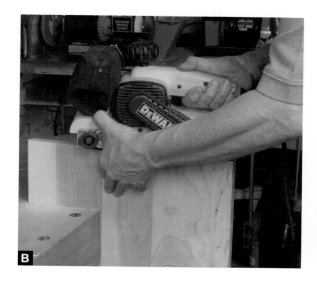

第 5 章
曲面和复杂表面的预处理

　　一件家具很少只具有平直的表面，因此处理曲面和复杂表面是不可避免的，比如复杂的装饰件和弯腿等部件。与处理平面相同，在对这些表面进行处理时，同样需要先消除部件表面的缺陷、不平整处和铣削痕迹，然后再将其处理光滑。

　　对大多数部件来说，我们在前面介绍的几种基本技术同样适用于曲面。区别在于，大部分平面的整平使用的是刚性的砂磨块，而曲面的处理需要使用不同的策略。在本节中，我会就适用于"非平面"处理的砂磨块和打磨技术进行讲解。

从整齐的切口开始

　　下面介绍的这些准备工作可以有效减少表面预处理的工作量。首先，使用锋利的工具对部件进行初步整形。因为钝化的电木铣铣头或成形机刀头会在木料表面产生灼痕或将其撕裂，后续需要繁杂的打磨操作才能将其去除。在切割边缘轮廓之前，应确保所有平面都是平直的，否则，轴承导向铣头会沿着不规则的边缘形成不规则的轮廓。为了减少铣刀或刀头在操作中的震颤，应在

不产生灼痕的前提下尽可能降低机器的转速。

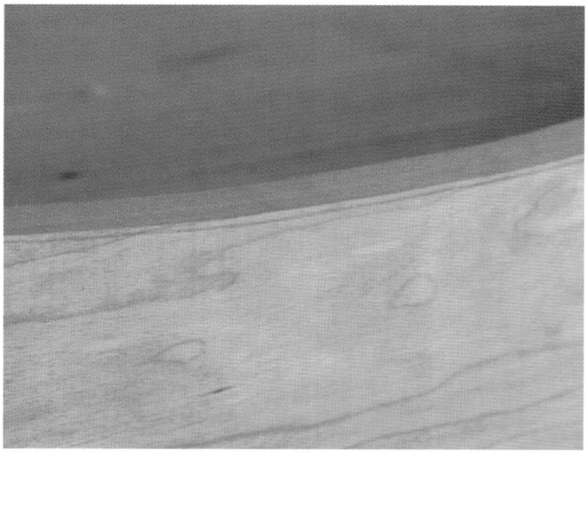

　　使用带锯切割曲面时，锯片应与切割线保持一点距离，使其可以为最终的打磨提供参考（参阅左下图）。对于重复出现的形状，可以考虑模板铣削。只要铣头足够锋利，经模板铣削产生的表面几乎不需要后续进行清理和打磨。

固定部件

　　只要条件允许，我都会在将部件胶合到位之前把每个部件打磨光滑。不过，要固定具有曲面的部件不是一件容易的事。细木工木工桌配备的肩台钳和端台钳可固定多种部件，也可以使用管夹或杆夹来固定弯腿等木旋部件或形状奇特的部件（见第 59 页左上图）。如果你有车床，可以用它固定桌腿、椅腿或其他细长部件。在打磨部件边缘时，只需将部件夹紧，保持待加工边缘悬空。对于较薄的装饰部件，可以用强力胶暂时将其胶合在废料板上，也可以在废料板上切割出一个适当大小的凹槽，将部件滑入其中进行打磨。

在初始成形操作中，锯片应与切割线保持一点距离进行切割，使切割线可以为最终的打磨提供参考。打磨时会产生粉尘，此时铅笔画线会比刻划线更容易看到。

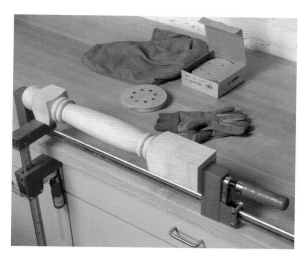

如果没有车床，也可以使用杆夹将细长的部件固定在工作台上。

砂磨块和砂磨垫

在打磨曲面和复杂轮廓时，为砂纸配备合适的背衬是非常重要的。如果打磨曲面时使用硬质砂磨块，几乎可以肯定，美观的造型会被破坏。例如，如果使用配备硬质砂磨垫的不规则轨道砂光机打磨凹面，那么砂磨垫的边缘会切入部件表面；如果使用平整的硬质砂磨垫打磨凸面，则会将凸面的局部磨平，破坏原有的曲面。有多种方法可避免这些情况发生。

在打磨经过铣削的小部件或弯曲边缘时，可以使用多种与部件轮廓形状匹配的砂磨块。其中一种选择是制作定制砂磨块。

➤ 参阅第 67 页 "自制砂磨块"。

另一种方法是使用与部件轮廓形状匹配的商品轮廓砂磨块。

➤ 参阅第 66 页 "打磨复杂装饰件"。

可调式轮廓砂磨块也可从市场上买到，稍后我会进行介绍。

对于较宽曲面的打磨，木工和汽车行业提供了一系列可贴合部件形状的柔性砂磨块（见右图）。对于一般曲面（包括木旋部件的表面）的打磨，可以使用各种柔性磨料，比如泡沫砂磨垫、

合成钢丝绒和配有缓冲垫的块状砂纸。这些产品都具有一定的韧性，可以贴合各种部件的轮廓进行打磨。与砂盘配套使用的泡沫手工砂磨垫也非常好用（参阅第 60 页左上图）。

▶ 可调式砂磨块

利格诺迈特（Lignomat）公司的多变形砂磨块具有能够适应任何轮廓的滑板，其工作原理有点像轮廓仪。多变形砂磨块设置形状的方法是：首先松开固定螺丝，将磨砂块按压在需要打磨的轮廓上，然后锁定固定螺丝。使用多变形砂磨块打磨复杂轮廓时不可避免地需要反复润色细节，但在打磨基本的凸面和凹面时，这种产品确实非常方便。

像图中挡板这样的曲面可以用带有软垫的压敏胶背衬砂纸进行打磨，这种砂磨垫可从汽车修理供应商处买到。

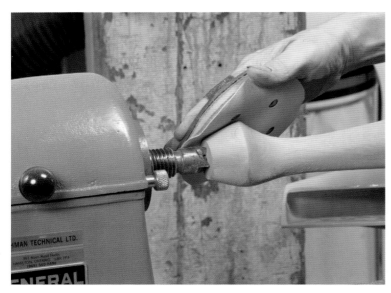

这种可以套在手掌上，配有 ½ in（12.7 mm）厚的缓冲垫的手工砂磨垫，非常适合打磨曲面或弯腿这样的复杂表面。

在处理雕刻件或复杂装饰件的复杂表面时，将砂纸折成适当尺寸，用手指为其提供支撑进行打磨，可能是最终的选择。

平顺优先

将曲面的不规则处整平的操作叫作"平顺"。在进行打磨之前，需要首先消除弯曲边缘的高低不平，这项工作可以由锉刀或刮刀轻松完成。在使用切削工具对部件进行初始塑形时，最好沿铅笔画线保留一点余量，将此线作为最终平顺操作的参考线。完成平顺操作后，可以手工或使用电动机械打磨部件。使用主轴砂光机可以同步完成部件的平顺和打磨操作。另一种选择是，使用能够与部件曲面形状互补的砂磨块手工完成平顺和打磨操作。

手工打磨

虽然我喜欢使用机器进行打磨，但一些复杂表面的打磨最好还是手工完成。不管是在工厂还是小型定制工房，手工打磨都十分常见，原因之

一是，手几乎可以适应任何可能的形状。手工打磨的缺点是，砂纸通常十分粗糙，会对手部造成伤害，因此需要佩戴手套。简易的花园手套就很好用（见右中图）。带有橡胶手掌的手套能够使操作者更好地抓握砂纸和部件。A级砂纸通常最适合手工打磨。一些制造商提供的砂纸具有非常柔韧的胶层，可以变成任何适合手头打磨的形状（见右下图）。

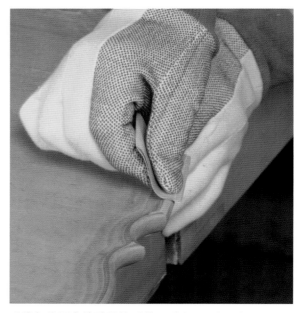

手指部分覆有橡胶的棉质花园手套既可以吸汗，又可以保护手指不被磨损。

这种砂纸的韧性源于其使用的专门胶黏剂，使其非常适合细节的打磨。

> **砂纸的折叠**

　　使用轻质砂纸进行手工打磨时，最好将砂纸折叠起来，形成更加结实、易于抓握的砂纸"垫"。为了防止砂粒由于彼此摩擦而磨损，将砂纸对折后，剪开一半的长度，然后按照下图的步骤将其折成 1/4 大小。待最外面的两面砂纸磨损后，将内面的砂纸翻出来继续打磨。如果需要更小的砂磨垫，可以将 1/4 块砂纸继续折叠成 1/3 大小。

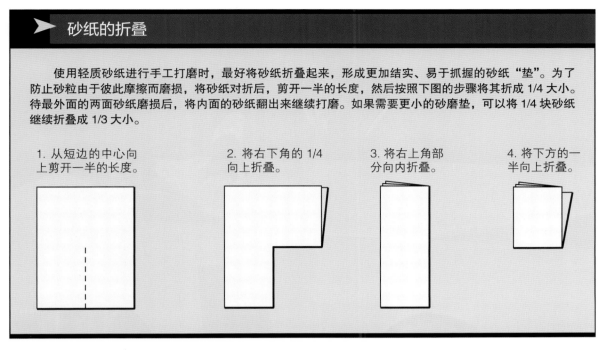

1. 从短边的中心向上剪开一半的长度。

2. 将右下角的 1/4 向上折叠。

3. 将右上角部分向内折叠。

4. 将下方的一半向上折叠。

压敏胶砂纸非常适合搭配轮廓砂光机使用，将砂纸牢牢粘在砂磨块上进行打磨，可得到干净整齐的轮廓。

夹在台钳中的带式砂光机可以快速打磨这些小型装饰性榫头木楔。注意图中用来支撑砂光机前部的工作台从动部件。

　　C 级和 D 级的砂纸更适合搭配刚性砂磨块使用。我特别喜欢自黏压敏胶砂纸。这种砂纸以不同宽度卷装出售，使用时只需撕下所需的长度，将其粘在橡胶砂磨块或其他具有光滑表面的砂磨块上。

电动机器打磨

　　若要使用电动机器打磨，摆轴砂光机可能是处理弯曲边缘最有效的机器。虽说大多数台钻轴承在设计上都无法承受轴向（侧向）载荷，但将砂鼓安装在台钻上可以进行应急操作。凹面可以用磨边机或带式砂光机的砂轮部位进行打磨。固定盘式砂光机和磨边机可以用于凸面的平顺和打磨。

　　在某些情况下也可使用便携式砂光机。装备了缓冲垫的不规则轨道砂光机对穹顶形表面的处理效果非常好；固定在工房定制夹具上或倒置夹在台钳中的带式砂光机可以快速高效地打磨较小的曲面（见右上图）。细节砂光机可对狭窄区域进行处理，但不如手工打磨更加快速方便。打磨冠状装饰件和其他形状复杂的部件最好分步进行，如果你试图一次性完成这些复杂形状的打磨，肯定会破坏作品的细节。

处理曲面

将部件边缘磨圆

家具制作中常常要使用圆角铣头来处理部件边缘。在打磨这种轮廓时，首先要将剩余的方正边缘平顺为圆角。在打磨致密而坚硬的端面时，先用砂纸包裹软木砂磨块（图A），然后将部件牢牢固定，从边缘的平整处向着圆角部分打磨。沿部件轮廓不断滚动砂磨块，使其在打磨结束时与纹理方向平行。接下来，使用柔性砂磨块打磨圆角部分（图B）。为了除去这一步产生的横纹划痕，可将砂纸折成1/3大小，像擦皮鞋那样进行打磨（图C）。在打磨长纹理边缘时，可以使用橡胶柔性砂磨块一次性完成操作，因为侧面不像端面那样坚硬（图D）。

手工平顺和打磨曲面

　　去除曲面上的不规则处，应首先使用细锉进行平顺处理。双手握住锉刀，使其与部件边缘呈一定角度，使用锉刀的半圆面处理凹面（图 A），使用锉刀的平整面处理凸面。用手指和眼睛来感觉边缘是否已经光滑（图 B）。若要获得最佳处理效果，可以根据部件的曲面形状，用废木料自制砂磨块（图 C）。

　　砂磨块只需几英寸长，但其厚度应比待打磨的边缘稍厚一些。使用双面胶或其他胶黏剂将一小块软木粘在砂磨块上，这样砂纸就可以更好地贴合需要打磨的曲面了（图 D）。

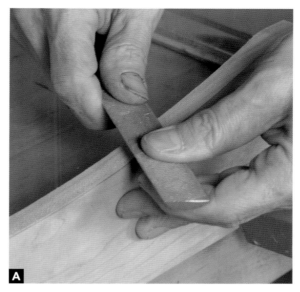

A

手工打磨装饰件边缘

　　有些装饰件最好手工进行打磨，图中的浅圆弧装饰件就属于这种情况。原件是用手工刨加工成形的，这件现代复制品则是用成形机处理的。为了保持原件的特色，首先用手刮刀平顺曲面（图A），然后用砂纸包裹与曲面匹配的蝌蚪形砂磨垫进行打磨（图B）。由于砂磨块无法处理边角，因此需要折叠砂纸对这些区域进行手工打磨（图C）。如此打磨会稍稍磨圆装饰件顶部的棱，因此要用软木砂磨块将装饰件顶部边缘重新打磨平直（图D）。

B

C

D

打磨经过雕刻的装饰件

这张饼形桌复制品的桌面是用数控（CNC）铣床加工成形的。如果这张桌面是手工雕刻的，便无须进行后续的砂纸打磨流程，但因为铣头的局限性，所以需要对边缘进行打磨，使其与桌面浑然一体。首先用 150 目的 A 级砂纸包裹圆木榫，打磨边缘的凹面部分（图 A）。对于边缘的凸面部分，只需使用手指支撑砂纸进行打磨（图 B）。用手指将砂纸嵌入雕刻曲线的内部，将其内部打磨光滑（图 C）。最后，使用柔性橡胶砂磨块对部件边缘进行精修和锐化（图 D）。

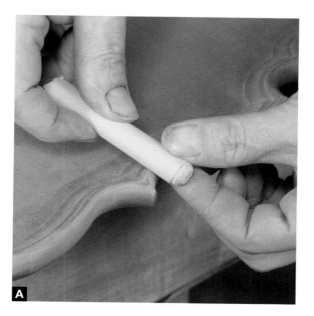

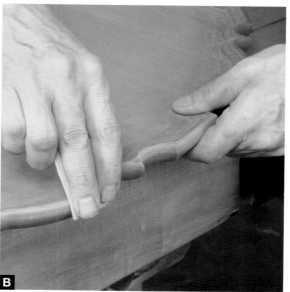

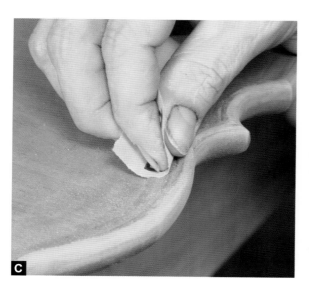

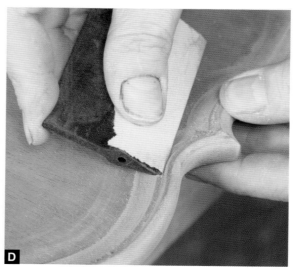

A

B

C

打磨复杂装饰件

对于造型复杂的装饰件，使用与各部位贴合的磨砂块分段进行打磨效果最佳。下面我会以冠状装饰件为例讲解这一打磨方法。

我通常先打磨较大的拱形部分（图 A），因为这一过程可能会将相邻的棱磨圆，后续需要对相邻的棱进行修整。接下来，我会使用柔性橡胶砂磨块打磨较小的凹面（图 B），砂磨块的半径最好比待打磨的凹面半径稍小。之后，使用形状匹配的砂磨块打磨凸面（图 C），使用 V 形砂磨块打磨凹槽（图 D）。最后，使用平整的软木砂磨块对外侧边缘的两块平面区域进行修整（图 E）。

D

E

自制砂磨块

如果装饰件不是特别复杂，可以一次性沿其整个长度进行打磨，以节省时间。为此，你需要一个形状与装饰件轮廓匹配的自制砂磨块。

准备一块 3~4 in（76.2~101.6 mm）长的装饰件，在其顶面涂抹一层薄薄的家具膏蜡作为脱模剂。使用 4 块三聚氰胺板废料环绕装饰件制作一个"坝"，并在拐角处用氰基丙烯酸酯胶将废料板对接起来。将适量的邦多（Bondo）或其他聚酯类汽车填料混合在一起压在装饰件上，在其顶部形成一个小隆起（图 A）。将 3 根螺丝拧入一块比装饰件宽 ⅛ in（3.2 mm）的松木块中，使螺丝头凸出于松木块表面约 ¼ in（6.4 mm），然后将松木块压在汽车填料上（图 B），这样不仅可以将车身填料紧密贴合装饰件，同时可以将多余填料从边缝挤出。等待 5~10 分钟，挤出的填料会开始变成橡胶状。此时（在填料硬化之前）就可以将装饰件和三聚氰胺废料板拆下来了（图 C）。

让填料自然固化至少 4 个小时。在固化过程中，填料可能会出现一些变形，可以将 220 目的 A 级砂纸铺在装饰件上对填料形状进行微调（图 D）。接下来，在砂磨块的操作面喷涂薄薄的一层卡车衬垫涂料（图 E），这是一种坚韧的聚氨酯，可以为砂纸提供少量缓冲，同时便于去除压敏胶砂纸。

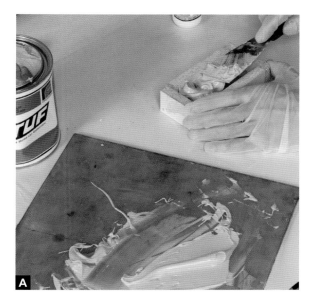

A

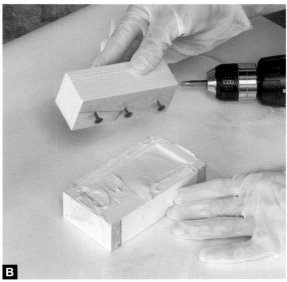

B

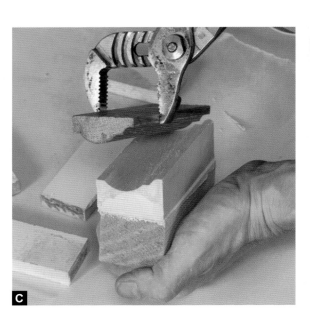

C

D

E

使用电动机器打磨曲面

摆轴砂光机是打磨弯曲边缘的最佳选择,但这种机器在正式使用前需要一些练习。要点在于保持连贯的进料速度,以及全程一致的施加在主轴上的压力。任何微小的停顿都可能导致部件表面产生凹凸不平。顺时针旋转的砂鼓会将部件抛向身体方向,因此你需要稍微靠右侧站立,并在4点钟或5点钟方向将部件前部推向主轴(图A)。将整条边缘流畅地扫过砂鼓(图B)。打磨凹面的细窄转弯或内部切口,可以根据需要更换直径较小的主轴(图C)。按照上述操作,同样在4点钟方向将部件边缘推向主轴(图D)。

[变式方法]

可以使用圆盘砂光机打磨凸面。不过,因为砂盘又硬又平,除非能够流畅地进料,否则很容易在曲面上形成一些小平面。并且只能在砂盘左侧打磨,因为只有左侧是向着台面旋转的,不会将部件向上抛飞。从曲面的一端起始打磨,将部件抵靠砂盘,以连贯的动作扫过砂盘,直到曲面的另一端(图V)。砂盘会在部件边缘上留下横纹划痕,因此后续还需要手工打磨将其去除。

使用细节砂光机

细节砂光机可高效打磨装饰件边缘。首先使用半径较小的砂磨垫打磨部件边缘顶部的大曲率区域（图 A），然后换用半径较大的砂磨垫打磨部件边缘的下部（图 B）。这种机器不适合处理弯曲的转角，因此需要改用柔性橡胶砂磨垫手动打磨（图 C）。

用车床进行打磨

我建议打磨时只把磨料放在部件下方，从尾顶尖方向观察的话，就是 6 点钟至 9 点钟方向。慢速启动车床，小心打磨各段部件，同时注意保持各段之间的清晰过渡。

我发现，带有钩毛搭扣砂纸的柔性砂磨垫非常适合配合车床打磨部件（图 A）。为了安全起见，请勿使用手带，因为手带可能会缠绕在部件上。砂磨垫非常容易与凹面贴合（图 B）。在打磨细节和小凹槽时，可以将 1/4 块砂纸折成三折，用其边缘进行打磨（图 C）。

我一般会将旋转状态下的砂纸目数定格在 320 目，以尽量消除横纹划痕。然后我会关掉车床，使用 220 目的砂纸平行于纹理进行打磨（图 D）。也可以重新打开车床，使用车刀修整过渡区域的边缘。

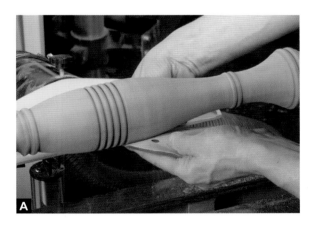

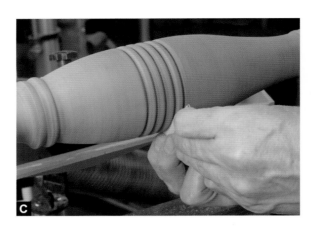

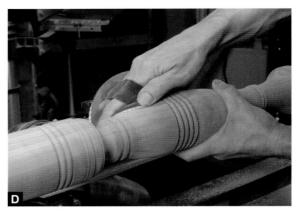

打磨组装后的复杂部件

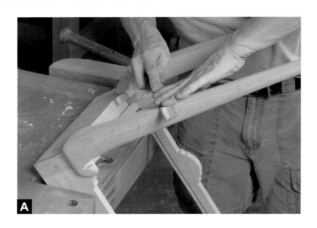

我的原则是在组装前尽可能地完成表面预处理工作。不过有时候，为了将多种设计元素融合在一起（比如这张茶几的弯腿），部分预处理操作只能在组装后进行。

我会先用细锉刀处理弯腿的曲面部分，使其与弯腿融为一体（图 A）。接下来，使用弯刮刀的凹形边缘去除锉削痕迹，同时进一步精修曲面（图 B）。然后使用带有缓冲垫的手工砂磨垫在不会磨平任何区域的前提下将曲面打磨光滑（图C）。也可以使用稍硬的柔性橡胶砂磨垫在需要的位置（比如支脚顶部）打磨出清晰的边缘（图 D）。

第 6 章
修补缺陷

尽管你希望每次的表面预处理可以尽善尽美，但还是可能在最后 1 分钟发现各种缺陷。先别忙着气急败坏，修复缺陷并不是在浪费时间，它只是表面预处理的最后一道工序。缺陷在表面预处理过程中不可避免，乐观看待和处理这些缺陷，才能体会到整个过程带来的快乐。

胶斑、打磨划痕、表面弯折与凹痕可以在表面处理前轻易去除。在本章中，我会介绍如何发现这些缺陷，如何对其进行修复，以及如何在一开始避免出现这些问题。此外，我还会介绍处理木节和裂缝等天然缺陷的方法。

避免或减少缺陷

遵循以下原则，就可以减少甚至在某些情况下消除木料表面的缺陷。

- 完成表面预处理后应立即进行表面处理。未处理的部件存在沾染粉尘、产生凹痕或划痕的风险，也可能会在加工其他零件时发生翘曲或变色，因此最好将大型平板、门板和其他面板留到最后加工。
- 小心组装部件，避免产生胶斑；学会合理控制胶黏剂的用量，以减少或避免过量胶黏剂被挤出的情况；在正式胶合部件之前，应先干接部件，防止胶合时出现意外；使用牙刷或干净的抹布及时擦去滴下或挤出的胶黏剂。
- 在三聚氰胺板或塑料层压板等耐胶表面固定、胶合部件。落在这些表面上的胶水易于发现和擦除。同时，木料在这些表面上很容易滑动，由此降低了产生划痕的风险。在机器卡爪上使用保护垫可以保护部件表面。
- 使用蒸馏水洗去胶黏剂，因为自来水中含有

在制作箱体的过程中，这块门板未经表面处理，然后在潮湿的工房中放置了大半个夏天，结果发生了翘曲。

胶合用的台面必须平整且易于擦拭。三聚氰胺板和塑料层压板能够满足这个要求。

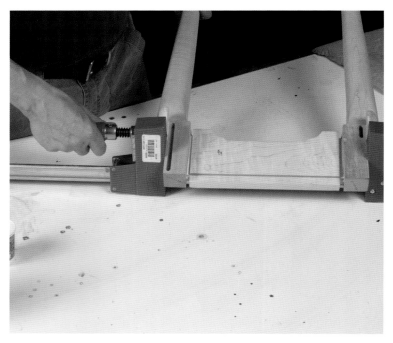

在胶黏剂凝固前将其及时去除是一种好方法。这种湿润的细毛牙刷可以很好地伸入角落。

一种巧妙的边缘处理方法是，用硬质砂磨块为 220 目砂纸提供支撑，对边缘进行轻微的倒棱。

可溶性铁盐，会在樱桃木、橡木等富含单宁的木料上形成灰斑。

■ 如果在切削或成形过程中不小心切下了一小块木料，应立即将其粘回原位。

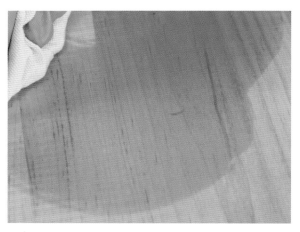

这块未经处理的面板用酒精擦拭后，上面的微小凹痕突显出来。最好在表面处理之前便用蒸气处理这些凹痕，而不是等到表面处理后用木粉腻子进行填补。

检查预处理表面

在正式染色或涂抹涂料之前，应对预处理表面进行最后一次检查。确保所有直角边缘均已经过处理，在使用过程中极易磨损的尖角已经全部消除。边缘处理如此重要的原因在于，由于表面张力的存在，尖角处的涂料会向四周分散，导致最易磨损的尖角得不到足够的保护。如果某一边缘没能均匀地覆盖涂料，那么在打磨涂层时相应的位置极有可能被磨穿，导致木料露出。可以使用之前工序中最精细的砂纸对边缘进行处理；对于圆滑的边缘，可以用手支撑砂纸，或者使用硬质砂磨块提供支撑，从而在处理后的边缘形成一个倒棱，这也是区别精细手工家具的细节之一。

在最后的检查中，使用压缩空气或真空吸尘器将打磨产生的粉尘和木屑清理干净。在侧光下检查部件表面，或者用油漆溶剂油、石脑油（挥发速度更快）、酒精或丙酮擦拭部件表面。如果你打算使用水基表面处理产品，请从上述的最后两种溶剂中挑选一种。这些溶剂会润湿部件表面，突出表面的缺陷、胶斑或打磨划痕。如果表面存在缺陷，可以按照本章介绍的方法对其进行修复，然后再次仔细地检查表面。如果部件表面看上去很不错，那么待木料干燥，且擦拭后无溶剂气味残留时，就可以进行染色或涂抹涂料了。

情况允许的话，可以将缺陷藏在平常看不到的区域。
这件电视柜的侧板后部有一块明显的树皮痕迹，实际
使用时可被电视遮挡住。

消除瑕疵

有时可以把瑕疵藏在平常看不到的区域。如
果这种方法不可行，可以通过打磨、刮削、漂白
或蒸气处理等方法消除瑕疵。下面给出了一些处
理常见瑕疵的建议。

凹陷可能是由于表面整平不充分或者重新打
磨较深的打磨划痕产生的。虽然对于干燥的木料，
较浅的凹痕不会很明显，但经过表面处理后，这
些凹痕就会突显出来。解决方案是重新整平凹陷
周围的整块区域。

如果只对凹陷处进行打磨，就会形成一个在
表面处理后更加明显的凹陷。如果凹陷不是很深，
可以将其"羽化"（也就是逐渐弱化），与周围
区域融为一体。

➤ "羽化"

"羽化"是一种将不太深的凹陷融入周围区域，使其变得不那么明显的打磨技术。尽可能使用最精细的砂纸来进行羽化
打磨。我一般从 150 或 180 目的砂纸起始，用其裹住带有软木垫的砂磨块进行打磨。打磨应沿各个方向交替进行（如下图
所示，先是沿一条对角线方向打磨，然后换到另一个对角线方向继续打磨，接下来垂直于纹理打磨，最后平行于纹理打磨），
以保证凹陷区域在所有方向上得到均一的处理。随着打磨逐渐远离凹陷中心，施加的压力也应随之减小。

在打磨环氧树脂胶或氰基丙烯酸酯胶等硬质填料时也可以使用羽化打磨技术。因为这些填料比周围的木料要坚硬许多，
如果只是顺纹理方向打磨，会使填料附近的表面形成凹陷。

第一步：沿对角线方向打磨。

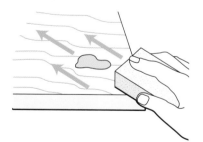

第二步：沿另一对角线方向打磨。

第三步：横向于纹理打磨。

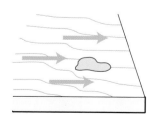

第四步：顺纹理打磨。

使用能够去除残留划痕的最精细的砂纸重新打磨问题区域。然后"羽化"重新打磨的区域，使其与周围表面融为一体。也可以先用刮刀去除划痕，然后使用先前最精细的砂纸进行打磨。

可以用锋利的凿子或刮刀去除胶斑，之后再用先前使用的最精细的砂纸对该区域进行打磨。

由自来水中的可溶性铁盐产生的灰斑需用草酸漂白剂去除。

➤ **参阅第 125 页 "漂白剂"。**

对于凹陷，最好使用蒸气进行处理。热量与水汽会使木纤维膨胀，从而使凹陷处恢复之前的高度，或与原本的表面高度足够接近，然后通过打磨进行整平。

➤ **参阅第 79 页 "用蒸气消除凹痕"。**

制作木补丁

条件允许的话，最好使用木料而非木粉腻子或其他填料来修补部件。木补丁不仅修复能力十分强大，而且能够提供额外的装饰效果。与大多数木粉腻子相比，木补丁能够提供更好的结构强度，且随着时间的流逝，它们可与周围的木料同步自然变色。

切屑通常是由错误的铣削或其他加工方法引起的木料断裂，尤其常见于部件的棱角区域。如果能找到断裂的木料碎片，最好将其及时粘回原位。氰基丙烯酸酯胶是最佳选择，因为这种胶黏剂固化速度快，可以使你立刻回到先前的操作中。如果木料碎片丢失，可以使用一块纹理、颜色和质地与邻近区域匹配的木料重塑部件轮廓。

平行于纹理的裂缝可以用胶水将木片胶合至问题区域进行修复。木板端面较大的裂缝也可以用此法修复，但木补丁要与裂缝完美贴合，否则修复区域在结构上不是很牢固。因此，应尽量避免将修复后的区域连接到承力接头上。

对于木节或较大的受损区域，最好使用木补丁进行修复。最简单的方法是，钻取一个适当大小的浅孔，然后将安装木塞刀的台钻制作的木塞填入浅孔中。不过，圆形的木补丁可能不够自然。

为了获得更为自然的修复效果，可以使用随电木铣一起出售的镶嵌套件，制作不规则形状的"补缺块"木补丁。该套件的核心包括一个采用可拆卸垫圈的电木铣模板引导衬套。在修复过程中，首先将已安装垫圈的模板引导衬套放在部件上，引导电木铣在受损区域铣削出一处凹陷。接下来，将垫圈摘去，使用同一个模板制作木补丁。这种互补铣削技术可以制作出完美匹配的木补丁和凹陷。如果木补丁的纹理、颜色和质地与邻近木料相匹配，那么几乎很难察觉修复区域的不同。

还可以通过用木补丁修补木节或在裂缝处增加部件的装饰性。中岛乔治（George Nakashima）等家具设计师普遍采用这种修复技术，他们常常在裂缝处镶嵌燕尾形的木补丁。

使用填料

有时候，填补缺陷是唯一的选择，尤其是在不能进行刮削或打磨，以免损失更多木料的情况下。裂缝、凹痕、凿痕、木节与接合缝隙均可使用填料进行修复，不论是预制的市售产品，还是自己混合制作的填料，均可完成此项工作。接下

在制作木补丁时，可以使用木楔修补裂缝（左），用"补缺块"木补丁修补节疤（中），或者用三角形木补丁替换断裂的边角（右）。

图中几种木填料分别为（从左侧开始顺时针方向）：溶剂基腻子和水基腻子、木粉腻子、聚酯树脂、环氧树脂、木屑、树脂棒和蜡笔。

来我会介绍 5 种常用的填料。

预制腻子

　　预制腻子是最简单的木填料，也被称为"木填料""木面团"和"塑料木"。这种产品的应用十分广泛，在诸多品牌旗下有售。这种填料使用起来非常简单，在干燥后可进行较好的打磨。不过某些品牌的预制腻子收缩较为明显，且这种填料不具备结构强度。虽然大多数品牌声称自己的预制腻子"可染色"，但实际上，很少有预制腻子可以在染色后与木料颜色保持相同。不过，倒是可以通过添加色素改变预制腻子的颜色，至于颜色是否合适，需要先在废木料上进行测试。

　　预制腻子有两种基本类型：溶剂基腻子和水基腻子。溶剂基腻子干燥速度更快，可以让你更快地回归之前的操作；其缺点是具有强烈的气味，且容易在容器中干燥，从而增加了使用难度。水基腻子的气味较小，在容器中的干燥速度也不像溶剂基腻子那样迅速。

　　预制腻子可用于填补宽度小于 ¼ in（6.4 mm）的凹痕、凿痕和接缝间隙，也可以在修整操作中填补钉孔。对于待染色部件的修复，我一般会同时使用水基腻子和溶剂基腻子，不过我从来不认为预制腻子的颜色可以与染色后的木料颜色完全一致。如果二者的颜色不匹配，可以使用润色技

术对其做进一步的修整。

➤ 参阅第 83~84 页"掩盖深色填料"和"掩盖浅色填料"。

木粉腻子

　　木粉腻子是一种充分干燥的石膏状化合物，需要加水混合后方能使用。木粉腻子是一种非常

➤ 腻子与小孔

　　在橡木或白蜡木这样孔隙较为粗大的木料上使用填料需特别注意，如果填料进入缺陷附近的小孔，将会阻碍后续染色剂和涂料的渗透，导致表面处理后的表面存在如图所示的浅色斑点。为避免出现这种情况，在填补之前应将缺陷附近的区域遮盖起来，也可以使用螺丝刀的尖端或一小块木片在目标区域涂抹填料，以严格控制填补区域。

图中钉孔附近的浅色污渍便是由于残留的填料阻碍了染色剂的渗透形成的。

好用的填料，因为它们与少量水混合后几乎不会发生收缩；其缺陷是需要现场混合，且混合后必须马上使用。木粉腻子的另一个缺点是只有灰白色一种颜色，不过它们的染色效果较好，可以在必要时进行染色处理。

双组分填料

我在修复操作中常用的双组分填料有两种：环氧树脂和聚酯树脂。环氧树脂是一种无色浆状液体，通常与其无色硬化剂等比例混合，来激活填料。聚酯树脂通常用作汽车车身填料，一般以

这种用来修复支撑腿的双组分聚酯树脂十分坚硬，且易于打磨。

作者使用添加绿色色素的环氧树脂填补了图中的树皮缝隙，同时获得了带有翡翠色泽的修复效果。

稠厚的腻子形态存在，在其中加入少量硬化剂即可激活。

这两种产品均不易固化，但固化后具有很高的结构强度，其收缩率可忽略不计。这些特点使这两种产品成为填补节疤、较大裂缝和其他宽度超过 ¼ in（6.4 mm）的缺陷的最佳选择，尤其是对台面和其他可见展示面来说。这两种产品也可以用于修补较小的裂缝和接合缝隙。

聚酯树脂凝固后易于打磨。如果等比例混合环氧树脂和硬化剂进行配制，那么环氧树脂填料凝固后的强度不足以进行打磨；为了提高环氧树脂填料的硬度，以方便后续打磨，可以按照 2∶1 的比例混合环氧树脂和硬化剂。在填补节疤和宽于 ⅛ in（3.2 mm）的裂缝时，最好同时使用木片和环氧树脂进行填补。

> ➤ **更多内容参阅第 81 页"用环氧树脂填补裂缝和节疤"。**

可以在环氧树脂或聚酯树脂填料中加入木屑或色素粉末来改变填料的颜色，具体颜色取决于你需要的效果。环氧树脂极易着色，如果加入的木屑来自同一部件，填料就可以更好地与周围的木料融为一体。也可以将填料染成对比鲜明的颜色，以增加装饰效果。

氰基丙烯酸酯胶

对于小型裂缝、切屑和小木节的修复，氰基丙烯酸酯胶是最佳选择。氰基丙烯酸酯胶通常被称作强力胶或 CA 胶，这种胶一经施加便可固化，非常适合临时的修补工作，且修补完毕可立刻回归正常操作。

可以通过将 CA 胶与来自待修补部件的木屑混合来改变此胶的颜色。不过，无法在涂抹 CA 胶前预先完成混合，而是需要先将 CA 胶涂抹在缺陷处，在它固化之前迅速打磨修补区域，将产生的木屑与之混合。

> ➤ **参阅第 82 页"用 CA 胶填补裂缝"。**

[小贴士]

用打磨产生的木屑和白胶或黄胶混合自制而成的填料可用于小缺陷的修补，不过这种填料收缩较为明显，染色效果也不甚理想。

蜡笔和树脂棒

蜡笔和树脂棒一直被专业的表面处理师广泛使用，这两种填料有多种颜色可供选择。蜡会阻碍表面处理产品附着，因此蜡笔只能在染色和涂抹涂料之后使用。树脂棒是一种由虫胶制成的热熔胶棒，熔化后可用于填补凿痕、凹陷、划痕和其他缺陷。

蜡笔非常适合在最后的修整工作中填补钉孔。在修补尚未染色的木料时，最好使用比木料颜色稍深的蜡笔，因为大部分木材会随着时间的推移逐渐变暗或变黄，比如樱桃木，随时间变暗的趋势十分明显。

树脂棒一般用于修复表面处理过程中受损的涂层和出现的凹痕。树脂棒的修复痕迹相对明显，但如果修复区域位于箱体侧板这样的非关键区域，即使留下一些痕迹也不易令人察觉。不过，对于台面和其他展示表面上的凹痕，我不建议用填补法处理。可以将凹痕处的涂层刮掉（比使用剥离剂处理容易一些），然后对凹痕处进行打磨或用蒸气处理。

也可以在表面处理之前用树脂棒对木料表面的缺陷预先进行处理。用一把加热过的小刀从树脂棒上刮下一些树脂，然后涂抹到部件上。接下

蜡笔是填补钉孔的理想填料，只需简单将蜡笔在钉孔边缘摩擦数次将钉孔填满，然后用抹布或砂纸背面将多余的蜡擦去即可。

为修复这块樱桃木板上的孔，笔者使用一把加热过的小刀从树脂棒上刮下部分材料，并将其涂到缺陷部位。

为磨光树脂棒处理后的修复区域，可以用酒精浸湿的平纹细布包裹软木块反复擦拭修复区域。

来，使用用布包裹的木块和酒精将树脂整平，或者直接用砂纸将其打磨平整。

修补操作

去除多余胶水

对于传统榫卯接合件的胶合，应尽量避免胶水溢出，以减少后续的清理工作。为此，在组装接合件之前，可以用一把锋利的凿子为榫眼的顶部边缘倒棱（图 A），使用短刨为榫头的顶部边缘倒棱（图 B）。将胶水小心涂抹在榫眼的侧壁和榫头的前缘，同时保持榫头的胶水区域后缘距离榫肩 ¼ in（6.4 mm）（图 C）。如此胶合接合件并夹紧后，你会发现无过量胶水溢出（图 D）。记住，胶水没有溢出并不代表接合处缺胶，只不过是因为我们之前的处理可以使榫眼更好地容纳胶水，从而避免了胶水在夹紧后从内部溢出。

[变式方法]

如果使用的是水基聚乙酸乙烯酯（PVA）胶或皮胶，且部件需要用水基染色剂进行染色，可以使用蘸有染色剂的抹布将过量的胶水擦去（图 V）。

修补破损的木料

　　如果一块木料在加工过程中发生断裂，应立即将碎片粘回原位以防止丢失。如果碎片已经完全脱落，应使用高精度（X-Acto）品牌的修补刀将任何可能阻碍碎片粘贴回的木纤维去除（图A）。我使用的是中等黏度或高黏度的 CA 胶，在黏合前先在手指上涂抹一些膏蜡，防止在把碎片安回去的时候手指被 CA 胶粘住（图 B）。在 CA 胶完全凝固之前对修复部位进行打磨（图 C），使 CA 胶与木屑混合在一起形成腻子状混合物，将所有缝隙填满。

用蒸气消除凹痕

　　在染色前使用溶剂擦拭图中这张卷纹枫木桌面时，发现上面有一个小凹痕。为修复这样的凹痕，需首先用蒸馏水对其进行擦拭，使木纤维吸水膨胀，然后将一块用蒸馏水浸湿的棉布压在凹痕处，用热熨斗熨烫 30 秒（图 A）。定期检查凹痕，如有必要可再次用蒸气处理，直到凹痕处的木料无法继续膨胀。最后，将这块区域打磨光滑，对凹痕区域进行"羽化"（图 B）。

用腻子填补缺口

这个框架-面板门上的缺口是水平部件加工时的错误导致的，我一般会使用实木来修补这种尺寸的缺口。不过，由于缺口处的木料是短纹理的，要完好地横切出这么薄的木条几乎是不可能的，因此我采用了另一种方法：将缺口两侧区域遮住，然后使用乳胶腻子填补缺口（图 A）。待腻子硬化后，将胶带撕去，缺口处的腻子会留下与胶带厚度相同的脊状突起（图 B）。使用砂纸包裹硬质砂磨块，将缺口区域打磨平整（图 C）。

如果缺口较深（就像图中斜接桌角上的缺口），则最好使用收缩性较小的聚酯树脂填料。这种填料有多种颜色可供选择，你可以在基础填料中加入干粉色素进行染色。在修复过程中应将临近区域遮住（图 D）。

用环氧树脂填补缺口

无色的 5 分钟环氧树脂具有快速固化、易于染色的特点，是一款不错的缺口填料。向其中添加黑色和棕色的色素，环氧树脂的颜色就可以很好地与白蜡木桌面的鸡翅木镶边匹配。为了修复靠近镶边的缺口，我首先使用高精度修补刀将缺口中残留的胶水剔除（图 A）。将缺口附近的白蜡木遮住后，我在部分环氧树脂中加入了一些干粉色素（图 B），并通过逐渐加入另一部分环氧

树脂调配出所需颜色，然后将环氧树脂涂抹至缺口处，直至其比周围木料稍高一些（图 C）。虽然环氧树脂在 5 分钟之内就开始固化，但要几个小时后才能充分硬化并进行打磨。

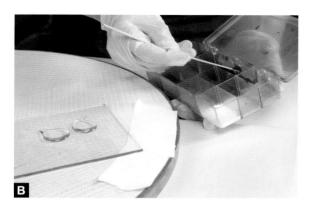

用环氧树脂填补裂缝和节疤

环氧树脂非常适合填补较大的裂缝和节疤。预先使用低功率设置的热风枪对节疤区域稍稍加热，可以使环氧树脂更好地流动和沉降（图 A）。涂抹环氧树脂时，使用小木棍或绘画用调色刀就可以将环氧树脂滴入节疤中（图 B）。

如果你喜欢，可以在木板一侧贴上胶带，并在用环氧树脂填补节疤后，将木条填入开裂处以加固木板。木条最好是用凿子从废木板上凿下的（图 C）。因为木条是顺纹理凿下的，所以可以很好地贴合裂缝的形状而不断裂。用锤子将木条轻轻敲入裂缝中（图 D）。待环氧树脂凝固后，将木条的末端锯掉，并对填补区域进行打磨。

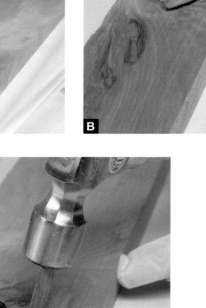

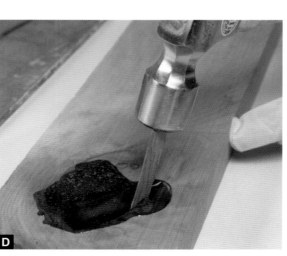

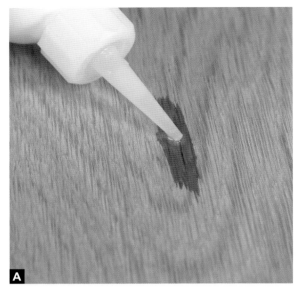

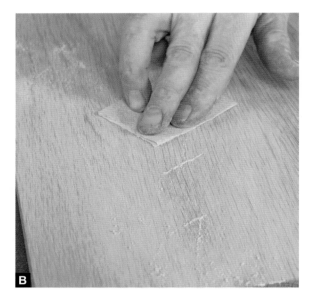

用 CA 胶填补裂缝

CA 胶具有多种黏度可供选择，从黏度较小的水状到较黏稠的糖浆状不等。黏度较小的 CA 胶适合填补应力较小的裂缝（比如图中这张白栎木桌面上的裂缝）（图 A）。填补完成后，使用 150 目的砂纸对填补区域进行打磨，使产生的木屑与 CA 胶混合，从而使裂缝变得不可见（图 B）。

对于较大的裂缝（比如图中这块白栎木木板端面的裂缝），应选用黏度较大的 CA 胶（图 C）。将 CA 胶涂抹至裂缝处，然后打磨此区域，使木屑与 CA 胶混合，用产生的膏状物填补裂缝（图 D）。喷洒少量 CA 胶活化剂可使膏状物快速硬化。对于一些较大的裂缝，可能需要再次进行处理。

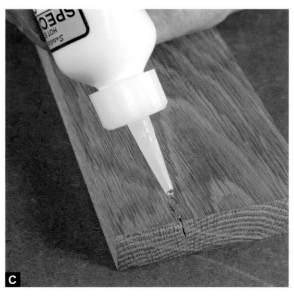

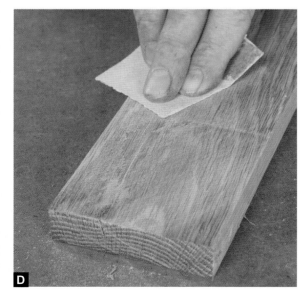

掩盖深色填料

　　首先使用虫胶封闭整块木料表面，木料的颜色会因此变深，达到表面处理完成后的状态，从而为调制色素混合物提供参考。接下来，将色素与少量透明介质混合制成色素混合物。我在这里使用的是脱蜡虫胶，因为它干燥迅速，且能够与涂料兼容。使用 4 号画刷，首先用与木材最深处颜色相近的色素混合物遮挡深色填料（图 A），待混合物干燥后，继续涂抹颜色稍浅的色素混合物（图 B），此时可以保留部分深色的区域，来模拟纹理和细节（图 C）。

　　使润色区域近距离看上去十分完美是常见的错误。为避免这一情况，可尝试我称之为"电视技术"的操作：使用画笔的尖端，在修复区域轻点几下，留下一些不同颜色的点。这种方法的工作原理有点像电视荧光屏，这种屏幕利用三种微小的圆形彩色单元形成所有的颜色。在远处看时，这些小点会融合在一起，使修复区域看上去更加自然。

A

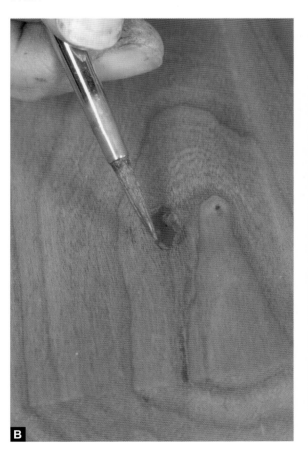

B

C

掩盖浅色填料

腻子和其他填料干燥后，其颜色同周围木料相比较浅，并会造成纹理中断，因此格外突出。一种简单的修复方法是，使用4号画笔将色素与虫胶的混合物涂抹在浅色的腻子区域加深其颜色（图A），然后使用1号画笔绘制一些细纹模拟木材纹理（图B）。如果纹线太宽了，可以使用4号画笔蘸取原色腻子将其修细（图C）。

◆ 第三部分 ◆
木料染色

染色基础与操作，第 86 页

釉料、填料染色剂和调色剂，第 104 页

天然染料、化学染色剂与漂白剂，第 120 页

颜色控制，第 131 页

　　木料染色是木料表面处理的基础技术之一。染色可使不起眼的木料变得耀眼，或者使有漂亮花纹的木料更加光彩夺目、颜色层次丰富且颇为深邃。染色还可以赋予不同木料相同的外观效果、掩盖缺陷或赋予木料一定的年代感。

　　然而，木料染色并非一件易事，经常会遇到染色太浅或者太深，以及染色不均匀或几乎不吸收染色剂的木料。所幸的是，只要对染色产品和它们的使用方式有一定的了解，这些染色问题就可以迎刃而解。

　　在本章中，我们会了解用于制作染色剂的各种材料，以及如何正确有效地使用这些材料。我会介绍如何调制出正确的颜色与色调，以及如何解决斑点等染色问题。同时，我会向你展示我最喜欢的通过染色剂来美化木料的方法。

第 7 章
染色基础与操作

　　木料染色的意思是在不掩盖木料原有纹理与图案的情况下对木料进行着色，其视觉效果主要由所用的染色剂产生。大部分染色剂可分为两类：基于色素的色素染色剂和基于染料的染料染色剂。不过，也有部分染色剂同时含有这两种成分。在本章，我们重点介绍色素染色剂与染料染色剂。关于能够改变木料颜色的化学品类特殊染色剂，我们会在第 9 章详细介绍。

色素染色剂

　　色素染色剂包含 3 种成分：色素、黏合剂和稀释剂。色素是由不溶于任何液体的惰性有色小微粒组成的；黏合剂和稀释剂则为其载体。

　　色素大致可分为天然色素和人造色素，还可以进一步分为无机色素与有机色素。广泛用于木料染色剂中的天然无机色素被称为"矿物色素"，因为它们是用从地壳中开采出来的矿物经过清洗、干燥等一系列加工后制成的。不过，矿物色素中通常缺乏白色、黑色，以及红色、黄色等纯原色，所以需要通过天然产品或合成化学品来制作。以下是色素的基本工业分类。

　　矿物色素以红棕色、赭色、褐色和深褐色等颜色为主，也有一些绿色和板岩色的天然色素。大部木色调的染色剂都是用矿物色素制成的。

　　白色色素在 20 世纪 70 年代禁止涂料中含有铅成分之前，几乎都是使用含铅化合物制作的。现在，绝大多数的白色色素的主要成分为人工合成的二氧化钛。

　　黑色色素可以通过多种工艺生产。使用最多的黑色色素是炭黑，可以通过收集密闭炉灶中天然气燃烧后产生的烟灰制备。灯黑色素则是使用燃油燃烧后的颗粒制备的。

　　有机人造色素包括油漆中常见的亮红色、黄色和蓝色色素。这类色素一般是根据其化学成分进行分类的，比如酞菁蓝、镉红、镉黄和喹吖啶酮红等。偶氮、酞菁类色素具有与染料相似的化学性质。

　　透明 / 微粉色素将颗粒尺寸控制在了可见光的下限尺寸之下，因此较传统的色素染色剂更加透明。这种色素具有非常好的耐光性，几乎达到与染料相同的透明度，已经作为耐光性较差的家具染料的替代产品被广泛使用。其中透明的红色和黄色氧化物是最常见的两种产品。

　　青铜色和珠光色色素是金属粉末或涂有各种金属氧化物的云母片。青铜色色素主要由铝、锌和铜制得，具有类似金属的不透明外观。珠光云母色素可以添加到釉料或透明的表面处理产品中，能够形成类似珍珠表面的彩色外观。

　　沥青天然存在于柏油之中，也是石油精炼的副产品。天然沥青一般以粉末状销售，可溶于油漆溶剂油、松节油或二甲苯。以非纤维屋面焦油沥青的形式存在的沥青也可作为替代品。沥青染色剂中同时含有染料与色素，这种染色剂十分耐

典型的油基擦拭型染色剂（右后）由亚麻籽油（左后）或醇酸树脂黏合剂、油漆溶剂油和矿物色素（前）组成。

光，且具有色彩层次丰富的金黄色泽，这种颜色难以通过标准的色素和染料产品获得。

为了让色素附着在部件表面，需将其加入由黏合剂和稀释剂组成的液体介质中。黏合剂的作用是包裹色素颗粒并使其附着在木料表面。加入稀释剂的目的则是为了调节溶液黏性、提高渗透率和控制染色剂的干燥速率。色素染色剂中使用的黏合剂与配制其他涂料时使用的黏合剂是相同的，其中包括亚麻籽油、桐油、醇酸树脂、丙烯酸树脂和聚氨酯树脂。色素染色剂中使用的介质类型通常决定了染色剂的分类：油基、清漆基、合成漆基和水基。

木料的质地会对色素染色剂的染色效果产生很大影响，因为色素会与木料表面相互作用，使表面产生一定的对比度。通常，色素颗粒会沉积在较粗大的孔隙中，而坚硬、致密的木料表面不利于色素黏附，很容易被擦掉。这意味着，橡木、白蜡木这样的环孔材，经过色素染色后的明暗区域会十分明显，而桦木、胡桃木和桃花心木等散孔材染色较为均匀。枫木等十分致密的木材则很难吸附色素颗粒，因此不易用色素染色剂染色。虽然可通过多次涂抹色素染色剂使致密木材的颜

可以通过将木料表面处理得更加粗糙来增加色素染色剂的染色深度。图中这张木板的左半侧在涂抹色素染色剂前用 50/50 混合的水 / 变性酒精喷涂过。

色变深，但与此同时，木材的纹理和图案也会被掩盖。因此对于致密的木材，染料染色剂是更好的选择。

在购买色素染色剂时要记住，商店样品的颜色和产品的实际颜色可能并不一致。商店样品一般是将色素染色剂涂抹在松木和橡木上，分别展示这种染色剂在光滑多孔的软木和粗纹硬木上的效果。如果涂抹在樱桃木、枫木和其他一些木材表面，染色效果会很不同。因此你需要在废木料上亲自测试，才能确定色素染色剂在你选择的木材上会形成怎样的外观。

色素染色剂的染色原理

A

B

C

在使用色素染色剂时，由色素颗粒、黏合剂和溶剂组成的混合物被刷涂或擦拭在木料表面（A）。擦掉过量色素染色剂的过程会将色素颗粒压入木料的管孔，同时将致密区域的大部分色素染色剂擦掉（B）。色素颗粒的尺寸大于可见光的波长，因此可以反射可见光（C）。

色素染色剂会使白蜡木等环孔材表面出现颜色对比（左）；桦木等散孔材表面的颜色则较为均匀（中）；而较为致密的枫木则难以染色（右）。

染料染色剂

染料染色剂与色素染色剂的不同主要体现在两个方面。第一，染料可溶于液体溶剂，从而将有色的染料粉末转化为含有分子颗粒的有色溶液；第二，染料无须黏合剂便可对木料进行染色，因为颗粒极小，染料分子很容易通过分子间的作用力被木纤维吸附。

这两个不同给木料染色带来的直接结果是，染料、颗粒不会与木料的孔隙结构或其他异常表面作用（除非染料被添加到黏合剂或凝胶中），液体染料染色剂会渗入木料，对其表面均匀染色。同时，由于溶解状态下的染料颗粒非常小，它们可以吸收、透射可见光，即使是颜色较深的染料，也可以配制出完全透明的染色剂溶液。水基染料可以形成更为均一的染色外观，而酒精基和不起毛刺（NGR）的染料染色剂则可以突出纹理。看到这里，你也许会有"染料染色剂无所不能"的想法，不过很遗憾，这种染色剂的耐光性远不如

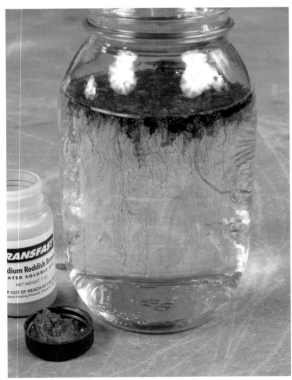

染料粉末可以溶入适当的溶剂中，形成有色溶液。图中正在溶解的棕色染料由红色、黄色、蓝色和黑色的染料颗粒组成。

染料染色剂可以通过粉末溶解或浓溶液稀释制备。现代的染料染色剂使用简便，且颜色较为稳定。

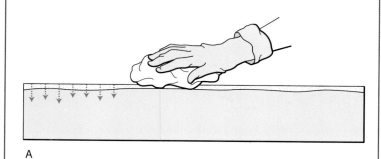

染料染色剂的染色原理

A

B

对于枫木等光滑致密的木材，无论其质地如何，染料染色剂均可使其均匀染色，因为染料分子易被木纤维细胞吸收（A）。因为染料分子很小，它们不会改变光的传播方向或对光进行反射，所以染料溶液看起来是透明的（B）。

▶ 苯胺染料

在 19 世纪中叶首次人工合成染料时，所用的起始原料为苯胺。苯胺是生产煤焦油的副产品。这些染料因此被称为苯胺染料或煤焦油染料，以区别于当时使用的天然染料。虽然严格来讲，"苯胺染料"一词仅指那些用含有苯胺基的中间体合成的染料，但是后来逐渐被用来指代所有的合成染料。不过，由于现在木工领域所使用的染料中不含苯胺，我不建议继续使用这一术语，这个词可能会让人觉得染料十分危险，因为苯胺具有较高毒性，是一种已知的致癌物。

色素染色剂，尤其是天然矿物色素。

在 19 世纪中叶之前，所有的木材染料都是使用天然产物制作的。合成染料问世后，因其易于使用且颜色稳定，很快在业界得到推广。

木工染料可根据溶剂种类或化学结构进行分类。

酸性染料主要溶解在水中，有时也会向以水为溶剂的浓溶液中添加乙醇。常用的水溶性粉末染料几乎均为酸性染料，这种染料具有较好的耐光性（相对染料而言），且价格实惠。

碱性染料可溶解于水或酒精，部分碱性染料可同时溶于水和酒精。碱性染料的颜色非常明亮诱人，但耐光性较差。碱性染料主要用于合成漆和虫胶的染色，不过现在，这一作用也在逐渐为我们接下来要介绍的、耐光性更好的金属络合溶

白蜡木的右侧使用酒精基染料染色，相比左侧使用水基染料染色的部分，其纹理的深浅对比更加明显。

剂染料取代。

金属络合酸性染料与酸性染料较为相似，只是引入了铬或钴等金属离子，从而使这种染料更加耐光、耐渗。这些染料通常以浓缩的形式出售。

金属络合溶剂染料与金属络合酸性染料相似，但不溶于水。这种染料一般以粉末的形式出售，在醇类和酮类溶剂中溶解性最好。金属络合溶剂染料作为碱性染料的替代品，被广泛用于合成漆和其他表面处理产品的着色，也可用于制备不起毛刺染色剂。

染色剂产品

色素染色剂以预制形式出售，这些产品可以根据黏合剂/稀释剂介质进行分类。最常见的商品染色剂是油基产品或水基产品，这些产品一般是色素染色剂或者色素-染料染色剂。产品标签上通常会标注染色剂的配方成分，但也有例外。若要鉴别一种液体染色剂，可以做一个的简单测试。

色素-染料染色剂可使纹理较为粗大的木材获得深色、层次丰富、均匀的染色效果。大多数此类产品的标签上会注明，它们可以在染色的同时完成封闭，这意味着黏合剂同时还可以作为封闭剂使用。不过，这种染色剂中的黏合剂成分不足以保护染色涂层，因此还需在染色层之上涂抹一层面漆，以真正保护染色涂层。不过，用于建立有色涂层的染色剂/面漆组合产品除外。

色素染色剂有液态和膏状两种形态，其中膏状的色素染色剂被称为凝胶染色剂。凝胶染色剂易于涂抹，在匹配不同颜色的木料时非常方便。专业木匠会使用快干型清漆（醇酸树脂）或合成漆基染色剂。这些产品比油基染色剂的干燥速度快得多，因此正式染色前要多做练习。这些产品的优点是涂抹完成后可以迅速涂抹面漆涂层。

与色素染色剂不同，染料染色剂通常以干粉或浓缩液体的形式销售，使用者可以将粉末或浓缩液体与适当的溶剂（水、乙醇或油）混合，现场制备染色剂。

预制即用型染料染色剂包含多种类型，其中包括快干型溶剂基染色剂。也有水基的液态或凝胶预制染色剂的形式。有时，这些预制染料染色剂中添加的黏合剂可以锁住染色剂，并防止其出现渗色。

添加色素的凝胶染色剂会停留在木材表面，与使用染料染色剂相比，木材的图案与纹理的颜色层次和染色深度都有所不及。

浓缩的色素染色剂可用于调整染色剂、釉料、调色剂和膏状木填料的颜色，以满足特定需求。表面处理师常用的色素被称为"通用色素"，包括之前介绍的矿物色素，再加上白色色素、黑色色素和人工合成的红色、黄色、蓝色和绿色的色素。与特定产品特别匹配的工业染色剂很难找到，不过，有很多较为常见的浓缩物可以使用，比如通用染色剂（UTCs）和绘画颜料等。

▶ 鉴别色素、染料和凝胶染色剂

通过下面的测试，可以快速鉴别一种预制染色剂是色素染色剂、色素-染料染色剂，还是凝胶染色剂。

将染色剂静置几天，然后分别用扁平木棍沿罐子的底部刮出一些产品进行检查。如果只在木棍末端带有泥状物，其他部位是透明的，则此染色剂为100%的色素染色剂，如图中最左边和最右边的罐子所示。

如果木棍末端带有泥状物，其他部位被染色，则此染色剂为色素-染料染色剂，如下图中间的两个小罐子所示。如果染色剂为凝胶染色剂，则木棍末端的产品完全不会从木棍上滴落，如图中左数第二个罐子所示。

如果木棍被染色，末端却没有泥状物，那么此染色剂为100%的染料染色剂（图中未展示）。

这张木板左侧涂抹了凝胶染色剂，掩盖了原有的"鸟眼"图案；而木板右侧使用水基染料染色后，"鸟眼"图案变得更加明显。

浓缩型染色剂有多种形式，从左到右分别是油画颜料、日式染色剂、丙烯酸树脂、通用色素和工业染色剂。

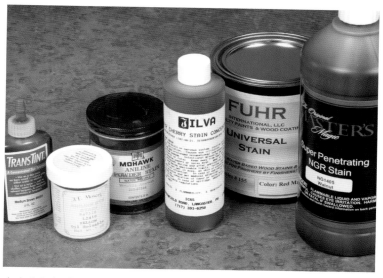

专卖店与邮购供应商出售干粉、浓缩物形式的染料染色剂，也出售溶剂基或水基的预制即用型染色剂。

浓缩型色素染色剂

油画颜料

油画颜料是通过将色素与亚麻籽油一同研磨来制备的，在绘画商店有售。

注意，一些油画颜料中可能包含生亚麻籽油，这可能会延长其中添加的油性清漆的干燥时间。

日式染色剂

这些醇酸树脂基的浓缩物与油性清漆和亚麻籽油、桐油等产品的混合效果最好。它们的干燥速度相比上述的油画颜料要快得多，且与溶漆剂具有较好的兼容性。

丙烯酸树脂

水基丙烯酸颜料作为绘画颜料在绘画商店均有销售，也可以从专业涂料供应商处购买。丙烯酸树脂只能与水基表面处理产品混合。

通用色素

通用色素与油基油漆和水性（乳胶）油漆均有较好的兼容性，是油漆商店混合涂料常用的色素。

工业染色剂

这类染色剂是工业上专门配制的为油基清漆、合成漆、水基表面处理产品和特定的聚氨酯和聚酯纤维等产品染色的。表面处理供应商通常会将其重新包装，与专有产品一起使用。

染色剂的使用

选择染色剂的两个最重要的标准是，染色剂的使用方式和染色效果。我会首先介绍染色剂的使用方式，之后再讨论其染色效果。

染色剂是否好用，最主要的衡量标准是"开放时间"，这一性能指标与使用的黏合剂与溶剂有关。开放时间是指从涂抹染色剂开始，到将多余部分擦除的有效时限。油基染色剂的开放时间最长，也就是说在将多余的染色剂擦去之前，可用于操作的时间最长。当然，这同样意味着，油基染色剂在涂抹面漆之前需要等待的时间也最长。开放时间最短的染色剂是快干型合成漆和酒精基染色剂。水基染色剂的干燥速度也很快，特别是在炎热干燥的天气条件下，水基染色剂相比在潮湿条件下更易干燥（参阅第93页侧边栏）。

油基染色剂和醇酸树脂基染色剂最大的优势在于，一旦它们完全固化，涂抹任何表面处理产品都不会再次溶解，也不会擦掉任何颜色。所以，

如果用抹布或刷子手工涂抹表面处理产品，油基和醇酸树脂染色剂是十分理想的产品，这也是它们能在消费市场中占据主导地位的原因。

手工涂抹染色剂

所有染色剂都可以用抹布、擦拭垫和刷子手工进行涂抹，而刷子只适合刷涂干燥速度较慢的染色剂，比如油基染色剂。涂抹干燥速度中等或较快的染色剂，用抹布和擦拭垫效果较好，若用刷子刷涂，会在笔划重叠的位置留下褶皱痕迹。

大多数消费级染色剂都是"擦拭型染色剂"，涂抹之后需要将多余染色剂擦掉。其他染色剂，比如快干型色素染色剂和不添加黏合剂的染料染色剂，可以在涂抹后静置干燥，无须擦除。不添加黏合剂的水基染料染色剂最容易手工涂抹，且无须过多擦拭，因为不管使用的剂量如何，这种染料均具有较好的均匀吸收和表面分布能力。酒精基和不起毛刺染料染色剂则由于干燥速度过快，很难手工涂抹。如有必要，可通过向这些染

油基染色剂的开放时间最长，让你有足够的时间在染色完成后将多余染色剂从木板上擦除。

➤ 开放时间和干燥时间

　　染色剂有两个重要的特性，即开放时间和干燥时间。开放时间指的是从开始涂抹到可以擦掉多余染色剂的时间；干燥时间是指在涂抹面漆之前所需的等待染色剂干燥的时间。

　　油基色素染色剂或色素－染料染色剂的开放时间最长，清漆基凝胶染色剂次之；合成漆基染色剂和一些快干型清漆染色剂的开放时间则较短，水基染色剂的开放时间更短，之后还有不起毛刺染色剂和酒精基染料染色剂。

　　油基染色剂的干燥时间最长，通常在 6 小时以上，而大多数水基色素染色剂的干燥速度要稍快一些。水基染料染色剂的干燥速度则要快得多，只要木料摸起来较为干燥就可以涂抹面漆，在条件适宜的情况下，木料在涂抹染色剂后 1 小时内就能完全干燥。干燥速度最快的是酒精基染料染色剂和一些合成漆基染色剂，这些染色剂 15 分钟即可干燥。

　　要检查染色剂是否已经干燥，可以用一块干净柔软的抹布在涂层表面轻轻擦拭，如果抹布没有擦掉任何颜色，就可以准备涂抹面漆涂层了。

在涂抹 1~2 层面漆之前，很难确切评估染色效果。这张染色木板的左侧已经涂抹了面漆层，与右侧相比，左侧的染色效果更加光鲜。

色剂中添加缓凝剂来减缓其干燥速度。

　　水基染色剂干燥后会使木料表面起毛刺。为了减少此现象的发生，可以在染色前先用蒸馏水擦拭木料表面以诱导起毛刺，待木料表面干燥后将其打磨平整。用 320 目砂纸打磨裸木也有助于减少起毛刺。

酒精基快干型染色剂和不起毛刺染色剂的干燥速度可通过添加 10% 所需染色剂体积的缓凝剂来减慢。

喷涂染色剂

　　可以通过喷涂染色剂来加速涂抹过程，或获得某种特殊的外观效果。如果喷涂的是擦拭型色素染色剂，应尽可能地将过量的染色剂擦拭干净，这一操作同时增加了孔隙与平整部分的对比度。如果没有将擦拭型色素染色剂擦干净，木材表面看起来可能会十分污浊，且残留的染色剂在后续涂抹面漆涂层时会导致涂料的黏附问题。

　　快干型色素染色剂和染料染色剂可以放心喷涂，无须擦拭。这不仅节约了时间，同时可使染色更均匀并消除斑点（参阅第 10 章）。一般来说，如果想突出木料的纹理和图案，可在喷涂结束后

为了减少水基染色剂造成的毛刺，可在染色前先用湿海绵擦拭木料表面以诱导起毛刺，待木料表面干燥后，用砂纸打磨除去毛刺。

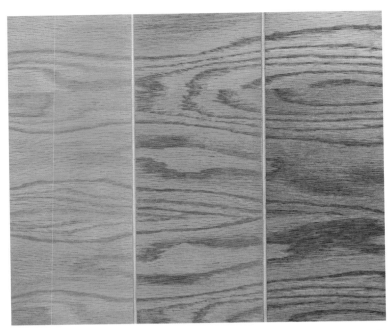

凝胶染色剂（中）和沥青染色剂（右）相比于水基染色剂（左），可使木料表面的纹理更加突出。

喷涂染色剂后不进行擦拭（左）是一种削弱纹理对比度的好方法。

将过量染色剂擦除；如果希望染色更加均匀，则无须擦拭。不含黏合剂的染料染色剂可被木料均匀吸收，喷涂起来最为容易，且无须擦拭。

> **⚠ 警告**
>
> 在喷涂染色剂时，务必佩戴呼吸防护设备，同时在通风良好的地方操作。

染色剂的选择

对于一种染色剂，与使用性能同等重要的另一要素是染色剂对特定木料的染色效果。除了选择合适的颜色，你还要考虑是否需要突出纹理、是否希望处理后的表面偏黄、颜色的稳定性与耐光性是否重要等因素。

纹理鲜明度

为了突出橡木、白蜡木等环孔材上的纹理，最好使用凝胶染色剂，不起毛刺的染料染色剂、酒精基染料染色剂和含有硬沥青的色素染色剂也能起到较好的强化纹理的效果。此外，有时也需对纹理进行适当的削弱，例如，将橡木等纹理粗糙的木材与无纹理的松木或枫木搭配的情况。在这些情况下，最好使用不含黏合剂的水基染料染色剂。将快干型染料染色剂或色素染色剂喷涂至部件表面且不擦拭也可起到较好的效果。

黄化

任何油基染色剂都会面临黄化的问题，但这一问题通常只对白色或其他淡色（比如酸洗后的涂层或白涂料染色剂）影响较大。为了减少黄化，可以使用含有以丙烯酸树脂为黏合剂的染色剂，应避免使用易于黄化的油基或其他溶剂基的面漆制作涂层。

耐光性

色素染色剂具有最好的颜色稳定性，尤其是矿物色素、氧化铁和含有硬沥青的色素。在室内，从窗户中透入的强烈光线会使染料染色剂褪色，因此应尽量使用金属络合型染料染色剂或者色素染色剂。另一种方法是，由染料染色剂提供底色，然后在上面擦涂一层色素染色剂。

染色操作

使用水基染料染色剂

在对橡木这样纹理较为粗大的木料进行染色前，应先用 220 目的砂纸完成木料表面的打磨，然后用蒸馏水蘸湿的海绵擦拭木料表面以诱导起毛刺（图 A），待木料表面干燥后，用 320 目砂纸重新将木料表面打磨光滑。

在为床头柜这样的箱式作品染色时，应从内部开始，这有助于你熟悉染色剂的性能，并根据需要在处理更重要的外部表面之前调整颜色。可以使用泡沫刷刷涂边角，不过大多数时候应使用抹布，因为抹布擦涂更加快速，且可以避免刷涂时笔划重叠产生褶皱（图 B）。从底部起始向上染色，以防止水基染料染色剂滴落在尚未染色的裸木区域，顶板应留到最后染色（图 C）。

如果需要稍稍加深颜色，可以使用原有染色剂再涂抹一遍；如果需要大幅加深颜色或改变颜色，则需使用更高浓度的水基染料染色剂或其他颜色的水基染料染色剂。应在第一层涂层干燥后再考虑是否涂抹第二层，因为这样更易做出准确判断（图 D）。

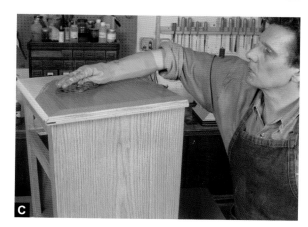

［变式方法］

如果需要为复杂部件染色，喷雾器是不错的工具（图 V）。

A

B

C

使用油基色素染色剂

在涂抹擦拭型油基染色剂之前，应先将油基色素染色剂充分搅拌。用一根平头木棒将罐底的色素全部刮下，并将其搅拌至液体中。使用擦拭垫、刷子或抹布，沿任意方向将油基色素染色剂涂抹在木料表面（图 A）。5 分钟后，使用干净的吸水布擦掉过量染色剂，在操作时应及时翻动吸水布，露出干净的部分接触木料表面。可沿任意方向擦除油基色素染色剂。在擦掉尽可能多的油基色素染色剂后，平行于纹理方向轻轻擦拭，消除之前的擦拭痕迹。因为色素染色剂中含有黏合剂，所以你可以对该木料涂抹透明表面处理产品后的外观有一定的了解。如果染色后的木料表面颜色过深，可以用油漆溶剂油或石脑油擦拭；如果仍需进一步使颜色变浅或油基色素染色剂开始变黏，可以使用合成磨料垫蘸取相应的溶剂擦拭（图 B）；如果错用了浅色油基色素染色剂或染色颜色太浅，可以直接涂抹另一种深色油基素染色剂（图 C）。

使用不起毛刺染色剂

虽然不起毛刺染色剂最初是作为喷涂染色剂开发的，但也可以使用适当的技术进行手工涂抹。在复杂部件表面手工涂抹不起毛刺染色剂时，最好在染色剂中添加适量的缓凝剂。首先按照 1 qt（0.95 L）涂料 2 oz（56.7 g）缓凝剂的比例添加缓凝剂，然后从次要表面（比如这张椅子的座面底部）开始涂抹（图 A）。

使用合成毛刷快速涂抹不起毛刺染色剂，然

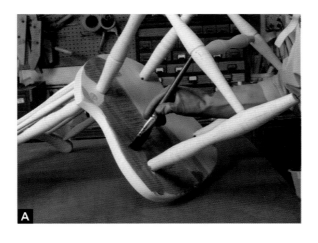

A

后用抹布消除刷涂界限（防止产生褶皱），使染
色涂层浑然一体。座面底部完成染色后，对椅子
腿和横档进行染色。对于圆柱形部件，可以用不
起毛刺染色剂浸湿小块抹布进行擦拭（图 B）。
可以使用刷子的尖端消除斑点，或为狭窄的缝隙
染色（图 C）。完成座面边缘与正面的染色后，
对椅背靠背条和上冒头进行染色（图 D）。

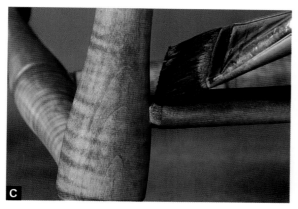

为框架 – 面板门染色

对于框架-面板门组件的染色，许多表面处
理师会在组装之前先完成整块面板的染色。不
过，这需要你中止手头的操作，来完成这项预加
工工序。

或者，可以在冒头与梃部件的边缘与凸面板
相接处切出一个小角度的后斜面，为刷毛提供一
个通道（图 A）。液体染色剂可以通过压缩空气
喷入冒头和梃部件的下方（图 B）。为了尽可能
减少面板边缘外露，可以通过在框架凹槽中插入
橡胶垫片或者从后面将面板固定在顶部冒头和底
部冒头中央的方法，将面板保持在框架中央。

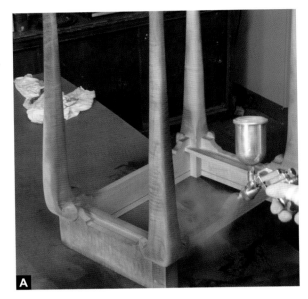

喷涂水基染色剂

喷涂水基染色剂最简单的方法是使用重力式喷枪（图A）。这种喷枪较为便宜，可由小型压缩机提供动力。在对任何作品染色之前，首先应尽可能地将其组件拆卸下来，并用胶带将所有抽屉固定起来（图B）。从内到外进行染色，充分喷涂水基染色剂，使木料表面保持湿润（图C）。最后用干净抹布将过量的染色剂擦掉（图D）。

[变式方法]

有一种较好的方法可以增加卷纹木料的颜色层次，同时加深其纹理图案。首先使用经过稀释的棕色染料染色剂进行染色；接下来，用砂纸或栗色研磨垫打磨毛刺，从表面去除一些深色染料，同时保留卷纹区域的染料以增加对比度；最后，涂抹焦糖色或蜂蜜色的染料，使卷纹更加明显（图V）。

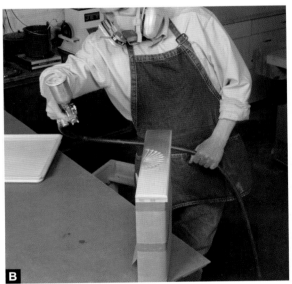

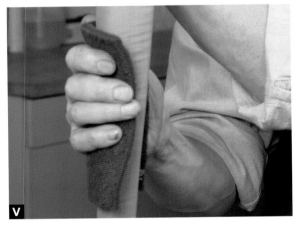

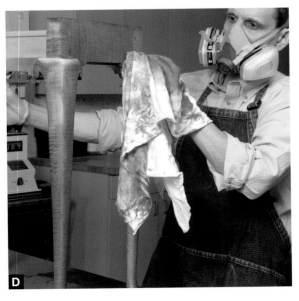

喷涂溶剂基染色剂

　　为了在染色时不会起毛刺，酒精基或溶剂基不起毛刺染色剂是不错的选择。对于图中书柜的染色，需要首先将其背板拆下，以减少染色剂喷雾的回弹。在书柜后方进行操作，首先喷涂书柜顶板的底面，然后移动至左右侧板（图 A），最后喷涂书柜底面（图 B）。喷枪产生的涡流可能无法将染色剂送入角落，可以擦涂染色剂对角落进行染色（图 C）。接下来，喷涂书柜的外表面。如果你想通过擦拭使染色效果更为均匀，可以在另一只手上戴上油漆匠手套，以便在喷涂之后立即擦拭（图 D）。最后，喷涂书柜的外框和顶板。

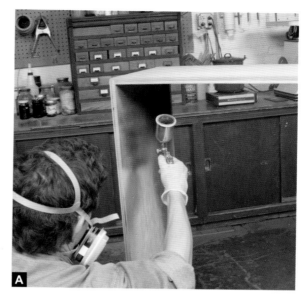

清除胶斑

　　如果在染色过程中发现胶斑，最好立刻将其清除。接缝处挤出胶水的现象十分常见（图A），在这种情况下，可以使用与先前表面预处理的最后阶段相同目数的砂纸进行湿磨，以除去胶斑。将一小块湿/干砂纸浸入染色剂中取出，然后打磨掉胶斑（图B）。在某些情况下，可以用锋利的凿子将胶斑削去（图C），这样可能会留下一块未经染色的区域，可以使用研磨垫将周围区域与裸露区域的染色剂分散均匀。

　　有时，胶合板的木皮接缝中也会渗出胶水，对于这种情况，最好使用色素和虫胶的混合物（参阅第84页"掩盖浅色填料"）对胶线进行染色。通常可以使用一把小刷子简单地刷涂目标区域（图D）。

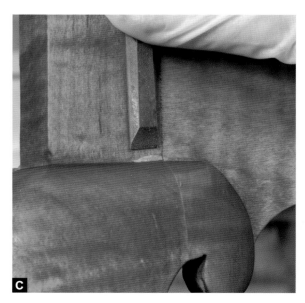

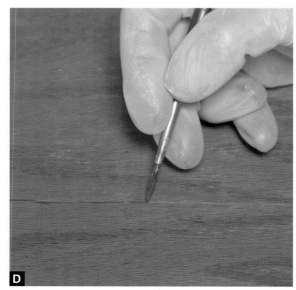

处理划痕与磨穿

　　染色剂，尤其是色素染色剂，会使木料表面的横纹划痕变得更明显（图 A）。为了去除划痕，可以使用与表面预处理的最后阶段相同目数的湿 / 干砂纸进行打磨，同时在划痕区域涂抹染色剂作为润滑剂（图 B）。

　　在打磨较薄的封闭涂层时，有时会过度打磨，导致涂层被磨穿。如果涂抹的是不含黏合剂的染料染色剂，可以直接在原有涂层上涂抹更多的染料染色剂，新旧涂层的染料会自动融合。如果使用的是含有油性黏合剂的染色剂，简单地擦拭裸露区域很难使染色剂彼此融合，此时应使用细毛刷蘸取原始染色剂，在浅色区域轻轻地"干刷"（图 C）。干刷可以将染色剂羽化至裸露区域，也可以使用一块软布完成此操作（图 D）。

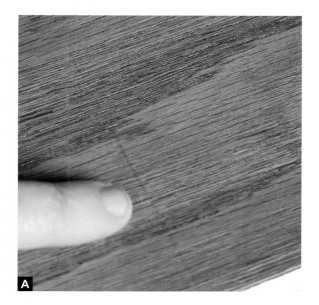

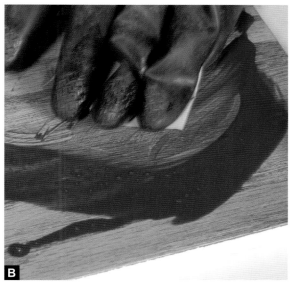

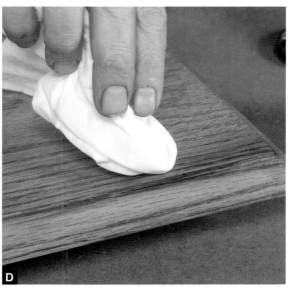

染料的量取和溶液配制

为了用染料调制出自定义的颜色，我开发了一种基于"母液"计算组合的系统。

使用染料粉末配制母液时，最好以重量为标准称取粉末（图 A）。这种染料的说明书建议将 1 oz（28.4 g）粉末与 2 qt（1.9 L）水混合。我会先混合一半的染料，留下 ½ oz（14.2 g）的染料以便后续根据需要对颜色进行调整。佩戴好防尘口罩，称取染料粉末，将其倒入热水中搅拌均匀（图 B）。待溶液冷却至室温，将其转移到已贴好标签的罐子里。

如果使用液体染料配制母液，则以体积为标准量取液体（图 C）。如果不要求比例十分精确，液体染料使用起来更为方便。

母液配制完成后，使用其制作一块显示不同颜色的比色板（图 D）。比色板可以帮助你确定哪种染色剂与预期颜色更加接近，或是哪种染色剂可作为基底用其他染色剂进行调整。我也会用各种混合液对复印纸片进行染色，并在纸片上标注各混合液的稀释比例。在选定母液后，将其涂抹在作品的一小块废木料上，对颜色进行评估。如果颜色过深，则将母液与溶剂等比例混合，再次涂抹在废木料上；如果颜色仍然偏深，则将母液与溶剂以 1 : 2 的比例混合。重复这一步骤，直到获得所需的色度（图 E）。如需改变色调，最好添加红色、蓝色或绿色的染料。

▶ 参阅第 138 页 "基本色彩理论"。

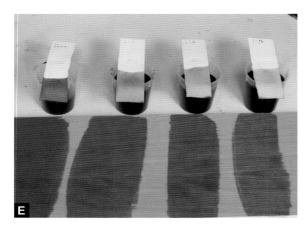

配制硬沥青 / 沥青染色剂

　　如果你身边有很多专业表面处理师，那你肯定听说过硬沥青 / 沥青作为染色剂的优点。纯硬沥青粉末不易溶于油漆溶剂油，因此需要先用二甲苯或漆稀释剂作为溶剂将其溶解。首先将 1 tbsp（15 ml）粉末加入 3 oz（88.7 ml）溶剂中，之后根据需要对母液进行稀释（图 A）。将 1 份熟亚麻籽油加入 9 份经过稀释的混合液中充当黏合剂。

　　沥青产品通常以非纤维屋面沥青的形式出售（图 B）。为了制备颜色较深的染色剂，需要先将 1 tbsp（15 ml）沥青粉末加入 3 oz（88.7 ml）的丹麦油（Danish oil）或熟亚麻籽油中制成母液（图 C）。这种母液可以用来配制胡桃木色或橡木色的染色剂。

第8章
釉料、填料染色剂和调色剂

即使木料已经完成了初步的染色和封闭，仍然可以使用釉料或调色剂来修饰涂层，获得全新的色彩与色调。

上釉其实是在最初的封闭底漆和之后的面漆涂层之间加入一层颜料涂层的过程；而调色指的是直接将颜料混入待涂抹的表面处理产品之中的技术。上釉一般用于突出较粗的纹理、增强质感和选择性地添加颜色，以及通过增加"做旧"元素营造出仿古的外观。上釉和调色均可用于调整涂层的颜色和色调或者加深涂层颜色，也可以用于消除斑点，使整体外观更加均一。

在本章，我会讨论釉料和调色剂的性质与使用方法，同时介绍我的混合与涂抹方法。

上釉

上釉基础知识

釉料是一层涂抹在封闭涂层和面漆涂层之间的颜料薄层，如下图所示。所有的釉料在上釉之后均需涂抹面漆涂层，这层面漆不仅可以保护釉料，同时可以通过一定的光学机制增加釉料的颜色层次和深度。上釉只能在合成漆、清漆和虫胶等能够成膜的坚硬涂层之间进行。

釉料在表面处理过程中有多种用途。釉料可用于改变整体的色调与色度、消除斑点、突出孔隙结构、增加木材的颜色层次、降低染色剂的亮度以及模仿木材的老化或纹理。

釉料均为色素型，而非染料型。实际上，釉料与色素染色剂十分相似，二者的组成中均含有色素、黏合剂和稀释剂。不过，釉料经过了优化处理，因此具有更长的干燥时间和适宜的黏度，使用起来更加方便。釉料的选择有两个主要标准，其一是釉料中不能含有任何会溶解或软化封闭剂的溶剂，其二是釉料应易于在表面涂抹。

可以通过喷涂、刷涂或抹布擦拭的方式将釉料涂抹到封闭底漆层之上，之后可以擦去大部分釉料，只留下一层薄薄的釉料，或者在釉料干燥之前通过手工处理制作出特定的效果。釉料使用最为方便之处在于，如果不小心犯了错或是不喜

釉层剖面图

面漆涂层
釉料层
封闭涂层
木料

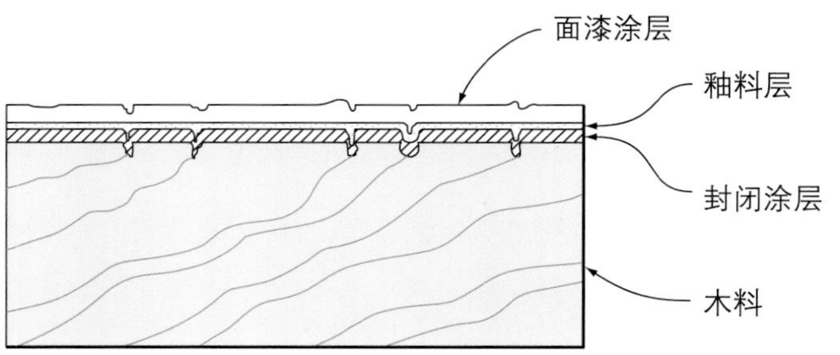

釉料的组成与色素染色剂相似，因此也会受到木材质地的影响。不过，与色素染色剂不同的是，釉层位于封闭涂层和面漆涂层之间。

这张樱桃木木板右侧涂抹的红棕色釉料，使底层的金色染料染色层（可以对比左侧木板看出）的亮度有所降低，同时颜色转变为层次更为丰富的橘红色。

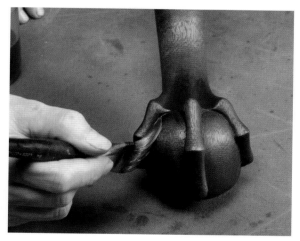

在经过染色与封闭的桃花心木上涂抹深棕色釉料，可以突出木料的纹理和雕刻细节，使爪子更有立体感，同时使作品显得古香古色。

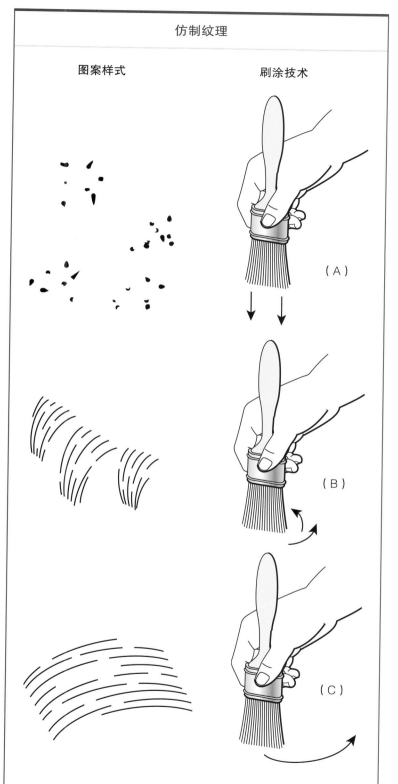

仿制纹理

图案样式　　　　刷涂技术

（A）

（B）

（C）

可以用刷子仿制出各种样式的纹理。将天然鬃毛刷浸入热水中，稍后将其倒置晾干以使刷毛张开。用刷毛尖端蘸取少量釉料，在木料表面轻轻点击，形成（A）中的图案；（B）中的图案可以通过在木料表面扭动刷子形成；（C）中的图案则是通过拖动刷子尖端，同时稍微旋转刷子获得的。

欢某种釉料的外观，可以轻松将其擦掉。这是因为釉料不会破坏封闭底漆，因此重新涂抹，就像擦黑板一样容易。

釉料较为常见的作用是降低染色剂的亮度。与此同时，可以改变染色层的整体色调，比如，使染色层变得更红或更绿。也可以改变染色层的色度，以加深颜色。由于上釉表面事先已经进行了封闭，所以上釉也可以消除之前产生的斑点。

上釉的另一种实用效果是突出木材的孔隙结构，或者突出雕刻等结构以引起人们的关注。上釉还可以模仿木材的老化，加深"破坏"痕迹的颜色，使家具给人以复古的感觉。釉料也可以用于在木料表面仿制纹理（如右栏所示）。

釉料的种类

釉料产品有多种形式。可以购买预制彩色釉料，即拆即用；也可以购买无色透明的基釉（有时也称为素色料），自行染色后使用。后者更为经济实惠，而且可以根据需要调制出各种颜色。

预制彩色釉料与无色基釉同样分为油基与水

涂抹在这块松木门板上的釉料将木料上的物理破坏痕迹凸显了出来。可以通过在边角和线脚处保留多余的釉料，来获得仿古效果。

最常用的固态釉料为无色基釉，表面处理师可自行为其染色。利用无色基釉可以配制出各种各样的颜色。

基两种类型。油基釉料一般使用亚麻籽油或长油醇酸树脂作为黏合剂，而水基釉料则使用丙烯酸树脂作为黏合剂。在某些应用方面，油基釉料使用起来比水基釉料更加容易，因为油类天然具有润滑特性，使其操作难度降低。此外，油基釉料的开放时间也可以通过引入添加剂进行延长。

釉料的选择在一定程度上取决于用于制作面漆涂层的产品类型。油基釉料应与溶剂基的合成漆、清漆和虫胶配合使用，水基釉料则可以与任何面漆产品搭配使用。如果在釉料涂层之上涂抹一层脱蜡虫胶提供阻隔，然后再使用水基表面处理产品制作面漆涂层，便不会出现兼容性问题。

大多数预制釉料和上釉介质都被制成浓稠的状态，就像凝胶一样。它们具有较长的开放时间和较强的黏附能力，可以实现"悬挂"。这种产品最适合制作仿木纹或仿古等装饰效果，比如在边角和凹痕处保留过量的釉料，同时适当"破坏"部件以留下痕迹来模仿做旧效果。这些浓稠的产品还可以在使用刷子羽化、融合和软化釉料的时候提供帮助。

在对釉料进行染色时，需要使用兼容的染色剂。对于油基釉料，可以使用干粉色素、油画颜料、日式染色剂、沥青、油漆或通用色素；对于水基釉料，可以使用丙烯酸颜料或通用色素（关于更多染色的内容，参阅第7章）。釉料染色时通常只需加入少量的染色剂，每杯釉料中加入几勺染色剂就可以得到较深的颜色，如果需要较浅的颜色，适当减少染色剂的用量即可。为了测试混合物的颜色，可以取一些完成染色的釉料涂抹在玻璃板或白纸上观察。

在某些特定情况下，也可以使用市售的液体预制染色剂进行上釉。这种产品非常适合喷涂，可用于将染色剂作为釉料直接喷涂，然后擦掉过量染色剂以实现改变颜色或突出木材孔隙的情况。不过，由于液体较稀，这种染色剂不适合处理悬空或垂直表面。

此外，当你使用染色剂上釉时，不要使用合成漆基、酒精基和不起毛刺的染色剂，因为这些染色剂的干燥速度过快，且会溶解或破坏大部分的封闭剂。

凝胶染色剂较稠，相比于液体染色剂，上釉的效果更好。然而，许多凝胶染色剂的干燥速度过快，使用时常常缺乏足够的擦拭时间。为了解决这一问题，可以在每杯油基凝胶染色剂中添加 1 tsb（5 ml）无味的油漆溶剂油；为了延长水基凝胶染色剂的干燥时间，可以添加适量丙二醇。丙二醇常用作水基表面处理产品的缓凝剂。

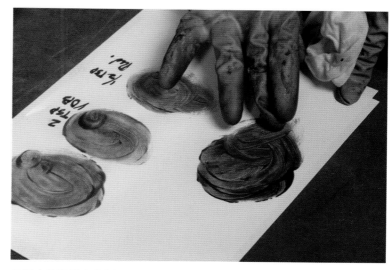

将混合物涂抹在白纸上，可对自制釉料混合物的颜色与浓度轻松进行评估。

釉料的涂抹

釉料可以用刷子、抹布、海绵或喷涂设备进行涂抹，具体采用的技术和设备取决于你想要实现的效果。我会通过照片对涂抹釉料的细节进行

上釉与调色的比较

对作品上釉还是调色，取决于你想要获得的处理效果，以及手头可用的工具，因为调色需要用到喷涂设备。举个例子，如果要突出木料表面的孔隙结构或进行做旧处理，那么上釉是唯一的选择。不过，如果需要改变涂层的整体色调或将亮暗区域融合在一起，那么上釉与调色均可。右表列举了一些基于解决特定问题、获得预期外观的方法，可以快速查阅。

预期目标	技术	备注
增加颜色层次和深度	上釉或调色	上釉效果最佳
突出木料纹理与破坏痕迹	上釉	
仿制纹理	上釉	
做旧处理	上釉	
融合不同的特征区域	上釉或调色	
改变色调或颜色	上釉或调色	对于大幅的改变，调色效果最佳
降低染色剂的亮度	上釉或调色	上釉效果最佳
掩盖缺陷	调色	色素调色剂的调色效果最佳
消除斑点	上釉或调色	经调色处理的表面更加均匀
选择局部区域进行描影	调色	

详细介绍。不过，无论使用哪种釉料，都要遵循以下准则。

不管使用哪种上釉技术，都需要首先对木料表面进行封闭。可以使用乙烯基封闭剂、打磨封闭剂或脱蜡虫胶，也可以将面漆产品（比如水基面漆）稀释后作为封闭剂使用。由于釉料与封闭剂均会影响后续涂层的黏附效果，因此最好向表面处理产品供应商确认，哪种封闭剂-釉料的组合效果最佳。

在涂抹封闭剂时，应确保涂层均匀覆盖所有表面，否则，釉料的吸收就会不均匀。待封闭剂

釉料的稠度主要由木料表面的封闭情况决定。这张樱桃木面板的左侧涂抹了一层封闭剂，右侧涂抹了两层封闭剂。

如果你不喜欢某种釉料的颜色，可以使用合适的稀释剂将其从封闭良好的表面全部擦掉。

完全干燥后，使用220目、320目或400目的砂纸将封闭涂层打磨光滑。釉料在封闭涂层上的吸收与分散能力主要由封闭涂层的层数决定，打磨时使用的砂纸目数也会产生一定程度的影响。较薄的封闭涂层只能部分封闭木料表面，导致较多的釉料渗入木料，形成颜色较深的木料表面；较厚的封闭涂层则可以形成颜色较浅的木料表面。

在决定使用何种上釉技术后，按照后文照片中所示的步骤涂抹釉料。如果你不喜欢某种釉料的颜色或外观，可以在釉料固化之前使用合适的稀释剂将其擦掉。确保使用的稀释剂不会溶解封闭涂层。如果你对上釉结果较为满意，请等待其完全干燥后，再涂抹面漆。在涂抹面漆之前需要等待的干燥时间与釉料种类、面漆种类以及面漆的涂抹方式有关。一般原则是，如果选择手工涂抹面漆涂层，则应该使釉料涂层充分干燥，以免涂抹面漆涂层时产生的摩擦力将釉料拉起。

当然，也有例外的情况，即在使用油基釉料搭配可喷涂的溶剂基合成漆面漆时，只要釉料中的载体油完全挥发掉，就可以喷涂合成漆。合成漆中的溶剂可以将釉料"束缚"在之前的合成漆涂层上，所以这种操作方式有时被称为"射穿釉料的操作"。

填料染色剂

填料染色剂可用于在完成部分表面处理的表面突出纹理和加深颜色。填料染色剂与釉料较为相似，不同的是，填料染色剂含有可以软化封闭涂层的溶剂，因此可以渗入封闭涂层之中。填料染色剂一般是选择性地涂抹到特定区域，且无须擦除。

据我所知，市面上没有预制的填料染色剂，因此你需要自己制备。填料染色剂通常是使用染料染色剂与某种溶剂混合制成的，溶剂可以软化将要作用的涂层，但不会深度破坏。将水加入溶剂基不起毛刺染料或酒精基染料中，就可以制备出填料染色剂。我通常会以1:1的比例加水，

填料染色剂可以用预制的染料染色剂轻松制备。将溶剂基不起毛刺染色剂与水等量混合，就可以制备出可涂抹在合成漆涂层的填料染色剂。

这样制备出的填料染色剂易于擦拭，且破坏力不强。只要水基染色剂中含有足够的溶剂可以渗入涂层之中，这种染色剂就可以用于涂抹在水基涂层之上。

调色剂

调色剂是一种用染料或色素染色的透明表面处理产品。调色剂与釉料的不同之处在于：调色剂涂抹在封闭涂层上之后无须擦除，而釉料一般需要在涂抹之后擦去；釉料可以手工涂抹，而调色剂通常只能喷涂（如果没有喷涂设备，可以购买气溶胶形式的预制调色剂）。在调色剂涂层之上还需要涂抹面漆涂层，以防止其磨损。

许多通过釉料实现的技术也可以用调色剂实现，比如改变色调或明暗程度、增加颜色的层次和深度等（参阅第 107 页"上釉与调色的比较"）。调色剂还可以用于掩盖缺陷、遮盖矿物条痕等深色区域或融合亮暗区域（比如边材与新材搭配使

为了说明描影与调色的区别，这块樱桃木门板的上半部分使用基于染料的调色剂进行了描影处理，而下半部分则是经过了调色处理。

用时）。调色剂可以中和颜色较深的区域（比如杨木的绿色心材），或者通过阴影化的边缘和其他特征选择性地添加颜色。由于调色剂是使用喷枪喷涂的，因此可以获得十分精细的处理效果。

经染料染色的调色剂可以透射自然光，从而可以在保持木料纹理与图案清晰的前提下改变底层涂层的色调与明暗程度。用色素制成的调色剂也可以是透明的，但由于色素具有阻挡光线的能力，这种调色剂可以配制成较高的浓度，用于遮盖纹理、掩盖缺陷或使深色区域的颜色变浅。

把调色剂用于整个表面的过程叫作调色，而将调色剂选择性地涂抹于某些区域的过程叫作描影。调色可以实现改变颜色、消除斑点，以及在实木和胶合板等一般以不同方式吸收染色剂的木材表面形成均一的颜色组合。描影可用于产生艺术效果、模拟老化的木材表面或突出线脚与雕刻部件的特征。

制备调色剂

预制调色剂可以从市场上购买，但大多数表面处理师更喜欢使用兼容的染色剂为选定的表面处理产品染色来自制调色剂。

在混合调色剂之前，首先要决定所需的透明度。透明的调色剂既可以用染料染色剂制备，也可以用色素染色剂制备。将染料染色剂加入表面处理产品中得到的调色剂通常都是透明的，而用色素配制的调色剂，其透明度取决于其中添加的色素的量。为了获得较好的透明度，应将色素的用量控制在最低限度，同时避免使用白色、黄色或氧化铁红等不透明的色素。矿物色素本质上是透明的，且与木材颜色相近，是制作调色剂的理想色素。如果想要获得酸洗的效果，可以使用白色色素进行配制。

将调色剂涂抹为薄膜状可以防止颜色过深，视觉效果也最为理想。因此，市售的预制调色剂中黏合剂的含量一般少于12%，以控制涂层厚度与颜色深度。有些表面处理师喜欢用不含黏合剂的调色剂进行调色，同时使用可溶解的染料代替色素，并在其中加入一种可以软化或部分溶解涂层的稀释剂。

为了调制稠度合适的虫胶调色剂，可以将色素或染料加入1磅规格的虫胶溶液中。对于溶剂基合成漆，在添加染色剂前，需先将合成漆与漆稀释剂等比例混合配成溶液。水基调色剂最

调色剂可以轻松制备，将较稀的表面处理产品与兼容的色素染色剂或染料染色剂混合均匀即可。可以用一根木棒检测混合物的颜色深浅。

色素调色剂可以通过将浓缩色素染色剂加入面漆介质中制备。混合液需要使用中等网孔的滤网进行过滤。

染料调色剂可以通过将染料与兼容的面漆混合制得。图中正在将一种酒精基染料加入透明的合成漆中，以制备琥珀色的染料调色剂。

调色剂与染色剂的兼容性

面漆介质	兼容的色素	备注
油基清漆	油基日式色素；通用色素	
溶剂基合成漆	醇酸树脂基或合成漆基染色剂；通用色素（只能少量使用）	
催化型合成漆、2K 聚氨酯、双组分聚酯纤维、改性清漆	咨询面漆制造商	与 2K 聚氨酯混合的染色剂不能含有酒精
虫胶	通用色素，某些合成漆染色剂	合成漆染色剂通常为丙烯酸型
水基面漆	丙烯酸染色剂、通用色素、水基染色剂	添加染色剂后，可以等待 15~30 分钟让面漆稳定

面漆介质	兼容的染料	备注
油基清漆	油基染料	
溶剂基合成漆	油基染料、通用染料浓缩剂、不起毛刺染料染色剂、酒精基染料	酒精基染料粉末需用酒精与丙酮混合液溶解
催化型合成漆、2K 聚氨酯、双组分聚酯纤维、改性清漆	咨询面漆制造商	与 2K 聚氨酯混合的染色剂不能含有酒精
虫胶	酒精基染料、通用染料浓缩剂、不起毛刺染料染色剂	
水基面漆	水基染料、通用染料浓缩剂	

理想的介质为水溶性的透明染色剂，但这种产品不易购买，因此可以简单地将 10% 的水加入水基表面处理产品中，将其适当稀释。很多使用水基面漆的表面处理师会使用脱蜡虫胶配制的调色剂，这种调色剂可与覆盖调色涂层的水基面漆兼容。

调色剂的染色过程并不复杂，但需得注意面漆介质与染色剂之间的兼容性。这本质上是向面漆中添加兼容的染色剂或浓缩色素的问题。粉末状或液体形式的浓缩色素是最佳材料，因为添加浓缩色素的过程不会引入过多溶剂或其他可能改变面漆介质特性的组分。本页的表格给出了一些与面漆介质兼容的染色剂。如果你不确定某种染色剂是否与某种面漆兼容，最好咨询一下面漆制造商，在使用双组分表面处理产品时这一点尤为重要。

色素调色剂可以通过向面漆介质中添加兼容的浓缩色素染色剂制备。染料调色剂则可以通过向面漆介质中添加染料制得，粉末或液体形式的染料均可使用，但粉末需在加入面漆前预先溶解。不起毛刺染料和浓缩染料溶液适用于大多数的面漆产品，但为保险起见，最好先将少量已溶解的染料加入面漆中以测试其兼容性：如果出现凝胶、浑浊或分层，则说明二者不能兼容。

喷涂边角

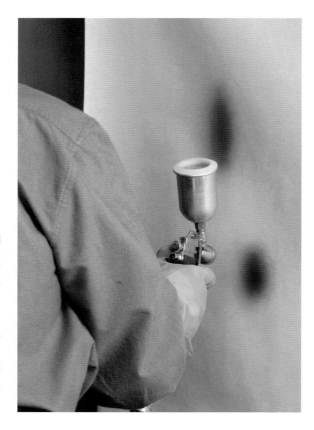

在将调色剂喷涂至边角或其他接合处时，应调整扇面，使其前锋与接合处平行，同时使用较低压力进行喷涂。
（A）错误：扇面前锋未与接合处平行，且高压喷涂会导致调色剂涂层不均匀。
（B）正确：扇面前锋与接合处平行，且使用了较低喷涂压力。

一把优质的调色剂喷枪应能通过调整，喷涂出长椭圆形或小而紧凑的圆形图案，如照片中所示。照片中的喷枪具有一个扇面宽度控制旋钮，可以产生上述的两种喷涂模式。

涂抹调色剂

之前我们介绍过，调色剂可用于调色（在整个表面均匀涂抹）与描影（选择性地涂抹在某些区域）。二者的区别与涂抹技术无关。调色剂不能刷涂或擦拭，只能喷涂。

可以使用任何类型的喷枪，只要这种喷枪经调整后可以获得细窄紧凑（用于描影）和宽大均匀（用于调色）的喷涂扇面就没问题。调色剂一般较稀，可以使用较小的针阀 / 喷嘴和气帽组件，以便在整个喷涂宽度内可以提供稳定的雾化效果。在喷涂边角时，应使扇面与待喷涂的接合处平行，同时使用低压操作，如左边栏内容所示。

对于描影，我喜欢使用小型重力式喷枪。这种喷枪可以实现调色剂的精确喷涂，同时易于调节，可以形成小而精细的喷雾扇面。

在使用调色剂时，应根据调色剂的黏度选择尺寸合适的组件，顺时针旋转扇面宽度控制旋钮和出料控制旋钮，直至关闭。然后打开出料控制旋钮 1~2 圈，并将扇面宽度调整至 6 in（152.4 mm）宽的扇形图案。只要雾化的调色剂形成连续的光亮通道，调色剂喷涂起来非常容易。可以在白纸、硬纸板或枫木等白木板上进行练习，以检测调色剂的颜色是否正确，喷雾的扇面宽度是否合适。

在进行描影前，应将调色剂倒入进料杯中，将出料控制旋钮和扇面宽度控制旋钮顺时针关闭。一边对着白色的硬纸板或木板喷涂，一边调整出料控制旋钮，直至出现细窄的喷涂扇面。然后调整扇面宽度控制旋钮，将扇面宽度控制在 1~2 in（25.4~50.8 mm）。

在对部件进行描影处理时，开始时要使喷枪缓慢、轻柔地扫过部件表面，直到获得所需的颜色效果。为了有效地进行描影，需要对部件的边缘、轮廓和凹陷区域进行喷涂。可以通过限制喷涂或是增加扇面宽度以及喷枪与部件表面的距离对描影区域进行羽化。这些操作在融合修复区域与周围区域，或是将边材与心材进行搭配时尤为有效。

操作实例

用釉料弱化染色层的亮度

釉料最为常见的用途是降低染料染色剂的亮度，从而突出木材纹理。这款樱桃木蜡烛盒使用一种金棕色水基染料染色剂染色，然后涂覆了一层 1 磅规格的脱蜡虫胶进行封闭。待封闭涂层干燥 1 小时后，使用 320 目的砂纸和栗色合成研磨料依次进行打磨（图 A）。

使用日式色素中的深褐色色素和一点红色色素对无色油基基釉进行染色，得到所需的釉料。使用刷子刷涂釉料，然后擦掉过量釉料（图 B）。如有必要，可以使用干刷子将角落和缝隙中的过量釉料除去（图 C）。

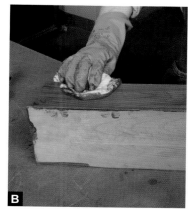

喷涂釉料

任何釉料都可以喷涂，不过典型的油基釉料或水基釉料需要先进行稀释才能喷涂。可以用油漆溶剂油稀释油基釉料，如果想加快油基釉料的干燥速度，可以用石脑油作为稀释剂。我发现，水基釉料往往干燥得过快，因此我会在其中加入 10% 的釉料缓凝剂。

在喷涂釉料时，我通常使用双手法，即一手喷涂釉料，一手迅速擦拭（图 A）。如果在完成擦拭之前釉料已经开始变黏，对于水基釉料，可以喷水湿润；对于油基釉料，则可以使用油漆溶剂油湿润（图 B）。

在喷涂搁板这样的双面部件时，先喷涂其中一面，完成擦拭后将部件翻转，将已上釉的一面放置在耐刮泡沫保温管上（图 C），如此可避免划伤已上釉的表面。两面的上釉都完成后，可以将部件置于钉床上干燥。

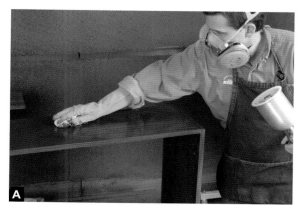
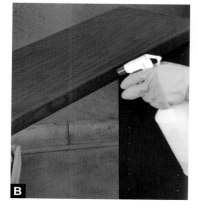
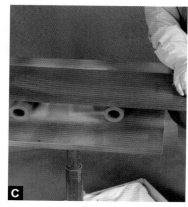

剔除

剔除是一种上釉技术，即选择性地将某些区域的釉料去除，以此来增加作品的立体感与整体的颜色层次。

在实施这一技术之前，可以根据需要先对木料进行染色，并涂抹一层封闭剂封闭染色层，然后使用 320 目的砂纸或研磨垫将表面打磨光滑。对于颜色较暗、对比效果明显的釉料，喷涂、擦涂或刷涂均可。接下来擦去釉料：如果你想在完成剔除后产生的对比效果不是很明显，则需要将大部分釉料擦去；如果你想在完成剔除后得到较明显的对比效果，则只需擦除少量釉料。

现在可以进行剔除了。使用一小块灰色的合成钢丝绒，随木材表面自然的图案与纹理将釉料选择性地去除（图 A）。此步完成后，使用一把软毛刷处理整个表面，使其融合在一起，以尽可能消除在剔除釉料时产生的粗糙边缘（图 B）。

在涂抹透明的面漆涂层后，你会发现，处理后的部件立体感有所增强，就像图中这块橡木门板的上半部分（图 C）。这块门板的下半部分未进行剔除，可比较一下二者的不同。

［变式方法］

粉末釉料也可以像液体釉料那样喷涂，这种釉料干燥后会产生一种白垩外观，选择性地打磨某些区域，露出涂层下方的部分表面，以模仿老旧、磨损的表面（图 V）。

物理损伤

　　做旧最有效的方法之一是物理"损伤"，即人为制造出一些凹痕和划痕，以模仿年深日久使用的效果。损伤处理一般是在木料表面染色与封闭完成后进行，再通过釉料将这些损伤痕迹凸显出来。

　　可以使用各种工具损伤部件，我最喜欢用的是一种看上去有点吓人的工具，我习惯上把它叫作"软榔头"（图 A）。把各种尺寸的螺丝、钉子和订书针钉到木槌的端面，然后把这些五金件的尾端剪掉，工具就做好了。用它随机敲打部件表面任何部位，同时将其略微旋转，这样产生的痕迹就不会重复了。也可以使用其他工具，比如钥匙（图 B）或一些小尺寸钻头（图 C）。

　　在这种情况下，沥青是突出损伤痕迹，并模仿多年积累的污垢和蜡质的最佳釉料。在配制沥青釉料时，首先为染色剂配制标准的沥青母液。

➤ 参阅第 103 页 "配制硬沥青 / 沥青染色剂"。

　　然后在每杯沥青中添加数汤匙的白垩粉使其变得浓稠（图 D）。上釉，然后将痕迹处的釉料擦拭干净，裂缝中过量的釉料则无须擦除。

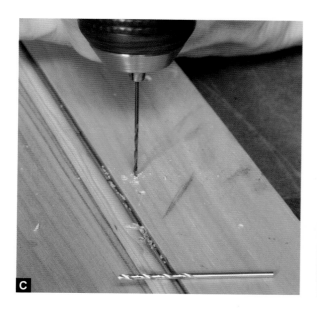

制作表面痕迹

也可以使用温和的技术代替物理损伤，即在涂层表面制造痕迹。此项技术需要在涂抹第一层面漆涂层之后使用，因此，如果出现瑕疵，可以轻易将其抹去重新处理。任何表面损伤处理均需涂抹透明面漆涂层加以保护。

制作表面痕迹通常有三种技术：干刷、涂斑和标号笔画线。在干刷时，首先将日式色素与油漆溶剂油混合制备液体染色剂，并用染色剂涂抹废木料或硬纸板进行测试；然后使用鬃毛刷尖端蘸取少量染色剂，在轮廓明显的边缘轻拍刷尖，以突出边缘（图A）。垂直握持刷子，同时将其略微扭转，以获得不同的处理效果（图B）（参阅第105页"仿制纹理"）。"标号笔画线"需使用标号笔在部件表面画小弧线或小短线（图C）。"涂斑"则是通过在表面溅射有色斑点来模拟黑斑的技术，具体操作十分简单：将牙刷浸入较稀的釉料中，然后取出，用拇指轻弹刷毛，将釉料溅到部件表面，形成细小斑点的图案（图D）。在使用此项技术时，可以选择任意染色剂。如果需要制作很多斑点，可以使用特殊喷枪。

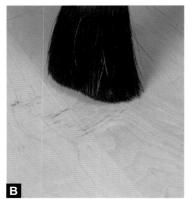

涂抹填料染色剂

填料染色剂需要在第一层透明面漆层涂抹完成后使用。示例中的填料染色剂是在不起毛刺染色剂中加入等量的水制成的，以减缓染色剂的干燥速度，同时弱化其染色效果。

使用填料染色剂可以完成多种操作。在第一张照片中，填料染色剂可以强化木料的纹理。为获得这一效果，先将抹布的一角浸入填料染色剂中并取出，然后顺纹理进行擦拭（图A）。照片

中正在将棕色的填料染色剂涂抹到已经封闭、尚未染色的枫木表面，以形成良好的视觉对比效果。

填料染色剂也可以用来仿制纹理：将抹布用填料染色剂简单润湿，并把抹布揉皱，然后在木料表面擦出一些随机的图案（图 B）。为了羽化这些染色印渍的边缘，可以用一块灰色的合成研磨垫进行擦拭，使印渍与周围的背景融合（图 C）。

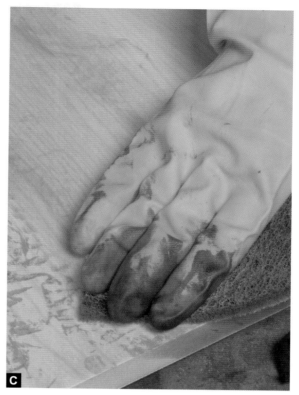

调匀色调

很明显，图中这只橱柜的背板与箱体的染色效果并不一致（图 A），为了使棕色的背板与红色的箱体颜色匹配，可以将红色染料加入水基调色剂或染色剂中，制成红色调色剂（图 B）。

不管使用何种喷枪，都要首先对其进行调整：先将出料控制旋钮关闭，然后再旋开一整圈，并将喷雾扇面宽度调整至 6 in（152.4 mm）（图 C）。我一般会平行于纹理的方向喷涂调色剂。如果你发现喷涂的涂层并不均匀，可将喷枪后拉增加其与部件的距离，并以连续轻扫的方式喷涂调色剂（图 D）。可以先在白纸、硬纸板或枫木等浅色木料上练习，观察调色剂的颜色是否正确，喷雾的扇面宽度是否合适。

描影

一边对着挂在墙上的白纸进行喷涂，一边调整喷雾模式。逐渐关小扇面宽度控制旋钮，直至获得细窄紧凑的圆形图案，就像图 A 中白纸下方的图案。在对这张枫木桌进行处理时，先将桌子倒置，对其脚垫进行描影处理，然后将桌子正立，处理边缘与其他重要部位（图 B）。

在进行区域融合时，后拉喷枪使其稍稍远离部件，对描影区域的边缘进行羽化处理（图 C）。

如果有些区域未被调色剂染色（比如桌面的扇形饰边下方），可以在调色剂干燥后在这些区域手工涂抹颜色较深的釉料（图 D）。

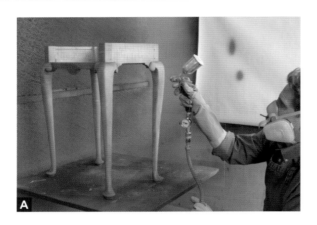

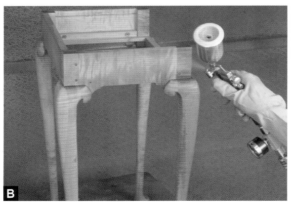

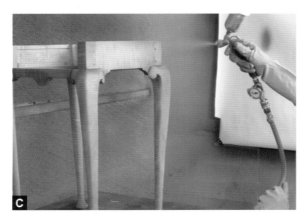

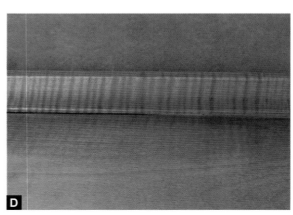

使用调色剂掩盖缺陷

色素调色剂可以用来掩盖缺陷，比如图中的这块胶斑，因其难以被染色剂染色，导致该区域颜色较浅（图A）。为掩盖此类缺陷，可将浓缩色素加入透明的表面处理产品之中，制备色素调色剂。（我使用的是经水基染色剂染色的水基合成漆。）无论是红色、棕色还是黄色调色剂，应使其颜色比面漆颜色稍深，同时保持二者色调一致。调整喷枪，获得细窄紧凑的圆形图案，然后在颜色较浅的区域喷涂数层调色剂，先沿一个方向喷涂（图B），之后换到另一方向继续喷涂（图C）。在喷涂待处理区域的外缘时，将喷枪后拉稍稍远离部件，使边缘区域与附近区域融为一体。

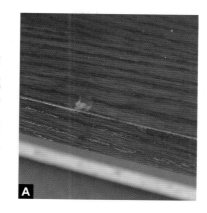
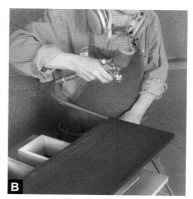
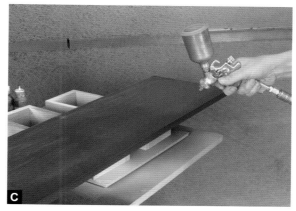

喷涂旭日图案

旭日图案是使用喷枪喷涂染色剂的典型图案，这种图案常常出现在吉他上。旭日图案的喷涂过程包括调色与描影。先对吉他主体进行封闭处理，并用600目的砂纸进行打磨，然后整体喷涂一种黄色/琥珀色的调色剂（图A）。待调色剂干燥后，从边缘向内侧移动喷枪，喷涂一种红棕色的调色剂，进行描影处理，如此就产生了两种色调的旭日图案（图B）。在这之后，可以继续对外缘额外喷涂深棕色的调色剂。

对大多数家具来说，旭日图案未免过于醒目，不过，如果以相同的方式处理卷纹枫木抽屉的面板，则可以得到细腻出众的外观效果（图C）。

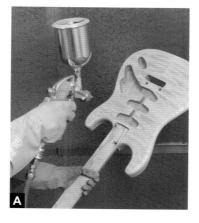
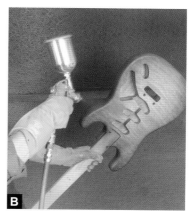
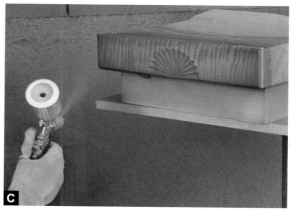

第 9 章
天然染料、化学染色剂与漂白剂

即使不使用色素染色剂、釉料或调色剂，也有许多方法可以对木料进行染色。在使用人工合成染料之前，表面处理师会首先使用化学染色剂或从植物中提取的天然染料来改变木料的颜色。另一种历史悠久的技术是漂白，用于去除染色剂或淡化染色剂的颜色，以及去除木材本来的颜色使其白化。

这些方法在今天仍在使用。在本章中，我会介绍使用天然染料、化学染色剂与漂白剂处理木料的方法。

天然染料

在过去，天然染料是从不同的植物中提取的；现在，最重要且最易获得的染料则是从胡桃壳、

从胡桃壳、洋苏木、巴西苏木和儿茶木中提取的天然染料具有较为柔和的颜色。这些染料通常与媒染剂一同使用，以使颜色更加稳定。

洋苏木、巴西苏木和儿茶木中提取的。

天然染料现在使用的不多，但这种染料也有相应的用途。家具修复师有时会使用天然染料对复制品进行精确染色，或用于古董的修复工作。一些表面处理师则十分喜欢天然染料柔和的颜色，这种颜色不像人工合成染料那样艳丽。

如果你拥有黑胡桃树，那么可以轻松调制出天然胡桃染料。这种染料是通过将胡桃壳浸泡在碳酸钠水溶液中得到的。也可以直接去专业供应商处购买，这些供应商出售各种提取物。

▶ 参阅第 126 页 "提取天然胡桃染料"。

得到提取物后，就可以制备天然染料了。先称取 1 oz（28.4 g）提取物加入 1 qt（0.95 L）热水中，将混合物静置过夜，然后使用细孔滤网将其过滤至另一容器中。该溶液会腐蚀金属容器和金属瓶盖，因此需要保存在塑料容器或玻璃罐中。

关于自然色，值得注意的是，有一种自然且简单的方法可以对樱桃木等木材进行"染色"，即将其"晒黑"（参阅第 121 页 "晒黑木材"）。

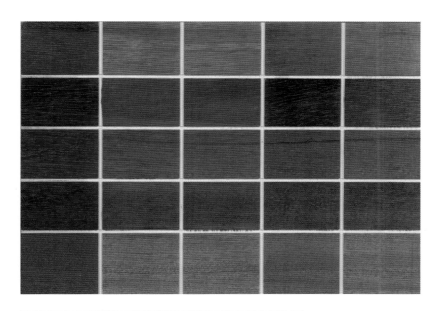

天然染料与媒染剂结合使用时可以产生一系列的颜色。照片中的第一行是尚未添加染料的媒染剂（从左至右分别为重铬酸钾、氯化锡、明矾、硫酸铁和硫酸铜）的染色效果。下面 4 行分别为上述媒染剂与洋苏木、巴西苏木、胡桃壳和儿茶木染料结合使用时染出的颜色。

➤ 晒黑木材

晒黑木材是一种快速简单的方法，通过将木材长时间暴露在光照和空气中，加速其颜色的自然加深。这种方法对于樱桃木尤为有效，樱桃木的颜色可迅速从刚切开时的粉色转变为漂亮的红棕色。杨木和桦木等木材的处理也可以采用这一方法，不过耗时会更久一些。为了加快这一进程，可以先在作品表面涂抹一层亚麻籽油或桐油，待表面浸泡数分钟后将油擦去。然后将作品在室外放置几个小时，期间适当翻动作品，使其充分暴露在光照之下。你会看到，在一天的时间内木材的颜色就会发生改变，但最好将以上操作重复 1 周左右，这样才能真正使颜色加深。

天然染料与媒染剂的结合

不幸的是，天然染料都不耐光。为了克服天然染料的这一缺点，表面处理师们一般会将其与媒染剂结合使用。媒染剂是一种可以帮助染料结合至木材，并使其更加耐光的化学物质。媒染剂中含有水溶性金属盐，比如重铬酸钾、氯化锡、明矾、硫酸铁和硫酸铜等。一些媒染剂，比如重铬酸钾，本身便具有较为明显的颜色，我会在"金属盐"部分作详细介绍。这些特殊的金属盐与染料结合后可以产生特殊的颜色。媒染剂可以在专业供应商处买到。

对于媒染剂 / 染料染色法，媒染剂通常是在涂抹天然染料之前使用的。媒染剂的制备方法为：将 1 oz（28.4 g）干粉加入 1 qt（0.95 L）温水中，充分搅拌均匀后，冷却至室温。如果使用的媒染剂为氯化锡，则干粉用量可以减至 ½ oz（14.2 g）。

需要指出的是，媒染剂并非必需的。事实上，一些媒染剂具有毒性，应尽量避免使用。不添加媒染剂的染料耐光性较差，但可以将家具放在远离强光照射的位置，比如远离透光较好的窗户等方式来保护颜色。

［小贴士］

切记，对于任何染色处理，在应用于已经完成表面处理的作品表面之前，均需在废木料上进行测试。

化学染色剂

化学染色是一种历史颇为悠久的技术，会用到金属盐或碱性化合物。这些化学成分（我会在后面单独介绍）会与木材中的天然化学物质反应，生成有色的化合物。化学染色剂大都是以粉末形式出售，溶于温水中使用的，只有少数例外。化学染色剂的涂抹方法与典型的水基染色剂相同，几乎要全部涂抹在部件表面。

在使用化学染色剂时需注意安全防护。务必佩戴手套、护目镜和针对所用化学品的防毒面具。

水基染料染色剂在这块樱桃木木板左侧的染色较为均匀，而经过碱液处理的木板右侧的颜色则随着木板中单宁酸含量的不同而有所差别。

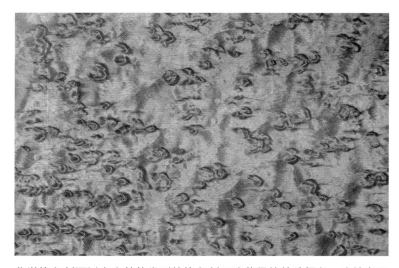

化学染色剂可以产生其他类型的染色剂无法获得的特殊颜色。这块鸟眼枫木经硫酸亚铁和碱液依次处理后，黑色的"眼睛"清晰可见。

需要强调的是，许多化学染色剂具有危险性，在使用时务必注意安全防护。不过，尽管有一定的危险，但化学染色剂同样有两个难以忽视的优点。第一，化学反应生成的染色剂存在于木纤维之中，而非简单涂覆于木料表面。这一特性使化学染色剂具有耐光、透明的特点，同时在染色层上使用刷子或擦拭垫涂抹面漆时，不会将化学染色剂拉起或擦掉。第二，经化学染色剂处理的表面可以获得染料或色素染色剂无法实现的特殊效果。例如，木料的染色强度会随着化学物质（例如，木材中的单宁）浓度的变化而变化；化学染色剂也许可以产生出众的特殊效果。

并非所有木工作品都可以使用化学染色剂处理。化学物质的性质难以预测，与不同木料接触时可能会有不同的化学反应发生，因此最好使用来自同一棵树且不包含边材的木板来制作作品。当你需要精确控制颜色时（例如，需要与现有的表面处理涂层的颜色进行匹配时），最好使用染料染色剂或色素染色剂。

金属盐

金属盐通常以干化学品的形式出售，在使用时加水溶解即可。相当多的金属盐可以作为化学染色剂使用，在本书中我只选择了其中几种进行介绍，因为它们染色均匀，且易于获得。

高锰酸钾可以产生黄棕色，其颜色与木材中单宁的含量无关。这种化学品对木料表面的处理效果较为一致，即使对于边材亦是如此。此外，高锰酸钾的处理效果是可预测的，且可用于处理各种木材。虽然严格来说高锰酸钾算不上毒药，但它仍具有一定危险性。

重铬酸钾溶液是橙色的，可以在单宁含量较高的木材（比如樱桃木、桃花心木和胡桃木等）上产生深沉而层次丰富的红棕色色调，但它无法对边材进行染色。重铬酸钾在过去被大量使用，但这种物质具有极高的毒性，而且是一种已知的致癌物。如果可能，我建议使用其他染色剂来代替重铬酸钾；如果确实需要使用，也要尽量避免频繁使用。

硫酸亚铁可与木材中的单宁反应，产生与铁接触的木板上常见的灰黑色斑点效果。硫酸亚铁可以在大多数木材上产生吸引人的灰色——这种颜色难以通过染料染色剂或色素染色剂获得。硫酸亚铁也是危险化学品。

铁黄是一种旧纺织品染色剂，可以产生与未染色皮革（浅黄色）相似的暗棕色。这种染色剂是将废铁在醋酸溶液中浸泡 1 周制备得到的。将这种染色剂（名为"醋酸铁"）涂抹到单宁含量较高的木材表面时，可以生成极其耐光的黑色化合物，即单宁酸铁。铁黄是一种较为安全的化学染色剂。

碱性染色剂

碱性染色剂的工作原理为，将木材中的单宁氧化，使其转变为有色的副产品。下文列出了一些染色处理中最常用的碱性化合物，以及针对每种化合物的建议混合比例。

氢氧化钠常被称为"碱液"，多年以来都被表面处理师用来模拟陈年的樱桃木。为了突出偏红的色调，应使用 5% 的溶液；如果需要偏棕的色调，则应使用 2% 或更低浓度的溶液。氢氧化钠可在大部分五金店买到，常见品牌为刘易斯红魔碱液（Lewis Red Devil Lye）。碱液具有强烈的腐蚀性，因此在使用时务必穿戴保护装备，同时在使用碱液后，还需用醋酸对其进行中和，这一点我们会在之后介绍。

碳酸钠可用于模仿由于暴露在光照和空气中发生光氧化产生的淡黄色。碳酸钠通常作为艾禾美（Arm & Hammer）品牌的洗涤苏打出售，无须佩戴防毒面具即可安全使用。配制碳酸钠染色剂，只需将 1 oz（28.4 g）粉末加入 1 qt（0.95 L）水中即可。在金属盐处理后使用碳酸钠进一步处理可以得到非常好的效果，比如在用硫酸亚铁染色剂染色后使用碳酸钠处理。

氨水实际上是碱性气体溶于水中，生成的一种名为"氢氧化铵"的混合物。木材通常是通过暴露于氨气烟雾之中进行处理的。

▶ 参阅第 128 页 "氨气熏蒸"。

金属盐染色剂可以产生十分独特的颜色。从右上方起始沿顺时针方向分别为经铁盐 / 醋酸处理的胡桃木、经硫酸亚铁处理的白蜡木、经高锰酸钾处理的白橡木和经重铬酸钾处理的樱桃木。

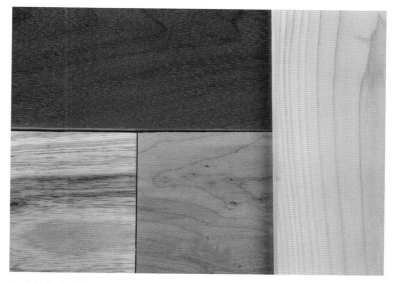

氧化铁染色剂可与不同木材中含量各异的单宁发生反应。从左上角起始沿顺时针方向分别为几乎变为黑色的胡桃木、呈现棕色的松木以及呈现不同程度灰色的鸟眼枫木和白蜡木。

▶ 混合的相关术语

化学染色剂可以根据重量或体积进行混合。当原料为粉末时，以重量作为衡量标准较为准确。根据制造商推荐的重量称取粉末，然后将其加入推荐用量的水或溶剂中即可。

对于液体与液体混合的情况，则需要以体积为标准量取各种成分，并以百分数作为溶液的浓度指标。比如 5% 的溶液，表示溶质的成分占整体的 5%，或将 5 份溶质成分与 95 份溶剂混合。

碱性染色剂可以与木材中的单宁反应。图中从右上方起始沿顺时针方向分别为经碳酸钠处理的枫木、经碱液处理的樱桃木以及经氨水处理的白橡木。注意白橡木边缘未能染色的边材区域。

经过"氨气熏蒸"处理产生的颜色相比液体染色剂的处理效果更为均一。

工业级的氨水通常用于熏蒸。这种制剂的浓度为28%，对眼睛和呼吸系统刺激较大。也可以使用浓度较低的9%~10%的氨水，这种氨水通常在五金店和清洁用品店作为浓氨水或"清洁用品级"氨水销售。不过因为浓度较低，处理耗时会稍长一些。

化学染色剂的配制与涂抹

除了氨水，其他化学染色剂都可以像普通的水基染色剂那样涂抹，即首先使用液体将木料表面充分且均匀地浸润，然后再将过量的液体吸干或擦掉。

在用粉末状化学品配制染色剂时，首先称取 1 oz（28.4 g）粉末，然后一边搅拌一边将其加入 1 qt（0.95 L）温水中。如果没有天平，可以向每夸脱水中加入 2~3 tbsp（30~45 ml）粉末。如此便可配制出浓度为3%的溶液作为母液。

在废木料上测试溶液的染色效果，然后根据需要适当稀释或添加更多的粉末。（在使用化学染色剂时，一定要用来自待处理部件的废木料进行测试，只使用来自同种木材的废木料是不够的。）待溶液冷却至室温后，过滤除去固体残留物。

化学染色剂不能喷涂，应使用泡沫刷、合成鬃毛刷或抹布进行涂抹。从作品的底部开始涂抹，以防止溶液滴到尚未染色的裸木上。涂抹完成后，至少静置4个小时，让染色剂充分浸润木料。

待木料充分干燥后，用大量清水擦拭木料表面，擦去残留的化学染色剂。对于使用氢氧化钠（碱液）的情况，还需要使用弱酸（比如醋酸）中和残留的碱性成分。具体做法是，将 3 tbsp（45 ml）醋酸加入 1 qt（0.95 L）水中混合均匀，然后用海绵蘸取此溶液擦拭部件表面。其他染色剂无须进行中和。

> ### ▶ 使用化学染色剂的安全须知
>
> 警告：在使用化学染色剂和漂白剂时，一定要穿戴防护手套、护目镜和达到所用化学品等级要求的防毒面具，并尽量在通风良好的区域操作。在表面干燥后对毛刺进行打磨时，也需要佩戴防毒面具。
>
> 使用化学染色剂的部分乐趣在于，可以将其效果与染料或色素染色剂产生的其他效果结合起来。不过，切忌将化学染色剂与其他染色剂产品直接混合使用。正确的做法是，将每一种染色剂分开涂抹，并在前一种染色剂充分干燥后再涂抹下一种染色剂。

注意不要让化学染色剂滴落在部件上，否则，在染色完成后，这些"两次染色"的部位会比周围区域颜色更深，如图中的抽屉面板所示。

漂白剂

漂白剂的作用是去除颜色，而非添加颜色。对表面处理师来说，漂白剂具有多种用途，包括淡化木材的天然颜色，或去除某种染色剂的颜色。

事实上，漂白剂并非真能将某种染色剂"去除"，只是将其变成了无色的化学成分而已。并非所有染色剂都能进行漂白。一般来说，无机染色剂，比如用于木材染色的炭黑和氧化铁色素，就不会与漂白剂发生反应。这些染色剂只能通过将染色涂层从木材表面刮除或打磨掉才能完全去除；而有机染色剂的化学键较弱，易与漂白剂发生反应。有机染色剂包括染料、与铁作用产生的黑色染色剂以及形成木材天然色的化合物。

用于木材的漂白剂可大致分为三类：氧漂白剂、氯漂白剂和草酸。虽然这三种漂白剂均作为"木材漂白剂"出售，各自却有不同的用途。为了选择合适的漂白剂，你需要明确自己的需要，并仔细阅读标签。接下来，我会介绍这些不同种类的漂白剂，以帮助你识别它们。

➤ 参阅第 129 页 "使用漂白剂"。

氧漂白剂

这种漂白剂一般是双组分（A/B）的液体漂白剂，两种组分分别为氢氧化钠和 30% 的过氧化氢。氢氧化钠和过氧化氢混合后生成了第三种化学物质，即活性漂白剂"过氧化氢钠"。氧漂白剂有两种涂抹方法：一是先将两种成分混合，然后立即投入使用；二是先将 A 组分涂抹在木料表面，然后再涂抹 B 组分。

氧漂白剂是唯一一种可以淡化或去除木材天然颜色的产品。在 19 世纪 80 年代之前，这种漂白剂被家具公司作为表面处理试剂广泛使用，用于使由不同木材制作而成的家具保持一致的颜色。但由于步骤复杂，同时会导致严重的起毛刺现象，这一技术在今天渐渐用得少了。

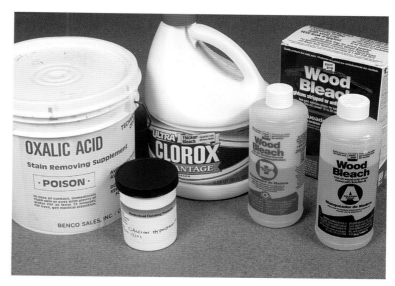

三种常用于木材的漂白剂从左向右依次为草酸、氯漂白剂（次氯酸钙、洗衣氯漂白剂）和双组分木材漂白剂。

氯漂白剂

氯具有强氧化性，可以去除或淡化大多数染料染色剂、霉斑以及部分食品污渍。次氯酸钠这样的弱氯漂白剂效果不错，但通常需要多次涂抹才能获得预期的效果。泳池漂白剂（次氯酸钙）的效力更强，处理速度也会快很多。同样，在使用氯漂白剂时应佩戴手套和护目镜。

草酸

草酸的独特之处在于，它可以在不影响木材天然颜色的情况下去除铁锈。

当铁在湿润条件下与单宁含量较高的木材（比如橡木、樱桃木和桃花心木）接触时，便会产生黑色斑点。由于自来水中含有痕量铁元素，所以如果将玻璃杯或花瓶放在这些木材上，也可能留下黑色的环状痕迹。安装好的钉子或螺丝头周围常见的黑色斑点，也是因为铁的存在形成的。因此，在表面处理过程中，你应当避免使用自来水擦拭单宁含量较高的木材，以防在木材表面留下灰色斑点。

草酸具有一定的毒性，因此在配制该产品以及之后打磨时应佩戴防毒面具。在涂抹草酸时还需佩戴手套和护目镜。

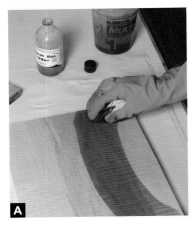

染色和漂白

提取天然胡桃染料

用胡桃壳提取的天然染料可以形成漂亮的棕色（图 A），但这种颜色的耐光性较差。添加明矾媒染剂可以有效防止其褪色，并且不会像其他媒染剂那样改变染料的颜色。

在初秋的时候把掉落的绿胡桃收集起来，用刀把壳切开（图 B），将其晾干。在 1 qt（0.95 L）热水中加入 1 oz（28.4 g）碳酸钠（洗涤用苏打）和 1 杯胡桃壳（图 C）。将混合物静置过夜，然后过滤装瓶。对于市售的预包装胡桃壳，以相同的方法处理。

干燥的胡桃壳中可能含有蠕虫，同时会吸引虫子，为了避免这些问题，可以使用新鲜的胡桃壳提取染料，具体做法是：将新鲜的绿色胡桃壳放置在搪瓷锅中加水覆盖，并按照每夸脱水 1 oz（28.4 g）的比例加入碳酸钠（图 D），小火将混合物煨煮 1~2 天，过滤液体并装瓶。

天然染料与媒染剂的结合

在结合使用天然染料和媒染剂时，用来自待处理作品的废木料进行测试。在这里，我使用的染料是儿茶，媒染剂是重铬酸钾。

首先涂抹媒染剂，务必佩戴防毒面具、护目镜和手套，保护自己免受化学品的危害（图 A）。待媒染剂干燥之后，使用刷子或海绵涂抹天然染料。待染料干燥后，用蒸馏水清洗木料表面，除去残留的化学物质（图 B）。接下来，将清洗后的表面晾干，打磨以去除毛刺，最后涂抹面漆。

使用铁黄染色

　　铁与醋酸溶液反应可以生成"铁黄"。"铁黄"是一种无毒染色剂，易于涂抹，且可以产生从灰色到深黑色的颜色。在制备该染色剂时，首先将一块精细钢丝绒切碎放入塑料或玻璃容器中。如果使用的是卷装钢丝绒，可以切下约 ½ oz（14.2 g）的碎片。将 1 pt（0.47 L）白醋倒入容器中（图 A），用盖子将容器盖严，并在盖子上钻一些小孔让产生的氢气溢出（图 B）。静置 1 天后，得到的铁黄染色剂就可以染出灰色了。如果需要制备黑色染色剂，则应将该混合液静置 2~3 天。制备完成后，将溶液进行两次过滤：首先使用中孔滤网滤除部分溶解的钢丝绒，然后使用咖啡过滤器去除细小的钢丝碎片（图 C）。

用碱液处理樱桃木

　　碱液可用于模仿陈旧樱桃木的外观。在处理这张桌子时，我使用的是 1.5% 的碱液，即将 ½ oz（14.2 g）的氢氧化钠溶解在 1 qt（0.95 L）温水中制备的碱液。

　　在涂抹任何化学染色剂时，均需从下向上涂抹，以免其滴落在尚未染色的裸木表面（图 A）。待碱液干燥后，使用蒸馏水清洗部件表面。待表面水分干燥后，使用灰色合成研磨垫打磨表面，把毛刺磨平（图 B）。擦洗木料表面时，务必佩戴护目镜，因为液滴可能会从木料表面弹起。此步完成后，在 1 qt（0.95 L）水中加入 3 tbsp（45 ml）白醋制成酸液进行中和。这一步可以将偏红的颜色变得更加接近金黄色（图 C）。

氨气熏蒸

　　氨气是一种能够在特定的木材中发生明显颜色反应的气体，常被用于处理白橡木，产生一种色调偏冷的褐绿色。这种偏冷的褐绿色可以通过使用虫胶等橙黄色涂料涂抹在木料表面加以抵消（图 A）。

　　为了使氨气被木料吸收，需首先将氨气和部件置于"熏蒸帐篷"中。可以使用 1 in × 2 in（25.4 mm × 50.8 mm）的木条外罩透明的塑料薄膜搭建简易的熏蒸帐篷（图 B）。将氨水倒在浅盘中，与家具一起放在帐篷之中，同时在帐篷中放一些来自部件的废木料，可以定期将其从帐篷底部抽出以观察颜色变化。用选好的面漆涂抹废木料，来指示成品的最终颜色（图 C）。如果你对所得颜色感到满意，就可以从帐篷中取出部件，将其静置两天后完成面漆层的涂抹。氨气熏蒸的优点在于，这种方法不会导致木料表面起毛刺。

使用漂白剂

草酸是唯一一种可以去除由于铁和单宁反应产生的黑色或灰色斑点的漂白剂。制备此种漂白剂，需将 1 tbsp（15 ml）的草酸晶体溶解在 1 pt（0.47 L）温水中。在裸露或尚未涂抹面漆的木料表面，使用抹布或刷子涂抹草酸漂白剂，漂白效果几乎立竿见影（图 A）。待木料表面干燥后，使用足量的蒸馏水清洗表面，然后用 1 oz（28.4 g）小苏打溶解在 1 qt（0.95 L）温水中配成溶液进行中和。

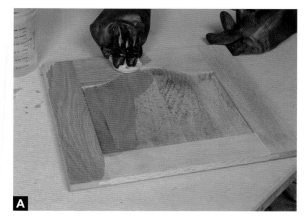

若要去除或淡化染料染色剂的颜色，需要将 1 tbsp（15 ml）次氯酸钙粉末加入 1 pt（0.47 L）温水中制备漂白剂。将溶液静置 10 分钟，适当搅拌，然后使用抹布或刷子进行涂抹（图 B）。处理现代染料染色剂通常需要多次涂抹，且有时无法将染色剂完全去除。待部件表面干燥后，用蒸馏水进行清洗。

双组分漂白剂可以去除大部分的木材天然颜色。这种漂白剂以套装的形式出售，其中包含等量的两种组分，即组分 A 和组分 B。可以使用刷子将漂白剂刷涂至边角（图 C）；在平坦区域，可以使用抹布或海绵涂抹，以加快操作速度。如果涂抹一遍后，木材的颜色未淡化至预期颜色，可以进行第二次漂白。

漂白剂会使木料表面起毛刺，因此表面干燥后需对其进行打磨（图 D）。不过要当心别破坏了边缘的染色层。如果之前涂抹了多层漂白剂，大部分制造商会建议使用 1 份醋酸与 2 份水配制的酸液对表面进行中和。

酸洗、石灰处理与刷白

　　酸洗、石灰处理与刷白均指的是在木料表面涂抹白色或米白色染色剂进行处理的技术。在进行酸洗和石灰处理时，需涂抹白色或米白色的染色剂，然后将其擦除，木材孔隙中的大部分染色剂则会保留下来（图A）。

　　刷白指的是通过涂抹白色染色剂，让木料表面看上去更加均匀，而非突出纹理或木材孔隙的技术。对于橡木等环孔材，在涂抹白色染色剂之前最好先用双组分漂白剂漂白木材，这样白色的孔隙可与漂白过的部件颜色更为接近，从而形成更加均一的骨白色整体外观（图B）。对于枫木或其他硬度较高、纹理较为细小的致密木材，喷涂染色剂是最佳处理方式（图C）。

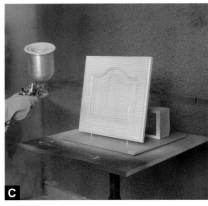

黑化

　　将木材"黑化"的意思是，在不掩盖其纹理的情况下，将其染成黑色。我最喜欢的方法是使用铁黄染色剂，具体介绍参阅第127页。

➤ **参阅第123页"金属盐"部分"铁黄"的内容。**

　　这种技术处理樱桃木、胡桃木和橡木的效果最为明显。将铁黄涂抹到木料表面（图A），待其干燥后，使用240目的砂纸轻轻打磨除去毛刺。使用相同的溶液进行第二次涂抹并再次晾干。最后使用乌木色素染色剂（图B）或酒精基染料染色剂进行染色。虽然我比较喜欢色素染色剂染色的外观，但如果部件中含有边材，比如图中的胡桃木，我会选择使用染料染色剂（图C）。

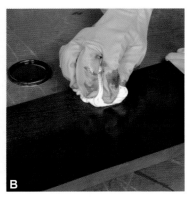

第 10 章
颜色控制

在前面的部分，我已经介绍了使用染料染色剂、色素染色剂和化学染色剂为木料染色的技术。但是，由于木料本身难以预测的特性，你仍然可能遇到各种各样的挑战。比如，对几乎所有木料来说，其端面与长纹理面对染色剂的吸收效果都不相同；由于染色剂吸收不均匀，某些木料很容易形成斑点；此外，同一部件中用到的胶合板与实木板对同一染色剂的吸收效果也不尽相同。虽然上釉和调色可以解决部分问题（参阅第 8 章内容），但二者却并非最好的解决方法。有时候，你可能需要新作品的颜色与现有的家具匹配，或者需要用一块缺少吸引力的廉价木料模仿某种更加漂亮的木料。

在本章，我会介绍解决上述问题的方法，以及一些专业技巧的运用，比如选择性地为边缘染色、对镶嵌条周围区域进行染色等。

这块橡木板右侧部分在使用油基染色剂染色之前，预先用 1 磅规格的虫胶做了封闭处理。

为了避免这块面板的端面吸收过多染色剂，作者涂抹了一层较薄的虫胶进行封闭，然后在染色前用 400 目的砂纸对封闭涂层进行了打磨。在组装前完成对此面板的封闭，以免封闭剂沾染到其他部件上。

控制端面的吸收

木料的端面比长纹理面更加多孔，因此单位面积的端面可以吸收更多染色剂，导致其颜色比长纹理面更深。有两种技术可以控制端面对染色剂的吸收：一是将端面封闭起来，以减少其对染色剂的吸收；二是打磨端面，使其比长纹理面更加光滑。两种方法适用于各种木材，且效果颇佳。

我发现，最有效的方法是将两种技术结合起

来。我会首先使用 1 磅规格或 2 磅规格的虫胶在端面涂抹一层较薄的涂层。注意，这一涂层不能太厚，否则染色剂根本无法透过。待虫胶干燥后，我会使用比先前使用的砂纸最高目数还要高两级的砂纸进行打磨。例如，我之前使用的砂纸最高目数是 220 目，现在我会使用 400 目的砂纸来打磨虫胶涂层。

封闭剂并非一定要选虫胶，也可以使用经过稀释的面漆、合成漆基打磨封闭剂或乙烯基封闭剂。使用时将封闭剂与稀释剂按照 1∶2 的比例混合，此时得到的浓度效果较好。油基面漆的封闭效果较差，但凝胶清漆是个例外，这种清漆可以停留在木料表面，并且不会渗入端面纹理之中。一些封闭剂与某些特定的染色剂结合使用反而会失效，因此你要确保使用的封闭剂与染色剂匹配（参阅 133 页表格）。

木旋部件与雕刻件处理起来比较麻烦，因为这些部件的长纹理面向端面的过渡非常平缓，因此很难或者根本不可能选择性地封闭端面。对于这些部件，我一般会封闭整个部件平面。

最左侧具有斑点的铁杉木木旋部件在染色前未进行封闭处理；其他两个木旋部件则在一开始就涂抹了稀析胶封闭表面。最右边的部件使用相同的染色剂染色了两遍，因此颜色更深一些。

控制斑点形成

斑点指的是木料表面随机出现的、染色更深的小块难看区域。斑点的形成与很多因素有关，包括瘤状或涡状纹理的分布、木材密度的变化或者木料表面树脂囊的多少等。例如，松木、铁杉木和冷杉木等软木表面最易形成斑点，而桦木、山杨木、桤木、樱桃木、白杨木等硬木与一些软枫木也面临同样的问题，只是情况稍好一些。

不过，产生斑点的罪魁祸首可不是染色剂，而是木材结构与染色剂的作用方式。虽然许多技术都可以防止斑点的产生，却没有一种技术适用于所有木材。因此，识别会产生斑点的木材，并在正式为部件染色前在废木料上测试各种染色方案的效果就显得尤为重要了。

有很多技术可以防止斑点的产生：可以使用凝胶染色剂或水基染料染色剂，这两种染色剂可减少甚至消除斑点；可以预先封闭木料表面，从而调节染色剂的吸收效果；或者喷涂染色剂，以获得更加均一的吸收效果；还可以使用调色剂来实现染色，具体操作参阅第 8 章。当然，也可以避免使用染色剂来彻底解决问题——只在部件表面涂抹一层清漆，如果你喜欢，可以将颜色较深的面漆作为"染色剂"使用。以上任何一种方法，即使对于最容易形成斑点的木材也十分有效，下面我会一一介绍。你也可以将以上技术灵活地结合起来使用，以获得所需的颜色。

使用凝胶染色剂

凝胶染色剂非常浓稠，因此不会渗入木料过深。这种染色剂在大多数软木上效果较好，但会降低纹理的清晰度。我们之后会介绍，如果在载体涂层之上涂抹凝胶染色剂，可以有效避免染色表面出现斑点。

预涂载体涂层

控制斑点形成最有效的方法是，在染色前使

选择载体涂层

　　在选择载体涂层时，应选择一种不会溶解于染色剂溶剂的产品。下面是一些染色剂与载体涂层兼容性的信息。

	稀析胶	虫胶	合成漆基[1]	水基[2]
油基染色剂	×	×	×	
合成漆基/快干型染色剂	×			
水基染色剂（预制）				×
水溶性染料		×	×	×
醇溶性染料	×			
不起毛刺染色剂	×			

1. 合成漆基打磨封闭剂或乙烯基封闭剂，按照稀释剂与封闭剂 2:1 的比例进行稀释。
2. 水基产品按照水与封闭剂 2:1 的比例进行稀释或预制染色控制剂。

为了在涂抹染色剂前检查待处理木材是否会产生斑点，可以用石脑油、油漆溶剂油、酒精或合成漆稀释剂等不起毛刺溶剂擦拭木料表面。结果表明，左侧带有花纹的樱桃木木板会产生斑点，而右侧的樱桃木胶合板则不会。

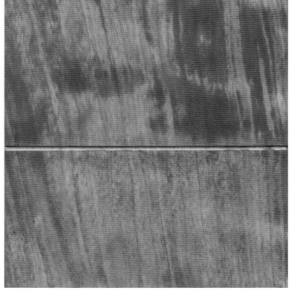

对一些木材来说，斑点是染色过程中十分常见的问题。为了避免这块樱桃木木板上产生斑点，该木板的下半块在用酒精基染料染色前预先涂抹了稀析胶封闭表面。

用透明的、高度稀释的面漆产品对木料表面预先进行封闭。尽管这一技术背后的原理十分简单，但由于操作过程中牵涉到多种产品，有时也会让人感到困惑。在购买封闭剂时，你会见到带有"预染色""染色控制剂""木材调节剂""木材稳定剂""稀析胶"等名称的预制产品。此外，你还可以用稀释剂稀释各种面漆，来自制封闭剂。

　　不过不要忘记，这些产品的根本目的是相同的，即控制渗入木料中的染色剂含量。这些产品的不同之处在于它们使用的黏合剂与溶剂类型，以及它们的涂抹方式。为了清楚地说明问题，我将这些产品分为两类：预涂染色控制剂类型和载体涂层染色控制剂类型。二者是根据不同的涂抹方式来区分的，涂抹方式通常标注在各种预制产品的容器上。

　　预涂染色控制剂的涂抹方式为：先用油基产

品浸润木料表面并静置 10~15 分钟，然后在仍然湿润的染色控制剂涂层之上直接涂抹染色剂。可以购买预制染色控制剂，也可以将熟亚麻籽油或桐油与油漆溶剂油按照 1∶9 的比例混合，自制预涂染色控制剂。这些产品通常与擦拭型油基染色剂一同出售。

我一般会将预涂染色控制剂与擦拭型油基染

色剂配合使用。一般来说，如果需要染色的区域很多，或者想避免涂抹载体涂层染色控制剂后进行打磨（见下文介绍），那么预涂染色控制剂是不错的选择。

载体涂层染色控制剂是经过稀释的面漆产品，需要先将其涂抹在木料表面，待其干燥后进行打磨（一些市售的油基面漆形成的载体涂层不

稀析胶通常以浓缩液体的形式出售，使用时需用水进行稀释。稀析胶可使带有毛刺的木材更易打磨，也可对端面进行封闭，防止其吸收过多染色剂。

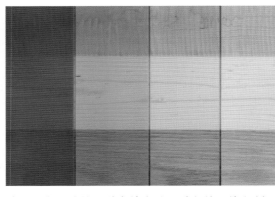

防止斑点形成的一种有效方法是避免使用染色剂，可以使用颜色较深的面漆作为替代，比如图中所示的两种虫胶和清漆。图中从左到右分别为深色石榴色虫胶、橙色虫胶、桐油 / 酚醛清漆和裸木。

涂抹染色控制剂	涂抹树脂载体涂层

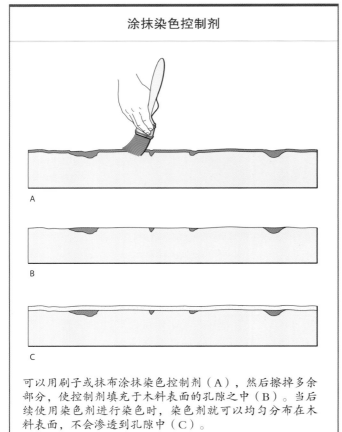

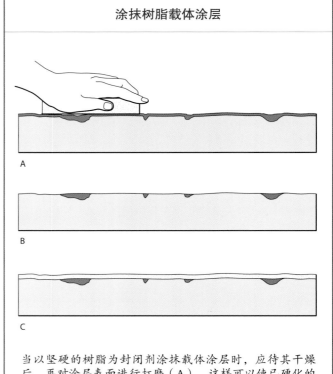

可以用刷子或抹布涂抹染色控制剂（A），然后擦掉多余部分，使控制剂填充于木料表面的孔隙之中（B）。当后续使用染色剂进行染色时，染色剂就可以均匀分布在木料表面，不会渗透到孔隙中（C）。

当以坚硬的树脂为封闭剂涂抹载体涂层时，应待其干燥后，再对涂层表面进行打磨（A）。这样可以使已硬化的载体涂层嵌入表面的孔隙区域（B）。如此一来，在涂抹染色剂时，染色剂更趋向于停留在表面，从而分布得更加均匀（C）。

需要打磨）。载体涂层染色控制剂的作用是填充木料表面的孔隙，封闭易于吸收染色剂的清漆区域，促进染色剂在其他区域的渗透。染色剂的渗透效果由载体涂层染色控制剂的稀释程度和后续打磨去除的程度决定。这一额外的措施使得在涂抹染料染色剂时，载体涂层染色控制剂较预涂染色控制剂更具优势。

不管选择何种面漆制作载体涂层染色控制剂，极为重要的一点就是这种面漆不会重新溶解与之接触的染色剂。快干型产品，比如脱蜡虫胶和合成漆封闭剂是最好的选择，因为这两种产品几乎可以与所有染色剂兼容（除了酒精基染色剂）。对于虫胶，使用 ½~1 磅规格的产品即可。

➤ 参阅第 212~214 页"虫胶"。

可以用 1~2 份合成漆稀释剂稀释合成漆基打磨封闭剂或乙烯基封闭剂，以此来自制合成漆载体涂层。用于制作载体涂层的水基"预染色剂"在市场上也有销售，但只需用 2 倍体积的水稀释水基面漆，便可以轻松自制此产品。

使用水基染料

斑点的产生有时是因为木材的质地差异，比如边材比心材更为多孔。对于这些情况，可以使用水基染料避免产生斑点。不过，水基染料并不总是有效，尤其是在染色剂颜色较深的时候。

喷涂水基染料且不进行擦除几乎总能确保木料表面无斑点产生。或者，可以预先涂抹一层虫胶作为载体涂层，然后再擦涂水基染料，但如此一来，后续的面漆涂层只能喷涂制作，因为刷子或抹布很容易拉起水基染料。

喷涂染色剂

为了避免产生斑点，大部分专业的表面处理师会选择喷涂染色剂。在喷涂时，应逐步获得所需的颜色，并且之后不需要进行擦拭。喷涂的一大缺陷在于，这种方法无法对角落或狭窄的区域进行染色。为了使染色剂进入这些区域，可以使

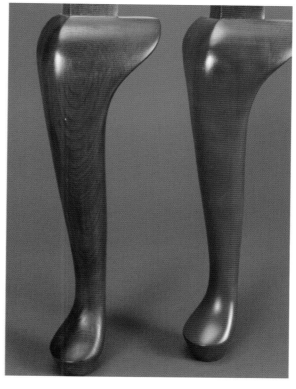

对于图中樱桃木椅子腿这样的曲面部件，涂抹载体涂层（左）或喷涂染色剂（右）的效果都很不错。注意，涂抹了载体涂层的椅子腿看上去纹理更加分明。如果作品色彩过于均匀，看起来就会像假的一样。

用小刷子或折叠抹布形成的尖角进行处理；另一种方法是在封闭底色后，在这些区域擦涂油基染色剂或釉料。

统一颜色

一件家具的部分美感源于其一致的颜色，因此，在制作一件家具时，最好使用来自同一棵树的木板，同时使用纹理匹配的木板来制作面板。然而，这种情况实际上很难实现，木板通常并不匹配，且可能包含边材；此外，如果部件使用的板材含有木皮，它们的染色效果也与实木不尽相同。这些差异都会导致整件作品的颜色并不均匀。

边材的处理较为简单，在边材上刷涂、擦涂或喷涂与周围木材颜色相近的染色剂即可。我一般使用的是酒精基染料，用一小块抹布或小型补漆喷枪进行涂抹。唯一的挑战是樱桃木边材的染色，因为这种木材的边材经过染色后，在后续对整块木板进行染色时便无法继续吸收染色剂。而且，已染色的樱桃木心材的颜色会随着时间的推

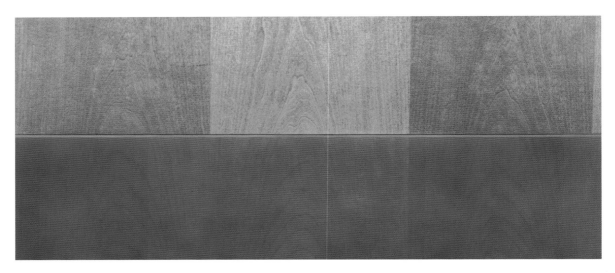

由于组成胶合板的各木板纹理方向交替排列，所以经过染色的胶合板常常呈现"理发店滚筒"效应的染色，如图中上方的枫木面板所示。图中下方的木板依次进行了封闭和喷涂合成漆基调色剂的处理。

小型补漆喷枪可用于选择性地为边材染色。使用酒精基染料或不起毛刺染料可以防止起毛刺。

移明显变深，而经过染色的边材却不会变色。因此，为了确保长期尺度上的颜色匹配，最初的边材染色应当比新鲜心材的染色更深一些。

统一整件作品的颜色包含两个步骤。第一步，涂抹一种颜色较浅的"均一化"染色剂作为底色；第二步，在底色涂层之上涂抹第二种染色剂（在此过程中被称为"整体"染色剂）。最终的结果是，均匀的底色染色剂透过整体染色剂涂层，让我们的眼睛"看到"整体一致的颜色。

如果手工涂抹均一化染色剂，我建议使用水基染料，因为这种染色剂对木材不同质地区域的染色效果差别不大；如果喷涂，则可以使用不起毛刺染色剂或酒精基染色剂，以充分利用它们的快干特性。使用不起毛刺或酒精基染色剂时，喷涂完成后无须擦除。如果整体颜色偏棕，我会使用蜂蜜色的均一化染色剂；如果整体颜色偏红，则应使用浅红色的染料作为均一化染色剂。

不管使用的是何种均一化染色剂，都要将其涂抹在整个部件表面。待染色剂充分干燥后，继续涂抹一层较薄的封闭剂，等封闭剂干燥后，再涂抹整体染色剂。之后，如有必要，可以使用调色或描影技术进一步优化表面颜色（参阅第8章）。

胶合板与木皮的染色

胶合板和木皮在制造过程中会产生小应力裂纹和裂缝。不管如何精细地进行表面预处理，这些缺陷都无法消除。胶合板还有一个问题，即在对拼木皮时会出现明暗交替的图案。这一现象称为"理发店滚筒效应"，此图案是由于光在交替的纹理上反射效果不同形成的。

幸运的是，这些问题都可以通过喷涂染色剂后不进行擦拭轻松解决，也可以喷涂调色剂处理表面。对于应力裂纹的问题，可以使用水基染料进行缓解，因为水基产品不会突出表面纹理。不过，喷涂染色剂且不进行擦拭仍然是最好的解决方案。

选择性染色

有时候，你需要对一些选定区域（比如边缘与镶嵌处）进行专门染色，这时最好用胶带把周

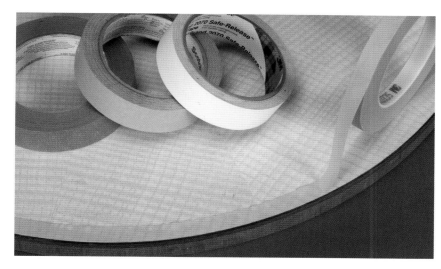

图中蓝色胶带可以粘贴 1 圈；绿色胶带不会因为合成漆而弯曲或被拉起；低粘白色胶带可用于遮蔽已封闭或脆弱的表面；这种较薄的柔性胶带可用于遮蔽轮廓。

边的非染色区域遮盖起来。不过，为了使胶带更好地黏附在木料表面，应首先封闭木料表面并轻轻打磨封闭涂层，以形成光滑的表面。如果木料未经封闭处理，任何液体染色剂或凝胶染色剂均可透过胶带渗透到裸木中。

首先在整个表面涂抹封闭剂，然后将无须染色的区域用胶带遮盖起来。遮挡应使用正确的胶带，即边缘精细、挺括的胶带。目前我所发现的最好用的胶带是 3M 出售的胶带，3M 胶带类型繁多，几乎可以满足任何工作需要。该公司的鲜绿色胶带可用于合成漆涂层，因为这种胶带的黏合剂不会被合成漆溶剂破坏。绿色胶带也以可用于其他面漆涂层。蓝色胶带可用于合成漆之外的涂层，以及需要较长时间黏附且不会留下残胶的情况。低粘白色胶带是我比较喜欢的一种胶带，这种胶带不会在面漆涂层或木料表面留下残胶，适用于大部分的面漆产品，只有较厚的合成漆涂层可能会被其破坏。3M 公司思高（Scotch）品牌下的精细边缘胶带 218 适用于所有种类的面漆涂层，同时可以沿曲线轮廓拉伸，而且这种胶带非常薄，从而使遮盖区域与周边区域的高度差很小。

如果需要保护特定区域不被染色，可以将其邻近区域遮盖起来，然后在选定区域喷涂数层面漆。如此一来，在去除遮盖物后，可以对邻近区域进行染色，而不会影响喷涂了面漆的区域。

▶ 参阅第 146 页 "选择性手工涂抹"。

配色

如何与现有的涂层匹配是表面处理过程中的一大难题。许多因素都会影响到表面处理的最终外观，包括木料的质地与颜色、染色剂与面漆涂层的颜色与亮度，以及面漆的光泽等。你可能会被要求将新制家具与现有家具匹配，或者将修复区域与家具的现存部分匹配。染色剂的配色有两种基本的方法。一是将几种颜色合适的染色剂混合起来一次性涂抹的混合配色法，二是分层涂抹不同颜色的染色剂，通过不同颜色的染色剂覆盖先前的染色涂层进行调整的分层配色法。

混合配色法

简单来说，混合配色法需要找到某种适合当下操作的染色剂。如果你已经找到了可能合适的染色剂，在来自待处理作品的废木料上进行测试，将其与待匹配的涂层进行比较。也可用商店中已经染色的木料样品与待匹配的作品（如果是门或是抽屉面板，需要专门拆下来进行比较）进行比较。如果运气足够好，可以找到完美的匹配对象；但更多的时候你会发现，自己所需要的颜色实际上是介于两种染色剂之间的某种颜色，要更深或者更浅一些。

➤ 基本色彩理论

在表面处理过程中进行混合配色时，了解一些标准色彩体系与不同颜色之间相互关联的知识非常有必要。

其中一种标准的色彩体系是由一位名叫阿尔伯特·蒙赛尔（Albert Munsell）的画家提出的，被称为"蒙赛尔色彩体系"。蒙赛尔色彩体系将颜色的三种基本维度分别命名为"色调""明度"和"色度"，其中色调指的是颜色的界定，即某种颜色是红色、蓝色还是黄色、绿色；明度指的是颜色的亮暗程度；色度指的是颜色的强度。

颜色之间的关联用一个六段色轮来表示，其中含有三种原色，即红色、蓝色和黄色，以及三种"次生色"，即橙色、绿色和紫色。红色、蓝色、黄色被称为三原色，因为这三种颜色无法通过其他颜色混合得到；橙色、绿色、紫色为次生色，因为这三种颜色都可以由两种三原色混合得到。在色轮中，相对的两种颜色称为"互补色"，两种互补色混合后可相互抵消或中和，生成中性的灰色，但如果混合比例恰当，也可以产生棕色。色轮右侧的颜色称为"暖色"，左侧的颜色则称为"冷色"。

在木料表面处理中，一般我们最关心的是改变木料的天然色调，以各种棕色为主。为了改变其颜色，除了三原色，我们还要用到白色和黑色。除了白色，其他所有颜色均有对应的染料和色素产品，而白色只能通过色素产品提供。

下面是一些木料表面处理中配色的基本规则。

- 黄色可使棕色变亮（增加色度）；红色可使棕色变暖，蓝色则使其变冷。
- 黑色可降低任意颜色的明度和色度，使其变暗；白色则可以使任意颜色的色调变浅。
- 向白色中添加黑色可得到灰色（只适用于色素染色剂）。
- 向白色中加入少量的任意颜色可以得到相应的浅色。
- 互补色可以彼此中和或削弱，比如，绿色可以中和红色；将互补的纯色混合可以得到灰色。

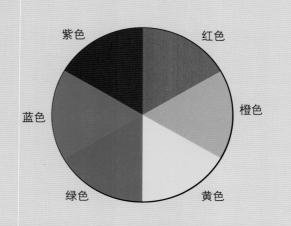

用合适的废木料对染色剂进行测试。如果颜色过深，可以略微稀释；如果不是所需的颜色，可以在两种颜色均未干燥前用不同颜色的染色剂进行擦拭，以稍微改变初始颜色的色调。使处理的颜色尽量与待匹配木料上最浅的颜色接近。如果你已经知道该使用哪些颜色，以及这些颜色是否需要稀释，可以混合少量液体进行测试，并记下混合物中各种颜色的大致比例。在废木料上再次测试，如有必要可对混合液进行调整，记下此时的混合比例。在混合与测试的过程中，应根据需要添加其他颜色。为了使颜色明显更红一些，最好加入原色红染色剂；如果需要使颜色变深，则添加深棕色而非黑色染色剂，因为黑色可能会带来偏冷、偏蓝的色调。

分层配色法

分层配色法是我通常使用的方法，即分层涂抹染色剂，最后获得所需的颜色。这种方法的可控性很好，尤其是当你需要为一种成分未知的面漆配色时。

最简单的分层技术是在染料涂层上涂抹一层釉料，使你可以逐渐接近最终的颜色。第一步，需要涂抹一层色调与最终颜色相近但略淡一些的底色染色剂，之后在底色涂层之上涂抹一层封闭剂，最后涂抹与所需颜色相配的釉料。这一技术的优势在于，封闭剂涂层使我们可以随时擦除错误的釉料，继而进行第二次，甚至第三次尝试。运用此方法得到的颜色十分漂亮且层次丰富，因为我们可以同时感知到两种颜色——底色和表层颜色。关于釉料的更多内容，可参阅第8章。

在已经封闭的染料涂层上涂抹釉料或染色剂可让你逐渐接近所需的最终颜色。涂抹在基底染料涂层之上的封闭剂便于随时擦除错误的釉料，进行下一次尝试。

经验丰富的表面处理师通常凭直觉就能知道将某种颜色加入另一种颜色可能获得的效果。然而，如果你对这一过程不那么熟悉，配色会是一个难题。下面是一些可以减少麻烦的技巧：在将釉料涂抹在部件表面之前，可以先在透明的亚克力板上试涂，然后将其放在底色涂层上，观察二者叠加后的最终颜色效果。在使用透明亚克力板时，需要先用灰色合成钢丝绒打磨其表面，使釉料易于附着。

[小贴士]

在进行配色时，实践是非常重要的。如果制作一些比色板，且对基本色彩理论有一定的了解，知道该向什么方向进行调整，实践过程会顺利得多。

▶ 简化配色步骤

为一件工厂家具配色似乎是一项颇为艰巨的任务，但只需借鉴一些工业生产的基本原则，这个过程便会简单得多。下面给出了一些有用的建议。

· 工厂家具的大部分表面处理是多次涂抹封闭剂、染色剂、釉料和调色剂的结果，可以通过首先涂抹染料染色剂，然后涂抹色素染色剂作为釉料，再进行适当调色，来实现与大多数涂层的匹配。

· 配色操作应在漫射自然光或特制的日光平衡荧光灯下完成（参阅第 4 页"照明"）。白炽灯或标准荧光灯会使部件与待配色物件之间的颜色无法正确匹配。

· 颜色应始终从浅到深逐步加深。因为加深颜色很容易，但是在保持涂层透明效果的同时淡化颜色就没那么简单了。

· 为光亮的涂层进行配色是最容易的。如果你的样品具有亚光或缎面光泽，可以在涂层表面喷洒一些油漆溶剂油来模拟光亮的效果。

制作比色板

可以自制一种十分有用的配色工具，即能够展示各种染色剂在各种木料上不同染色效果的比色板。我有两块比色板，一块用染料染色剂染色，另一块用色素染色剂染色。

在自制比色板时，我建议你使用 4 种基本的木料色调。首先是蜂蜜色的染料，用于构建一般性的底色涂层，以匹配大多数古董家具的淡黄色底色。剩下的 3 种颜色分别为中等深度的坚果棕色、红棕色樱桃色和深棕色。比色板上的颜色最

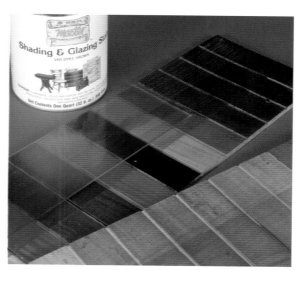

作者的比色板，一块涂有色素染色剂，另一块涂有染料染色剂，在配色过程中具有重要的参考作用。在一块亚克力板上涂抹釉料，并将其放在比色板之上，可以让你预览釉料与染色剂的叠加效果。

含有边材的木板以及木板组分不匀称的木板可以用修色剂、匀染剂、釉料和调色剂进行处理，来获得富有深度、纹理清晰、对比明显的染色效果，就像图中右侧的木板那样。

好含有红色、黄色、绿色、黑色和白色，这些颜色可用于修改前 4 种颜色。这些颜色应使用日式染色剂（用于油基面漆）和通用色素（用于油基和水基面漆）制作。

首先将比色板打磨光滑，分配每种染色剂各自的区域，然后在比色板上涂抹染色剂。每种染色剂应涂抹两次，一次使用制造商建议的浓度涂抹，另一次使用稀释后的溶液涂抹。最后，在染色涂层之上涂抹光亮的面漆层，以保护染色涂层，同时保证颜色准确地呈现。

工业方法

家具行业使用的是一种非常系统的方法，来获得具有深度、丰富层次和对比度的涂层。大量家具产品的表面处理要求在处理大批边材、色调变化以及矿物条痕和木节时使用较为高效的技术。至于这些处理究竟是如何完成的，我在下面列出了工业车间可能用来控制颜色的一些步骤。

修色剂、匀染剂与阻断剂

第一步，通常是在使用的各种木材上实现颜色基本均匀，同时修复缺陷。修色剂可将樱桃木、胡桃木和桃花心木等木材的边材处理到与颜色较深的心材匹配的程度。匀染剂可用于在不同颜色

的木板上形成均匀的底色。色素型阻断剂有时可用于隐藏缺陷。

整体染色剂

第二步是为作品建立整体底色，不论是黄色、红色、棕色还是橙色。这一步通常是通过直接在修色剂或匀染剂涂层上喷涂染料染色剂完成的，且喷涂的染料染色剂无须擦拭——这一点对于容易出现斑点的木材尤其重要。

载体涂层

接下来需要涂抹载体涂层，以"锁定"之前的涂层，同时为后续涂层提供屏障，防止斑点产生，并可作为擦拭型染色剂的基底。在端面处喷涂两次载体涂层染色控制剂可以防止这些区域过度吸收染色剂。

油基／擦拭型染色剂

这一步要用到擦拭型油基染色剂，因为这种染色剂不会破坏载体涂层。桃花心木这样纹理较粗的木料可能更容易吸收色素型木填料，而不是擦拭型染色剂。不适合用填充型面漆处理的粗纹木材在此步可进行上釉，然后进行适当敲打。

封闭剂

接下来，要涂抹一层封闭剂，将之前的涂层锁定，封闭涂层还要易于打磨，以形成十分光滑的表面。

釉料／调色剂

涂抹面漆涂层前的最后一步是涂抹釉料或调色剂。如果既需要涂抹釉料，又要涂抹调色剂，应首先涂抹釉料，然后涂抹封闭剂将其封闭，再涂抹调色剂。第一层面漆涂层涂抹完成后，通常需要适当损伤表面，以便于后续的操作。

操作实例

使用预涂染色控制剂

　　控制斑点的一种最简单的方法是，使用预涂染色控制剂将木料表面的多孔区域在染色前进行填充。许多制造商都生产与他们的染色剂兼容的专用预涂染色控制剂。将预涂染色控制剂足量刷涂到木料的整个表面（图 A），那些易于产生斑点的区域几乎瞬间便可将预涂染色控制剂吸收。将木料静置 10~15 分钟，然后将过量预涂染色控制剂擦掉（图 B）。并立即用刷子或抹布擦涂油基染色剂（图 C）。待擦除过量的油基染色剂后，木料表面就会呈现出整体均匀的颜色（图 D）。

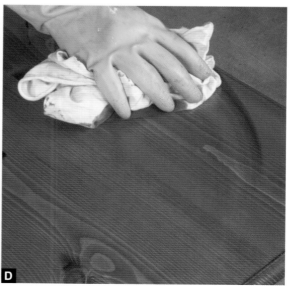

涂抹载体涂层

　　染色前在木料表面涂抹载体涂层染色控制剂，是一种防止产生斑点的有效方法。不过，这种方法成功与否取决于是否选对了产品，而选择载体涂层控制剂的关键是，干燥后的载体涂层不会被上方涂抹的染色剂溶解。如果不确定这一点，可以在废木料上测试二者的兼容性。

　　使用抹布或泡沫刷涂抹载体涂层染色控制剂（图 A），并立即将过量的载体涂层染色控制剂擦去。将部件过夜干燥，然后使用 600 目的砂纸将干燥后的表面打磨光滑（图 B）。将打磨产生的粉尘彻底除净后，便可以涂抹染色剂（图 C）。对于水基产品这样的快干型染色剂，我喜欢双手法——一只手涂抹染色剂，另一只手拿着抹布紧随其后擦除多余染色剂。

在载体涂层上涂抹凝胶染色剂

这种技术非常适合对樱桃木（一种极度容易产生斑点的木料）进行染色。将重量为 1 oz（28.4 g）的虫胶片与 1 pt（0.47 L）酒精混合，制备 ½ 磅规格的虫胶溶液。如果使用罐装的预制虫胶溶液，可以根据制造商建议的比例或参考第 214 页的表格进行稀释。

➤ **参阅第 214 页"虫胶溶液的稀释"表格。**

我喜欢用虫胶片自制虫胶溶液，这样可以选择不同的虫胶片，制备各种浓度和深浅颜色的虫胶溶液。

使用抹布在木料表面擦涂足量虫胶（图 A），待其彻底干燥后，使用 320 目的砂纸打磨木料表面（图 B）。去除打磨产生的粉尘，涂抹凝胶染色剂。虽然这里使用的凝胶染色剂被标记为"乡村枫木"色，但为图中这张樱桃木桌面染色的效果倒也不错（图 C）。如果需要加深颜色，可以使用颜色较深的凝胶染色剂再涂抹一层（图 D）。

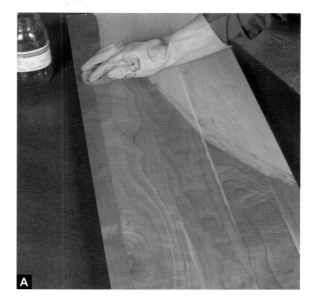

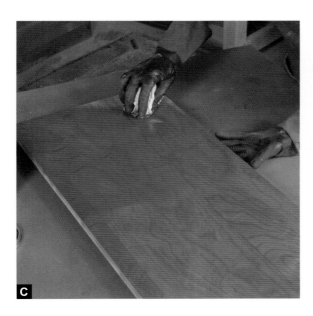

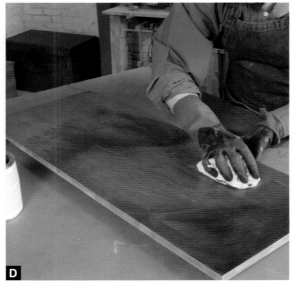

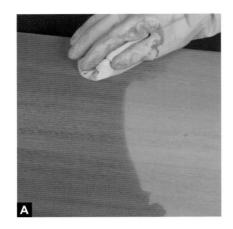

统一木板的颜色

有时候，同一张木板也会呈现几种不同的颜色，形成明暗交替的条带，就像本示例中这块桃花心木木板那样。为了消除色差，应首先在木料表面擦拭琥珀色/黄色的染料染色剂（图 A），染色后涂抹一层封闭剂作为载体涂层。待载体涂层干燥后轻轻打磨表面，接下来用刷子涂抹凝胶染色剂（图 B）。最后擦去过量的凝胶染色剂，即可得到颜色更为均一的表面（图 C）。

有时候，木板的颜色差别会更加明显。对于这种情况，最好的方法是涂抹色素调色剂，如图所示（图 D）。图中左起的三个区块依次展现了调色剂的不同色度，而最右边的区块未经调色处理（关于更多的调色内容，参阅第 8 章）。

[变式方法]

统一颜色的另一种方法是，在染色前使用双组分漂白剂对整个表面进行处理（图 V）。如果同一作品中使用了两种木材（比如红橡木与白橡木），这种方法特别有效。这种方法同样较为可靠，只是耗时较长，且会去除木料的部分天然颜色和光泽。

匹配边材与心材

边材与心材的颜色匹配涉及对边材进行选择性染色。为了选择颜色合适的染色剂，可以先用油漆溶剂油擦拭心材，以显现木料经过表面处理后的颜色。

我喜欢使用酒精基染料对边材进行补色，因为酒精基染料干燥迅速。为了避免染色过深，可以浸润小块棉布的一角进行涂抹。在用棉布蘸取染料时，先将棉布一角浸入溶液中，然后在容器壁上适当挤压，将过量的酒精基染料挤出。用指尖捏住棉布，将酒精基染料轻轻擦涂到边材表面（图 A）。此步完成后，如有必要，可以使用蘸取溶剂的抹布轻轻擦涂整个表面（图 B）。对于装饰边缘或其他难以企及的区域，可以使用画笔尖端涂抹酒精基染料（图 C）。

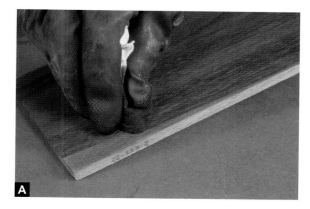

匹配胶合板与实木的颜色

如果使用色素染色剂染色，胶合板的颜色通常会比实木更深（图 A）。而凝胶染色剂可以分层涂抹，从而可以选择性地加深实木的颜色以匹配胶合板，使整体颜色更加均一。

涂抹第一层凝胶染色剂，并将其晾干。随后使用 0000 号钢丝绒或灰色合成研磨垫对其进行打磨（图 B），然后再涂抹一层凝胶染色剂。大多数情况下，第二层涂层就足以消除色差了，不过如有必要，也可以涂抹第三层涂层（图 C）。

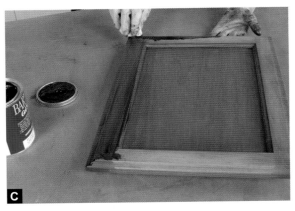

选择性手工涂抹

在给一件作品染色的时候，有时候你会希望选择性地将某些区域空出来不上色，例如本示例中桌子望板底部的嵌入件。

首先使用低粘白色胶带将嵌入件周围的木料遮蔽起来，用指尖磨压低粘白色胶带（图 A）。在喷涂前，将临近区域用蓝色胶带和纸保护起来（图 B）。现在涂抹 3~4 层较薄的快干型合成漆或封闭剂，注意，此时使用的合成漆或封闭剂要与之后的面漆涂层兼容，且不会被染色剂中的溶剂溶解。我在这里使用的是后续涂抹漆涂层时所用合成漆的气溶胶形式（图 C）。在这种情况下，擦涂或刷涂都不能避免涂料渗透到胶带底下，因此应进行喷涂。

10 分钟后撕去胶带，让合成漆过夜干燥，然后涂抹染色剂。这种情况下应使用水基染料染色剂，因为这种染色剂不会对嵌入件中的合成漆产生破坏（图 D）。

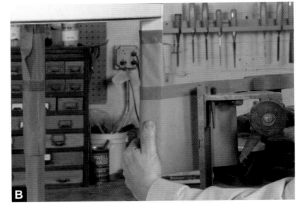

选择性喷涂

　　将部件遮蔽起来，然后使用调色剂上色，如此可以得到最为清晰、干净的边缘。对于这张胡桃木和桃花心木游戏桌，我们的目标是，将边缘染成层次丰富的桃花心木色并使之围绕在中部未染色的胡桃木木皮饰面周围。首先对整张桌面进行封闭处理，待封闭涂层干燥过夜后，将中部的胡桃木区域遮蔽起来。为得到清晰的边缘，可以使用高精度修补刀搭配直尺修整边缘（图 A）。接下来，使用市售快干型合成漆染色剂喷涂桃花心木边缘和桌腿（图 B），待快干型合成漆染色剂干燥后，撕下胶带，露出干净、清晰的中心嵌板（图 C）。

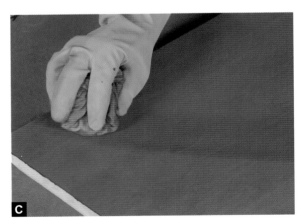

色彩理论的应用

在学习色彩理论、配色和相关操作技巧的时候，实践是最好的老师。下面的练习可以帮助你更好地理解这些基本色彩理论。

首先使用染料或经过稀释的色素浓缩物混合出下面的 5 种颜色。

· 宝石红（一种蓝红色）

· 柠檬黄

· 蓝绿色（绿松石蓝）

· 绿色

· 黑色

取一块白色的胶合板（比如桦木或枫木胶合板），首先将木板染成黄色，接下来在上面涂抹宝石红染色剂，这时得到的是橙色——由红色和黄色结合产生的次生色（图 A）。在橙色之上涂抹蓝绿色染色剂可以得到棕色，棕色是黄、红、蓝三种原色共同形成的（图 B）。

如果要改变此棕色的色调，最好使用原色或次生色进行处理。

➤ 参阅第 138 页"基本色彩理论"。

如果需要棕色更加偏红，就在上面涂抹宝石红染色剂（图 C）；如果红色有点过了，可以添加红色的互补色绿色，来中和红色（图 D）。

如果需要加深某种颜色，可以涂抹黑色或深褐色染色剂（图 E）。选择黑色染色剂的时候要注意，因为很多黑色染色剂带有偏蓝的底色，会使整体颜色的色调偏向冷色。

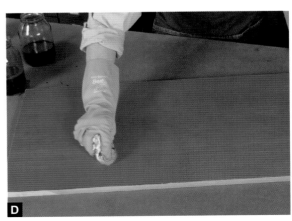

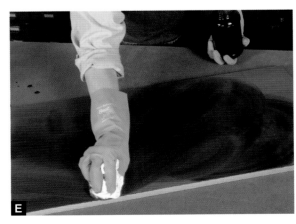

通过分层调整颜色

匹配现有颜色的一种较为快速、简单的方法是，在初始染色剂中添加修饰颜色，来调整染色剂的颜色。

这时比色板就派上用场了。

➤ 参阅第 139 页 "制作比色板"。

将待匹配部件（此处为抽屉面板）的颜色与比色板上的颜色进行比较（图 A），如果待匹配部件的涂层是缎面或亚光光泽，则在部件表面喷洒一层油漆溶剂油润湿，来模拟比色板的光亮光泽，以便得到更加准确的颜色。

在比色板上选择与待匹配部件的最浅色调最为相近的颜色，然后使用对应的染色剂为部件染色（图 B）。待染色剂干燥后，涂抹一层封闭剂将染料"锁定"，待封闭涂层完全干燥后，用砂纸将其轻轻打磨光滑。

现在，可以在染料涂层上涂抹不同颜色的釉料或染色剂，以获得所需的颜色。我在这里使用的是凝胶型染色剂，先涂抹一层，然后与待匹配部件的颜色进行比较（图 C）。第一层涂层的颜色不够深，因此我接下来涂抹了颜色更深的桃花心木色凝胶染色剂（图 D），等到将这层染色剂擦拭干净后，部件的颜色就可以与抽屉面板较好地匹配了。

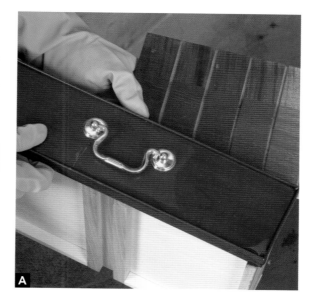

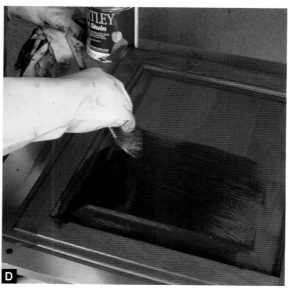

廉价木材的美化

　　我会借助这张桌面的底面来示范如何通过表面处理获得美观均一的处理效果，使廉价的木材（比如松木、桦木和杨木）看上去更有品质。

　　首先涂抹修色剂（图A），不用涂抹得特别仔细，只需加深边材的颜色，使其与心材的颜色匹配即可。接下来，涂抹匀染剂（在本示例中，使用的是蜂蜜琥珀色），使部件整个表面形成金黄色底色（图B）。用封闭涂层染色控制剂封闭染色剂，待封闭涂层干燥并完成打磨后，涂抹油基染色剂（此处使用的是红棕色染色剂），以获得加深的颜色和清晰的纹理效果（图C）。涂抹打磨封闭剂，然后将封闭涂层打磨光滑。

　　现在可以喷涂调色剂获得最终颜色了。连续使用两种不同颜色的调色剂可以得到十分有趣的处理效果。（参考我在背景白纸上使用两种颜色的练习结果。）在这里，我首先整体涂抹了一种红棕色调色剂，之后涂抹深棕色的调色剂，进行描影处理，突出某些特定的区域（图D）。

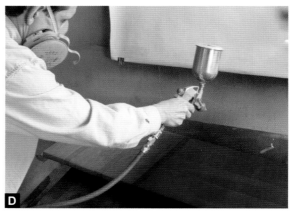

◆ 第四部分 ◆
填充剂与封闭剂

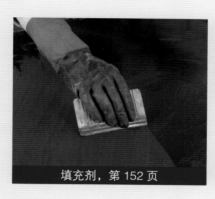

填充剂，第 152 页

封闭剂，第 167 页

　　在对硬木进行表面处理时，可以先用填充剂填充孔隙，这样可以得到较为光滑的表面。填充剂同时提供了另一种加深颜色的方法。只要对纹理进行适当处理，即使是十分平凡的涂层也可以变得光彩照人。封闭剂在表面处理过程中具有非常重要的作用。在涂抹面漆涂层之前涂抹封闭剂，可以避免许多问题出现，尤其是在处理一些特定木材时。在这一部分中，我们会讨论何时、如何使用特定的封闭剂，以及何时无须使用封闭剂。

第 11 章
填充剂

在对硬木进行表面处理时，可以使孔隙保持开放或者对其进行填充。这道工序并不是必需的，但是填充孔隙后再进行后续处理，可以得到更为美观、如玻璃般光滑的表面。在本章，我会详细介绍填充孔隙带来的美感提升，以及实现所需外观需要的各种技术。

是否进行填充

孔隙是由硬木树木中传导树液的管道形成的。在将硬木树木裁切成木板之后，这些管道会

以不同的角度被切割，并暴露在木板表面，形成孔隙。表面处理师通常将硬木分为"开孔"与"闭孔"木材。橡木与白蜡木这样的开孔材孔隙较大，木板质地较为粗糙；而枫木和樱桃木这样的闭孔木材，木板质地则较为光滑，当然，如果仔细观察，还是可以看到表面的孔隙。孔隙的分布还会对木板的外观造成一定影响。

在表面处理过程中，当然也可以不填充木材孔隙。开孔状态下的表面处理更加自然、质朴，如果想要保持孔隙轮廓清晰分明的外观效果，则无须进行填充（参阅 153 页"开孔材的表面处理"）。当然，填充木料表面的孔隙，可以使表面处理后的家具外观更加精致优雅。此外，如果想获得如镜面般平滑光亮的表面，就必须填充孔隙，否则，孔隙形成的小凹坑会破坏表面的平整性，导致难以获得光亮平滑的涂层。也可以使用稀释的孔隙填充剂部分填充孔隙，获得介于光滑表面与质朴表面之间的外观效果。

有两种方法可以完成孔隙的填充。一种方法是涂抹数层合适的表面处理产品，然后将涂层打磨平整；另一种方法是在进行正式的表面处理前用膏状木填料填充孔隙。

孔隙的分布

  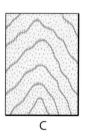

A　　　　B　　　　C

不同硬木的孔隙大小、数量与分布各不相同，因此具有不同的特征。如果较大的孔隙主要集中在春材之中，这种木材被称为"环孔材"，以橡木、白蜡木、榆木、栗木和柚木为主要代表（图 A）。桃花心木和桦木等木材的孔隙分布较为均匀，被称为"散孔材"（图 B）。还有介于两者之间的"半环孔材"，比如胡桃木和灰胡桃木，这种木材的春材孔隙较大，夏材孔隙较小（图 C）。

➤ 开孔材的表面处理

　　并不是一定要填充木材的孔隙才能获得美观的处理效果。事实上，对于某些作品，许多木匠更偏爱不填充孔隙的"自然"外观。在这种情况下，为了获得更加清晰的孔隙边缘，面漆的选择就显得尤为重要了。

　　如果不打算填充孔隙，擦涂法是最好的选择，因为这种方法可以将面漆推入孔隙之中，从而获得预期的处理效果。使用较稀的表面处理产品，比如油、油与清漆的混合物或虫胶可以获得最好的外观效果。若要选择喷涂，则最好使用低固含量的产品，比如虫胶和合成漆。改性清漆和大多数的水基产品等高固含量的表面处理产品会将孔隙"桥接"起来，导致填充不充分。如果一定要使用高固含量的产品，可以通过稀释、添加缓凝剂或涂抹薄涂层等方法改善处理效果。在使用水基面漆时，预先用经过稀释的水基填充剂填充孔隙也能改善处理效果。

较稠的高固含量产品和一些水基产品会在覆盖孔隙侧壁时发生堆砌，将孔隙桥接起来（A），形成糊状"塑料"样的外观。

最好使用低固含量的产品进行处理，因为较稀的产品可以紧贴孔隙的侧壁向下流动，将孔壁较好地包裹起来，从而得到更加清晰的孔隙轮廓（B）。同时，最好通过擦涂而非刷涂或喷涂的方式进行表面处理。

面漆填充

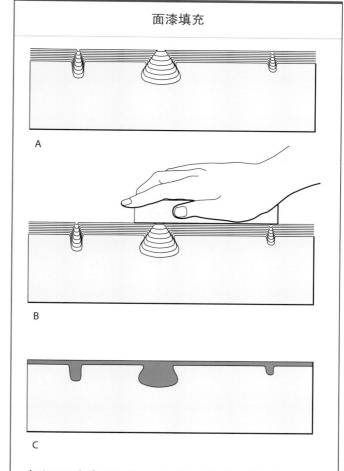

在使用面漆填充孔隙时，需首先涂抹数层较厚的面漆，并让其干燥（A）；然后将多余的面漆打磨掉，直到看不见孔隙的轮廓（B）。这一过程也可以使用刮刀操作，但由于刮刀存在切入过深的风险，如果部件已经事先染色，则最好通过打磨去除多余面漆。如果操作正确，木料表面的孔隙会被完全填充，留下一层薄而光滑的涂层。

使用面漆填充

　　使用面漆填充孔隙需选择合适的面漆产品涂抹足够多的涂层，才能将孔隙完全填充。不同涂层之间无须打磨；待面漆干燥后，则需将表面打磨平整，直至无明显坑洼。虽然可以用刮刀整平面漆涂层，但是会有不小心切入裸木的风险，不如打磨面漆涂层安全。

　　只有一些特定的产品可用于填充孔隙。在过去，使用薄浆型面漆（比如合成漆和虫胶）填充孔隙是一项十分耗时的工作，更棘手的是，这些

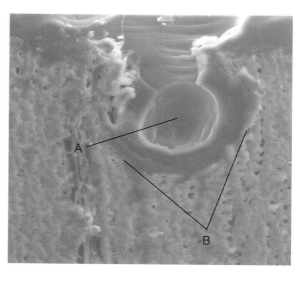

此照片为放大150 倍的桃花心木横截面，图中的孔隙中填充了聚酯纤维（A）。注意观察聚酯纤维是如何沿孔隙流入（B）并将其完全填满的。

在填充孔隙时，效果最好的产品为聚酯纤维树脂类产品。在所有树脂类填料产品中，这种产品形成的涂层最为坚硬，且收缩度最小。右侧杯中盛放的是从混合用的容器中刮下来的已经硬化的残留物。

产品无一例外均会随着时间的推移向孔隙内部收缩。现代则不同了，高固含量的树脂产品可以实现快速填充，且收缩率大大降低。效果最好的产品是聚酯纤维、聚氨酯和环氧树脂等坚韧的热固性树脂（参阅第13章）。其中聚酯纤维和2K聚氨酯（参阅第209页）通常用于喷涂，可以从专业供应商处购买。聚酯纤维的效果最好，因为其不会收缩，形成的涂层也是所有树脂产品中硬度最高的。经过打磨后，可以在聚酯纤维涂层之上涂抹其他面漆涂层。聚酯纤维同时具有较好的耐热性，不会因为涂抹面漆涂层时产生的热量而软化。这样的话，改性清漆、催化合成漆、醇酸树脂、聚氨酯和热固性丙烯酸树脂都可以作为聚酯纤维涂层的面漆使用。

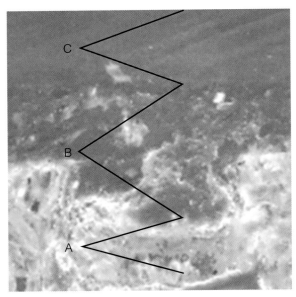

此照片为放大200倍的桃花心木横截面，展示了传统填料是如何填充孔隙（A），但仍然不能将其完全填充的。之后还需使用合成漆（B）涂抹3层封闭涂层将其他区域填充完全，然后才可以使用清漆（C）制作面漆涂层。

填料。最终，它们会变得如石头一样坚硬，且不会发生收缩。但要做到这一点很难，就像我稍后要讨论的那样，大多数膏状木填料无法获得如此完美的效果，在突出一些功能的同时，必然在其他方面会不如其他填料。膏状木填料大体可分为两类：油基膏状木填料与水基膏状木填料。

使用膏状木填料填充

除了面漆产品，很多工房会使用膏状木填料填充孔隙。这类产品易于涂抹，专业人士与新手都能使用。膏状木填料有多种类型，但用法大体相同：将其涂抹在木料表面，让其进入孔隙之中，然后将过量的膏状木填料擦拭或打磨去除。不过，膏状木填料不能将孔隙填充完全，因此还需要在其上方涂抹数层其他表面处理产品，将孔隙完全填充，然后再涂抹面漆涂层。

理想情况下，膏状木填料很容易进入孔隙之中，且不会迅速干燥，这样你就可以轻松擦去过量的膏状木填料，同时不会影响孔隙中的膏状木

油基膏状木填料

油基膏状木填料的成分包括黏合剂、填充色素和溶剂。油基或醇酸树脂型黏合剂是将填料锁入孔隙的成分，决定了油基膏状木填料的操作特性与干燥时间。半透明的填充色素可以防止收缩，由硅粉或石英-二氧化硅矿物组成，占据整体重量的65%。溶剂可以调整黏度，关系到产品擦拭干净所用的时间。彩色油基膏状木填料除以上三种成分外，还含有色素成分。

我比较喜欢使用油基膏状木填料，因为它相比水基膏状木填料更容易控制，尤其是在需要匹配面漆涂层等精细的操作环节。市售的油基膏状木填料可分为天然与彩色两种类型。天然指的是

像腻子那样的灰白色，可以自行使用染色剂进行染色。

油基膏状木填料的制备

并非所有油基膏状木填料都可以直接从容器中取出使用，有些需要经过稀释，有些则要根据需要添加额外的颜色。

为了能够正常使用，油基膏状木填料应具有浓奶油的稠度。如有必要，可以用油漆溶剂油或石脑油对预制油基膏状木填料进行稀释。石脑油可以加快油基膏状木填料的干燥速度，可以在处理小型作品时使用；如果需要较长的开放时间，则应使用油漆溶剂油进行稀释。预制油基膏状木填料中的填充剂与色素会沉到容器底部，因此在使用前需将其充分搅拌均匀。

如果部件需要染色，可以在油基膏状木填料中添加油基染色剂，同步完成部件的填充与染色。不过，由于液体染色剂会稀释填料，因此最好使用浓缩型染色剂，以免影响填料的整体稠度。任何与油基膏状木填料兼容的染色剂均能使用，干粉色素、油画颜料、通用色素或日式染色剂均可。使用时只需将染色剂加入填料中并搅拌均匀。在使用油画颜料等浓稠的膏状染色剂时，可以先用油漆溶剂油或石脑油进行适当稀释。

在经过封闭的木料表面涂抹油基膏状木填料可以获得更美观的外观，因为填料会使孔隙处的颜色较其他区域更深，形成明显的对比效果，如左侧木板所示。

涂抹油基膏状木填料

油基膏状木填料可用于涂抹裸木或经过封闭的木料。很多时候，可以直接将油基膏状木填料涂抹在裸木表面，并进行擦拭，然后将过量填料擦去。如果在填充前封闭木料，可以使经过填充的孔隙与其他表面之间的对比效果更加明显。此外，预先封闭木料表面还可以使油基膏状木填料的涂抹更易于控制，因为从封闭表面均匀擦去填料会很容易。在使用彩色油基膏状木填料时，封闭剂的用量有助于控制染色的深度。例如，较厚的填料涂层可以完全封闭木料表面，填料只能进入孔隙之中；而较薄的填料涂层则允许填料的部分颜色留在木料表面。

可以使用任何与填料和面漆涂层均兼容的封闭剂。脱蜡虫胶是我最喜欢的选择之一，因为这种产品容易购买，兼容所有面漆，干燥速度快，可以形成很薄的涂层且封闭效果很好。如果你使用的是油基膏状木填料和水基面漆，脱蜡虫胶可同时起到封闭剂和隔离涂层的作用。经过稀释的合成漆产品可用于以合成漆为面漆涂层的情况，专业封闭剂，比如乙烯基封闭剂，则可以与改性清漆和合成漆搭配使用。如果不确定兼容性，可以使用稀释的面漆作为封闭剂。

在配制封闭剂时，我会把固含量控制在 7%~10%。对虫胶来说，就是需要配制 ½~¾ 磅规格的溶液。对于打磨封闭剂或乙烯基封闭剂，我通常会将其与稀释剂等量混合。使用刷子或喷枪涂抹封闭剂，待其干燥后，用 320 目的砂纸将封闭涂层打磨光滑。

可以直接在裸木表面涂抹油基膏状木填料。彩色油基膏状木填料可以加深孔隙与周围木料的颜色，并使孔隙的颜色更深一些。

也可以先在裸木或经过染色的木料表面涂抹载体涂层，再涂抹油基膏状木填料。这种方法可以使得到表面最终颜色的过程更易于控制。

虽然填料也可以喷涂，但我觉得用刷子涂抹更加方便，之后可以用粗麻布那样的粗布擦拭，将油基膏状木填料挤入孔隙中；也可以使用橡胶刮板或塑胶刮板把填料压入孔隙，如此可以在填充孔隙的同时将过量填料从木料表面去除。

当表面残留的油基膏状木填料变得浑浊时，表明大部分溶剂已经挥发，此时填料仍然较为湿润，可以将其擦拭干净。使用干净的棉布或粗麻布轻轻擦拭表面，在保持孔隙填充的前提下将表面残留的填料擦除。过夜干燥，如有必要，可以再次涂抹。待填充操作完成后，使用 320 目的砂纸打磨木料表面，然后进行后续的处理。

> [小贴士]
> 对于桃花心木这样质地较为粗糙的木料，如果首先使用高度稀释的油基膏状木填料涂抹第一层涂层进行灌浆式操作，然后再涂抹未经稀释的填料，可以得到更好的填充效果。

大多数油基或溶剂基的表面处理产品可以直接在油基膏状木填料上进行涂抹，但如果是水基产品，则最好首先用脱蜡虫胶在填充表面制作封闭涂层，以防止出现粘连问题。如果使用合成漆作为面漆涂层，则应避免涂层过厚，因为合成漆中的溶剂会软化已经干燥的填料，并使其出现褶皱。为了解决这一问题，如果使用刷子刷涂合成漆，应首先用虫胶封闭表面；如果喷涂合成漆，则应以薄雾层的形式喷涂前几层涂层。在使用改性清漆、催化合成漆和其他双组分产品时，可以在填充层上涂抹乙烯基封闭剂，以防止填料与面漆涂层发生不利的反应。

水基膏状木填料

水基膏状木填料与油基膏状木填料的基本组成相同，不同的是油基膏状木填料中的溶剂和黏合剂在水基膏状木填料中被水和与水兼容的树脂代替。水基膏状木填料具有完全透明的、天然灰白色的以及色素填充的三种类型。有些产品以透明凝胶的形式出售，干燥后可以变得清澈透明。

与油基膏状木填料相比，水基膏状木填料既有优势也有缺点。其优势在于，可以在干燥后的填充表面涂抹溶剂基的染色剂（比如酒精基染料和不起毛刺染色剂），油基膏状木填料则做不到这一点，因为染色剂无法渗入油基膏状木填料封闭的表面。此外，水基膏状木填料制作的涂层打磨起来更容易，而且在其上涂抹使用任何面漆也不会产生黏附问题。

水基膏状木填料的缺陷在于，它们干燥速度太快，涂抹后难以及时擦去，而且这种填料会黏附在封闭涂层上，除非破坏封闭涂层，否则很难将其从已封闭的木料表面去除。最后，由于水基膏状木填料以水为溶剂，在使用过程中可能导致木料表面起毛刺。

涂抹水基膏状木填料

由于干燥时间短，加上会黏附在封闭涂层上的特性，水基膏状木填料的最佳涂抹方法是，使用刷子直接刷涂在裸木表面，然后用抹布或橡胶刮板迅速去除过量填料，并等待其彻底干燥。之后，将高出表面的填料涂层打磨至与木料表面平齐。当水基膏状木填料很容易变成粉末时，表明填料已经足够干燥，可以进行打磨了。环境湿度较大时可适当延长干燥时间，不过，根据经验，在 50%~60% 的相对湿度下，2 个小时足够水基膏状木填料充分干燥并进行打磨了。

大多数水基膏状木填料可以直接从罐子中取用，但在必要时，可以添加少量水（最多 10%）来调整填料的稠度，这样做会进一步加快干燥速度。如果需要减慢其干燥速度，可以添加缓凝剂

某些水基填料干燥后会呈现出白垩色，可以涂抹染色剂或一层较薄的油来加深木料表面的颜色。不过切忌在水基透明丙烯酸填料之上涂抹油。

或丙二醇（可以从添加 5% 的量开始，根据需要逐渐增加）。

接下来可以选择是否染色了，如果选择染色，只需在打磨后的 12 小时内进行，且使用以酒精或乙二醇醚为溶剂的染色剂。这类染色剂包括酒精基染料和不起毛刺染料、快干的擦拭型色素染色剂，以及一些除水之外还含有其他溶剂的水基染色剂。如果要测试染色剂能否被吸收，可以在干燥、已经填充的表面擦拭少量染色剂，如果水基膏状木填料的颜色发生改变或加深，则表明这种染色剂渗透力足够，可以用于染色。

彩色膏状木填料

为了获得特定的效果，我们需要使用合适的填料——不论是彩色膏状木填料，还是天然膏状木填料。为此，我们还需要在水基膏状木填料与油基膏状木填料之间做出正确选择。有一点要牢记，在填料上涂抹的表面处理产品会影响木料的外观。在选择填料时，可以参考以下原则。

彩色油基膏状木填料

为了让木料呈现近于天然的外观，可以在裸木表面涂抹天然膏状木填料。木料的颜色会由于

黏合剂的作用有所加深，就像涂抹油基产品那样。随着时间的推移，黏合剂可能会黄化，因此最好不要在白蜡木等颜色很浅的木料表面涂抹天然膏状木填料。

如果需要同时对孔隙与其他表面进行染色，可以将填料与适量染色剂混合后直接涂抹到裸木表面。这一方法需要经过反复试验才能获得正确的颜色，且需要在样品上反复练习。此技术可以突出木料表面的孔隙。

如果需要让孔隙的颜色与周围区域相同，可以封闭木料表面，然后选用与孔隙之间的木料的

油基膏状木填料涂抹桃花心木的效果，从右向左依次为天然填料、涂抹于裸木表面的棕色填料、涂抹于封闭表面的桃花心木色填料和涂抹于已封闭的黑色染料层上的白色填料。

染色剂与填料的兼容性	
染色剂	**兼容的填料**
干粉色素	油基或水基膏状木填料
通用色素染色剂	油基或水基膏状木填料
烫金粉、珠光粉和金属鳞粉（铝）	油基或水基膏状木填料
油基染料	油基膏状木填料
油基染色剂与颜料	油基膏状木填料
油画颜料	油基膏状木填料
日本水彩颜料	油基膏状木填料
水基染色剂和乳胶漆	水基膏状木填料
水基染料	水基膏状木填料
丙烯酸颜料	水基膏状木填料

➤ 调整膏状木填料的颜色

可以参考第157页的表格，在膏状木填料中添加与之兼容的染色剂，来改变其颜色。比较重要的一点是，孔隙中膏状木填料的颜色会对料的整体表面处理效果产生影响，即使孔隙与中间区域的颜色只有细微的差别，也会对整体处理效果产生很大的影响。

适用于染色剂的基本色彩理论同样适用于膏状木填料（参阅第138页"基本色彩理论"）。不过，对于填料的染色，还要遵循一些专门的准则。

· 如果需要加深填料的颜色，可以添加黑色、范戴克棕、生褐色或红棕色染色剂。黑色通常会使整体色调偏冷，可以添加适量红色将其抵消。

· 如果要淡化木色调填料的颜色，可以使用生赭色或金黄色染色剂。使用白色染色剂可以使颜色变得较为柔和。

· 如果要使木料色调变"冷"，可以添加少量生褐色染色剂。这种色素产品具有偏绿的底色，可以中和暖色。

· 如果要使木料色调变"暖"，可以添加适量的橙色或红色染色剂。

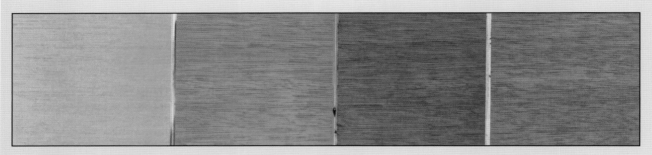

用油基膏状木填料涂抹桃花心木的效果，从左向右依次为天然填料、添加深褐色染色剂的天然填料、添加黑色染色剂以增加冷色调的天然填料以及添加红色染色剂以增加暖色调的天然填料。

天然色匹配的填料进行涂抹。

如果需要增加孔隙与其他区域木料的颜色对比度，以凸显孔隙，可以先使用所需颜色的染色剂对木料进行染色（也可以不染色），然后封闭料表面，涂抹颜色较深或较浅的彩色填料，获得所需的对比效果。

上页表格上方的图片展示了以上技术能够实现的效果。

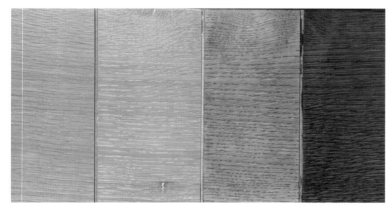

用水基膏状木填料涂抹白橡木的效果，从左向右依次为透明填料、未染色的天然填料、深棕色填料以及涂抹在酒精基染料下方的深棕色填料。

彩色水基膏状木填料

要使孔隙与周围的木料融为一体，可以涂抹天然膏状木填料或者涂抹经过染色的填料以匹配木料的颜色。天然水基膏状木填料在浅色木料和一些深色木料（例如桃花心木与胡桃木）表面干燥后会产生白垩状的外观，需再次进行染色。

为了使木料看上去更为自然，需要使用透明填料；如果需要让孔隙的颜色比周围木料的颜色更深，可以使用深棕色填料，并待其干燥后将过量填料打磨干净。

如果要同时对孔隙与其周边区域进行染色，可以使用溶剂基染料（酒精基或不起毛刺的染料）进行染色。这类染料可以加深填料的颜色，同时对无孔区域进行染色。

左图展示了以上技术所能实现的效果。

填充操作

喷涂聚酯纤维

在已染色的木料或特定木料的表面，最好先涂抹一层催化聚氨酯隔离封闭剂作为隔离层。首先喷涂隔离涂层，待其干燥 2 小时后，再使用交叉影线技术喷涂第一层聚酯纤维涂层（图 A）。

➤ 参阅第 191 页 "喷涂水平平面"。

喷涂聚酯纤维需要 "湿盖湿"，也就是说，要在上一涂层尚未固化之前涂抹下一涂层。用手指轻轻触碰上一涂层，如果涂层还是液体状态，请继续等待；如果感觉涂层有些黏稠，且可以在其上留下指纹，就可以喷涂下一涂层了（图 B）。喷涂 3 层涂层之后，大部分表面已经填充完全，可以将过量的填料打磨掉了。

等待 12 小时，然后打磨聚酯纤维涂层，直至看不到孔隙的轮廓（图 C）。这样操作很容易磨穿涂层，可以使用小型补漆枪进行修复（图 D）。

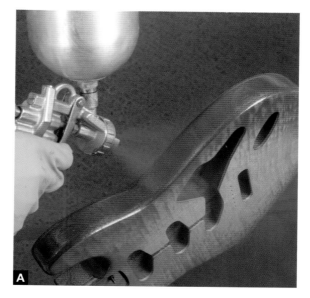

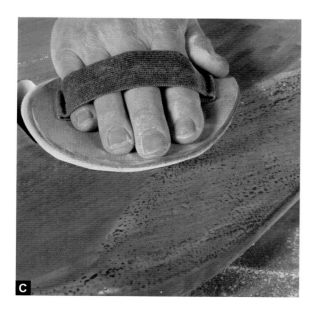

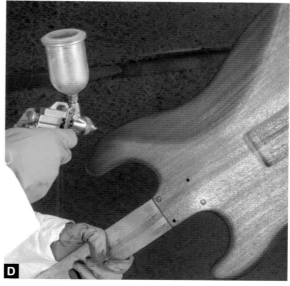

透明清漆

如果你想手工涂抹面漆来填充孔隙，最简单的方法是使用固体含量超过 40%（重量或体积分数）的清漆。刷涂 3~5 层涂层，注意等待前一涂层干燥后再刷涂下一涂层（图 A）。待最后一层涂层干燥且可以用砂纸打磨出粉末时，使用磨砂块将涂层打磨平整（图 B）。使用磨砂块打磨数次，然后换用折叠的砂纸继续打磨（图 C）。等到在逆光下看不到孔隙轮廓时，操作就完成了。

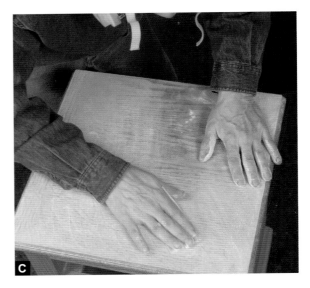

填充与染色同步进行

如果情况需要，可以将彩色膏状木填料直接涂抹在裸木或载体涂层上，同步实现染色与孔隙的填充。如果需要偏红的色调，可以向填料中添加兼容性的预制染色剂（图 A）。

将部件孔隙中的所有灰尘去除（图 B），然后用一块棉布以画圆的方式进行擦拭，将彩色膏状木填料填入孔隙之中（图 C）。对于一些小型部件，可以一次性完成全部填料的涂抹，但如果填料干燥速度过快，可以先把易于处理的部分用胶带遮蔽起来（图 D）。待填料变得浑浊，使用粗麻布将残留的填料从部件表面擦去（图 E）。

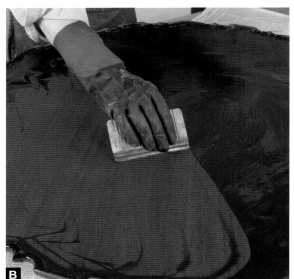

先染色后填充

首先对木料进行染色，然后涂抹一层封闭剂将染色涂层锁定，同时防止填料将木料染色。轻轻打磨填充后的表面（图A），并除去打磨产生的粉尘。接下来，用刷子均匀刷涂填料，然后立刻用橡胶刮板、信用卡或硬纸板将过量填料顺纹理刮去（图B）。将填料刮到边缘后刮下，并定期将橡胶刮板上残留的填料清理干净。待填料开始变得浑浊，使用粗麻布或粗棉布擦掉木料表面残留的填料。将粗麻布揉成一团擦拭表面，这次要横向于纹理方向操作（图C）。对于装饰件和形状复杂的区域，可以使用软木片将填料挑出（图D）。等到所有残留的填料被去除后，以八字形擦拭木料表面，最后使用320目的砂纸轻轻打磨表面。

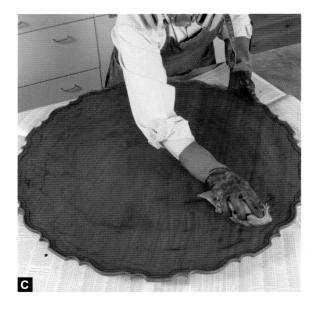

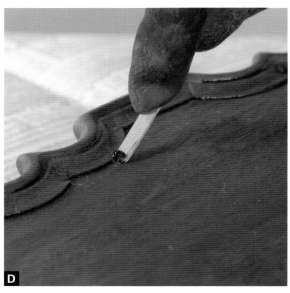

水基色素型填料

　　水基填料干燥时间较短，因此最好将其直接涂抹在裸木上，并马上将过量填料打磨掉。使用刷子、滚筒或喷枪将填料足量涂抹在木料表面（图A），然后立即使用橡胶刮板沿任意方向将过量填料刮去（图B）（这一步没有必要一定顺纹理操作）。接下来拿一块用水蘸湿的干净抹布，将填料尽可能地擦掉。静置几个小时，或者等待填料可以轻易打磨成粉末时，就可以对填料进行打磨了。如果填料仍具有一定的黏性，则需要再干燥一段时间。我一般使用配备了220目砂纸的不规则轨道砂光机打磨平整部位（图C），手工打磨装饰件等表面（图D）。当你可以看到清晰的纹理与孔隙中的填料时，打磨操作就完成了。

［变式方法］

　　如果你不想让填料将木料染色或改变木料的天然外观，可以使用透明的水基填料（图V）。

A

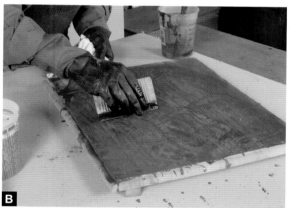

B

C

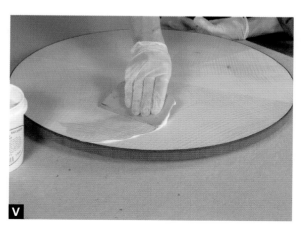

V

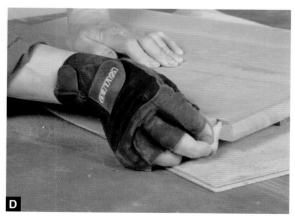

D

熟石膏填料

熟石膏是一种应用起来十分简单的填料，在英国常作为传统方法应用于法式抛光。

> **参阅第 217~218 页"法式抛光"。**

这种填料制备简单：将水与熟石膏混合，直到得到一种干硬的混合物。使用棉布以画圆的方式擦拭，将混合物挤到木料的孔隙中（图 A）。待涂满整个表面后，静置一段时间，直到你感觉石膏已经干燥，用湿棉布将过量熟石膏填料擦除（图 B）。

过夜干燥，然后使用 220 目的砂纸打磨。如果需要，可以涂抹透明的熟亚麻籽油，或在油中添加染料来加深填料的颜色。涂抹了油之后，白垩状的表面会变成半透明（图 C）。

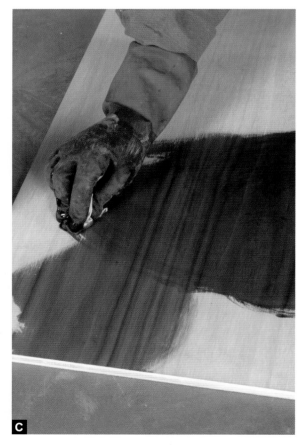

油浆填充剂

有一种简单且经典的方法用于制作部分填充的表面，即将油基表面处理产品通过湿磨的方式填入孔隙中。首先在木料表面擦拭足量的熟亚麻籽油、桐油、丹麦油或油与清漆的混合物（图 A），约 15 分钟后，将木料表面的油擦干净，然后静置过夜干燥。

第二天，在木料表面涂覆一层油，并使用 600 目的湿 / 干砂纸以画圆的方式进行湿磨（图 B），这样操作的目的是形成由木屑、前一天干燥的油和新涂抹的油组成的浆料，并使其进入孔隙中。等待 30 分钟，擦去多余浆料，注意斟酌时间，务必在浆料难以去除之前将其擦拭干净。如果想给孔隙添加一点颜色，可以在木料表面撒上一些硅藻土，与油一起湿磨到孔隙中（图 C）。如果你喜欢的话，可以继续涂抹更多涂层，也可以到此步停止，保持木料的天然外观。如有必要，可以用经过稀释的、涂层硬度更高的表面处理产品制作面漆涂层，比如，可以使用 1 磅规格的虫胶、稀释后的合成漆或与稀释剂等量混合的清漆。

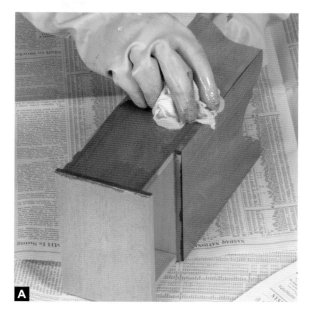

用浆料填充

　　仅使用经过稀释的填料进行处理可以产生部分填充的外观，但如果使用颜色较深的填料，同时不想使中间区域的木料表面被染色，可以先将木料表面封闭，然后使用320目的砂纸打磨。可以用油漆溶剂油或石脑油将填料稀释至奶油的稠度（图A）（填料与溶剂的比例通常为1:1）。用刷子将填料刷涂在孔隙区域（图B），然后用抹布以画圆的方式将填料填入孔隙（图C）。等待15~30分钟（具体时间取决于使用的稀释剂），当填料开始变浑浊时，使用干净的棉布将过量填料从表面擦净即可（图D）。

第 12 章
封闭剂

封闭剂在表面处理过程中用途广泛，包括第 10 章中介绍的消除斑点。不过，封闭剂最主要的功能是处理好表面，以便涂抹后续涂层。在这个过程中，封闭剂同时可以发挥其他作用，例如，增强黏附、加快干燥速度、减少起毛刺，以及防止污染或底层物质发生迁移等。

在这一章，我会介绍封闭剂的各种功能，帮助你确定使用何种封闭剂及其使用时机。

简化打磨过程

任何表面处理的初始底漆都会渗透到木料之中，底漆涂层硬化后，会包裹住毛刺，从而留下略微粗糙或不规则的表面。这些硬化的毛刺可以通过打磨去除，从而重新得到较为光滑的表面，便于后续涂层的涂抹。由于后续涂层的涂料不会渗透到木料中，所以涂层不需要像底漆涂层那样打磨。

很多水基表面处理产品和油基聚氨酯产品制作的涂层打磨效果非常好，因此无须使用封闭剂。在使用这些产品涂抹底漆涂层时，只需将产品稀释，

在这张放大的照片中，我们可以看到单层封闭剂将毛刺包裹在中间，待毛刺硬化之后，就可以用砂纸进行修整了。

> ▶ **黏附问题**
>
> 黏附问题来源于表面处理产品与木材中的树脂或者不同表面处理产品之间的化学不兼容性。例如，红香杉中的化学物质会软化合成漆和清漆涂层；而在不同水基产品涂层之间使用的油基膏状木填料和釉料可能无法良好地黏附。对于那些现代高固体含量的改性表面处理产品，其机械黏附同样存在问题，因为它们往往不够稀薄，无法黏附在打磨光滑的木料表面。在这些情况下，涂抹封闭剂涂层可以增强黏附作用。

就可以获得更好的渗透效果与更快的干燥速度。

不过，大部分清漆和合成漆在打磨时会发生胶黏，对此，可以在底漆涂层之上涂抹合适的打磨封闭剂，以加快打磨操作。可以让表面处理产品制造商或交易商提供一些与所用产品兼容的封闭剂。

加快干燥与防止起毛刺

用经过稀释的聚氨酯或清漆制作初始涂层时，常常需要干燥很长时间才能进行打磨，为了

图中涂层的分离是由水基面漆涂层与油基釉料涂层之间较差的黏附作用导致的。使用脱蜡虫胶制作封闭涂层可以将两种涂层很好地"黏结"在一起。

节省时间，可以使用快干型封闭剂代替上述的表面处理产品。使用快干型封闭剂，可以在同一天内至少完成一层面漆涂层的涂抹。

水基表面处理产品通常无法较好地渗透到木料之中，同时还面临起毛刺的问题。为了解决这一问题，许多制造商推出了中性 pH 值的封闭剂，以减少起毛刺，同时增强水基产品的渗透作用。

使用面漆封闭

有一种常见的误解是，在涂抹面漆前需用专用的封闭剂对木料进行处理。事实是，用任何面漆涂抹的初始涂层都可以作为"封闭涂层"。重要的是，初始涂层要容易打磨，以便形成较为光滑的表面，便于涂抹后续涂层。某些面漆产品制作的涂层不易打磨，因此不能作为封闭涂层使用，这也是为什么许多制造商会开发专用封闭剂，以加速打磨过程。

防止染色剂迁移和污染

在染色剂与面漆使用相似稀释剂时，就会发生染色剂迁移。在这种情况下，封闭剂涂层可以防止染色剂迁移入面漆涂层。这种现象常发生在将水基面漆产品涂抹在水溶性染料染色剂涂层上的时候。

蜡、硅酮和机器润滑剂带来的污染会使涂层表面出现"鱼眼"，这种情况一般发生在对家具重新进行表面处理的时候。

➤ 参阅第 174 页"鱼眼的修复"。

在涂抹面漆涂层前使用封闭剂制作隔离涂层可以防止出现鱼眼问题。

封闭剂种类

封闭剂有多种类型，可以满足不同的面漆产品与封闭要求。如果不确定某种封闭剂是否可与你选择的面漆产品兼容，可以咨询面漆制造商。

打磨封闭剂

打磨封闭剂实际上是添加了硬脂酸锌或树脂（通常为乙烯树脂）、经过稀释的合成漆或清漆基的表面处理产品。这些添加成分可以使这种封闭涂层更易打磨，并使其具有更好的表面张力，方便后续涂层更加平滑地展开。

添加了硬脂酸锌的打磨封闭剂的缺点是，与未经改性的面漆产品相比，这种封闭剂的黏附作用较弱，硬度较低，耐用性较差。因此，在对防潮性要求较高的区域（比如厨房和浴室）使用这类产品时需格外谨慎。此外，这类产品不可以用作底漆。理想情况下，应将此类封闭剂涂抹得很薄，然后将其打磨至只剩下薄薄的一层涂层。

鱼眼像陨石坑一样随机分布在涂层表面。待面漆干燥后，可以通过打磨将鱼眼去除。

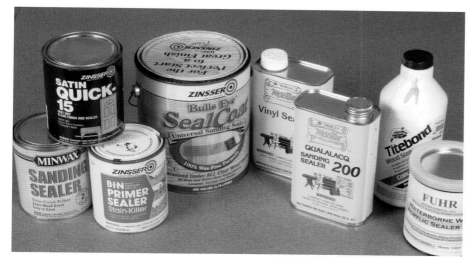

封闭剂。从左向右依次为油基快干型打磨封闭剂、透明虫胶封闭剂与色素型虫胶封闭剂、油漆底漆、合成漆基乙烯打磨封闭剂与硬脂酸打磨封闭剂、稀析胶和水基封闭剂。

况。例如，聚氨酯清漆，还有高性能合成漆与清漆，均不会与硬脂酸盐封闭剂制作的涂层发生黏合。

乙烯封闭剂具有出色的表面张力，且十分防潮。这种产品还具有强大的黏附能力，可将不同的表面处理产品黏合在一起。事实上，专业表面处理师在使用油基釉料或含有溶剂基合成漆和改性清漆的膏状木填料时，常常选用乙烯封闭剂与之搭配。乙烯封闭剂还可以防止木材（比如柚木和黄檀木）中的天然油脂减慢油基面漆的固化速度。

市售的乙烯封闭剂只有快干喷涂型制剂，但是在涂抹工作可以快速完成的情况下，也可以使用刷子或抹布涂抹这种产品。人们常常将乙烯封闭剂与以"一步封闭剂／面漆"形式出售的乙烯基／醇基清漆混淆。此外，乙烯树脂打磨特性不够好，因此乙烯封闭剂中常常含有其他树脂（比如硝化纤维）来促进打磨。

这两种产品都是快干型清漆封闭剂。左侧的产品含有硬脂酸盐（见木条），因此不能与聚氨酯面漆同时使用；右侧的产品不含有硬脂酸盐，可以与聚氨酯面漆一同使用。

虫胶

虫胶是一种容易买到且涂抹简单的天然树脂。在所有封闭剂中，虫胶最为通用，且能避免上述的各种问题。为获得最佳效果，只有脱蜡虫胶可以与水基面漆、聚氨酯面漆一同使用。

虫胶涂层打磨方便，并能为后续面漆涂层提供较好的黏附力。虫胶可以防止水基面漆造成的起毛刺，同时可以在其原本偏冷的色调中添加琥珀色的暖色。此外，脱蜡虫胶可以防止水基染料

在合成漆基打磨封闭剂中添加硬脂酸锌可以使涂层更易打磨，同时为后续合成漆的涂抹提供较好的底漆涂层。

乙烯封闭剂

乙烯封闭剂适用于所用产品会与上述提到的打磨封闭剂中含有的硬脂酸锌发生不良反应的情

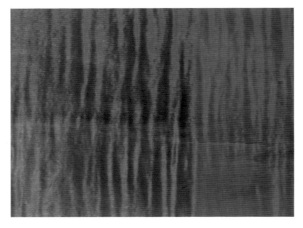

这张经过染色的卷纹枫木木板从左到右依次涂抹了脱蜡虫胶与水基合成漆。虫胶可以防止水基合成漆将染料拉起，从而得到比右侧更加清晰、整洁且颜色层次丰富的外观。

黄檀木中的天然油分可阻碍油基面漆的固化。图中木板的左侧在涂抹油基面漆之前先用稀析胶进行了封闭处理。右侧木板则因为未上胶，3 周后面漆仍未干燥，这一点可以从粘在其表面的餐巾纸看出。

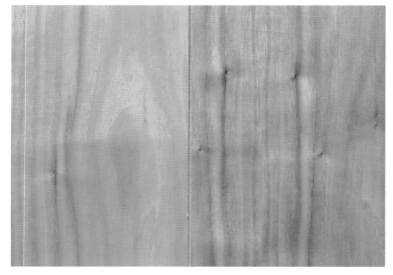

虫胶可以减少起毛刺，提供较好的表面张力，让这张胡桃木木板的纹理更加清晰，同时赋予其暖色调。左侧塑料般的苍白外观是未进行封闭处理便涂抹水基面漆时的常见现象。

染色剂迁移到水基面漆涂层之中。

作为隔离层，虫胶涂层具有神奇的效果，可以阻挡黄檀木中的天然油脂，以及红香杉中的化学物质渗出，让油基面漆涂层可以正常固化。涂抹在油基填料或釉料之上的虫胶涂层可以防止这两种产品与水基面漆涂层之间出现黏附问题。

当然，虫胶也并非完美的。与合成漆或清漆相比，虫胶涂层的耐久性较差，且不耐高温和酒精。因此，对于耐久性和防潮性要求较高的环境，虫胶就不太适合了。

稀析胶

稀析胶作为封闭剂具有多种用途。其一，稀析胶可以"锁定"木料纹理，通过固化木纤维，使其变得更容易打磨。稀析胶还可用于封闭中密度纤维板（MDF）极其多孔的边缘。当使用油基面漆涂抹黄檀木时，稀析胶可以阻挡木料中的天然油分渗出，使面漆可以正常固化。

过去，表面处理师通过将皮胶或 PVA 胶用水稀释来自制稀析胶。现在市场上出售的稀析胶则大多是基于一种名为聚乙烯醇的水溶性树脂制成的。我觉得这种商品的性能要优于自制的稀析胶。如果要自制稀析胶，可以尝试将 10 份水与 1 份 PVA 胶（常用的黄色或白色木工胶）混合。

稀析胶可以是浓缩液的形式，使用时将其与水混合，便可制备出适用于多孔木材与中密度纤维板的封闭剂。若要自制稀析胶，可将 1 份 PVA 胶与 10 份水混合。

封闭操作

可刷涂封闭剂

顾名思义，"可刷涂封闭剂"是为了手工涂抹封闭剂而设计的。可刷涂封闭剂是一种透明的乙烯树脂／醇酸树脂，可与油基聚氨酯面漆或清漆一同使用，且使用时无须稀释，直接从容器中取用即可。使用任意类型的刷子，将可刷涂封闭剂均匀涂抹在木料表面（图 A）。待封闭剂完全干燥后，对涂层表面进行打磨。当砂纸可以使封闭涂层轻易出现白垩状的粉末时，表明已干燥完全，可以开始打磨了。

对于平整区域，我将 600 目的硬脂酸盐砂纸折叠成 1/3 的大小进行打磨（图 B）。以手掌作为支持，用砂纸轻轻打磨封闭涂层，注意不要把边缘的棱角磨圆。进行任何打磨操作时都要佩戴防毒面具（图 C）。钩毛搭扣手工砂磨垫可以搭配圆盘砂纸一同使用（图 D）。为了避免砂纸切入部件边缘，在打磨边缘时可以用食指支撑砂纸悬空的部分，使其保持水平（图 E）。

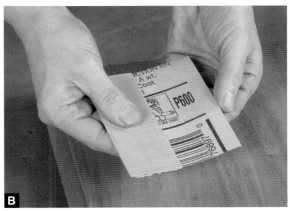

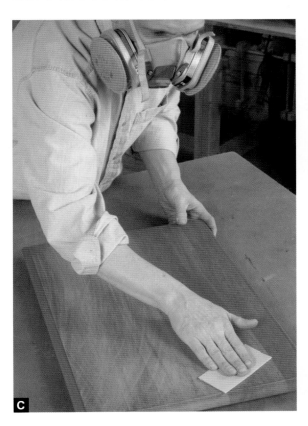

喷涂打磨封闭剂

如果某种打磨封闭剂中含有硬脂酸锌，使用前需将其搅拌均匀。将打磨封闭剂喷涂至木料表面后（图A），等待至少1小时让其干燥，然后进行打磨。在打磨一些复杂区域（比如图中的饼形桌桌面）时，我会将1/4块600目的砂纸折叠成1/3的大小，打磨到凸起的装饰边缘处（图B）。如果需要打磨装饰件边缘，我会用合成钢丝绒代替砂纸（图C）。在后续涂抹面漆前，用石脑油或油漆溶剂油擦拭封闭涂层，将打磨产生的木屑清除干净（图D）。

打磨复杂表面

如果要打磨图中的框架-面板门这样的复杂表面，我会在圆形砂磨垫与圆盘砂纸之间安装缓冲接口垫（图A）。使用一块合成钢丝绒打磨装饰件边缘（图B）和凸嵌板的内凹曲面（图C）。如果不小心磨穿了封闭涂层与染色涂层，可以使用之前所用的染色剂对该区域进行修补，或者可以使用经补漆粉染色的虫胶进行处理（图D）。

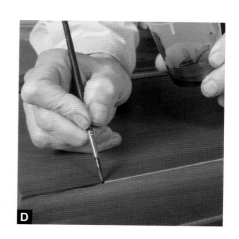

1 磅规格虫胶的配制和使用

作为一种效果非常好的通用封闭剂，在我的工房里，1 磅规格的虫胶十分常用。1 磅规格的虫胶可以解决很多表面处理问题，且可以使用吸水布轻松擦涂（图 A）。

我对配制 1 磅规格的虫胶溶液已经非常熟悉了，并总结出了下面这个快速配制虫胶溶液的方法：取任意大小的干净玻璃罐，在罐身上画线将其高度四等分（图 B）。加入脱蜡虫胶片至第一条画线处（图 C），然后添加变性酒精至最上面的画线，每隔 10 分钟摇晃一次，持续约 2 小时。

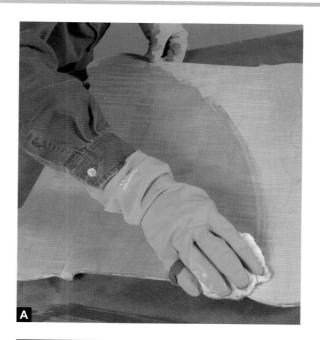

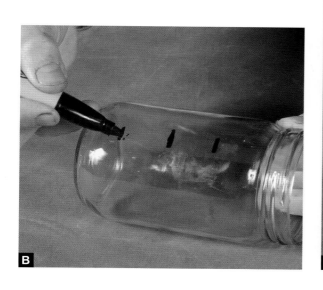

鱼眼的修复

如果在涂抹面漆时出现了鱼眼，最好的解决方法是在这层面漆固化之前将面漆除去。这一方法可以用于一些干燥速度较慢的面漆产品，比如清漆或聚氨酯，其他面漆由于干燥速度过快，且存在将染色涂层一并除去的风险，所以不适合使用该方法。此外，有时候鱼眼要等到面漆硬化后才会出现，在这种情况下，只能在面漆固化之后才能将鱼眼打磨掉。

用400目的砂纸包裹砂磨块打磨面漆涂层，直到鱼眼轮廓消失（图A）。注意不要磨穿面漆涂层，对染色涂层或木料造成破坏。如果砂纸不易控制，可以换成可弯曲且具有缓冲能力的超细合成钢丝绒垫进行打磨（图B）。之后，去除打磨产生的粉尘，选择性地在待修复区域涂覆几层脱蜡虫胶（图C）。在少数情况下，这样做会将形成鱼眼的污染源封闭起来；不过，如果受影响的区域很大，则最好在面漆中添加防鱼眼添加剂。每杯面漆只需添加几滴防鱼眼添加剂。如果没有滴管，可以用小木棒蘸取添加剂将其滴入面漆中（图D）。

◆ 第五部分 ◆
面　漆

选择面漆，第 176 页

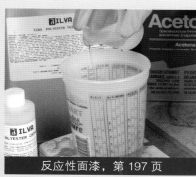
反应性面漆，第 197 页

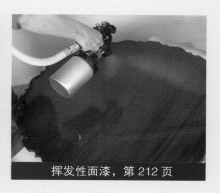
挥发性面漆，第 212 页

水基面漆，第 228 页

擦拭漆面，第 242 页

　　木工面漆有两大基本作用：保护与装饰。面漆可以将木料包裹在连续的薄膜之中，阻隔外界的磨损与湿度变化的影响，为木料提供保护作用。面漆还可以增加作品表面的光泽与反射效果，或者添加额外的颜色，使作品的颜色层次丰富，外观更靓丽。

　　选择合适的面漆看起来很简单，事实却并非如此。因为不同的产品在耐久性、涂抹难易程度与干燥特性等方面存在巨大差异。在这一部分，我会介绍如何为特定的作品选择合适面漆的方法，以及这种面漆该如何涂抹。你会从中了解到哪种涂抹技术效果最佳，如何擦拭面漆涂层以获得美观的结果。

第 13 章
选择面漆

　　面漆种类实在太多，让人有些眼花缭乱，因此为特定作品选择正确的面漆非常困难。有些面漆的装饰效果很好，涂抹也很容易，但是它们不能提供作品要求的保护效果；有些面漆制作的涂层也许具有较好的耐久性，但其颜色可能不尽人意；某些情况下，你还可能因为缺乏必需的装备而无法涂抹某种面漆。

　　在本章，我会教你如何在众多的面漆中做出正确的选择。在这一过程中，我会深入介绍几类基本面漆的组成，以及如何改善面漆性能使其能够满足你的需要，同时我还会介绍涂抹各种类型面漆时常用的技术。

面漆的选择

　　在选择面漆时，首先要考虑三个主要因素：耐久性、外观效果和涂抹方式。其他次要因素还包括可修复性、擦除难易程度与无毒性。

　　首先需要明确待处理作品的使用环境是否较为潮湿，作品是否需要与溶剂或食物接触，以及作品是经常使用还是作为展品存在，在使用时是否面临磨损或刮伤的风险等。我们需要根据这些信息，选择具有不同耐久性等级的面漆。

　　接下来要决定的是，你需要面漆提供什么样的外观效果。你是想要薄涂层提供的木质外观，还是想获得较厚涂层带来深度效果？你是希望面漆为木料添加其他颜色（比如黄色），还是希望弱化木料随着时间的推移颜色逐渐加深的趋势？

　　对于所选的面漆，你有合适的涂抹工具吗？你是否具有干净、可供暖、可干燥部件的表面处理空间来进行表面处理？该空间是否具备喷涂可燃性溶剂的安全条件？

图中的字典架上喷涂了两层亚光漆，在保持自然木质外观的前提下，为作品提供了最低限度的保护。

虫胶等可以形成硬质涂层的成膜面漆使图中纹理漂亮的桃花心木 – 椴木桌面更加光彩照人。其下方是经过渗透性面漆处理的径切白橡木桌面，呈现较为简单、自然的外观。

左侧白色的染色样品发生黄化是由于其上涂抹的酸洗染色剂与硝基漆中含有醇酸树脂。右侧的样品则依次涂抹了水基丙烯酸染色剂和不会变黄的 CAB– 丙烯酸合成漆。

明确以上问题会帮助你找到所需的最佳面漆。不过，在我介绍合适的面漆之前，我们要先对两大基本面漆种类有一定了解，即挥发性面漆与反应性面漆。

挥发性面漆与反应性面漆

所有面漆都可以归为挥发性面漆或反应性面漆。这一分类的基础是液态树脂固化为固态的、保护性的面漆涂层的过程，我们可以从中了解到某种面漆的许多信息。

挥发性面漆是将面漆树脂溶于溶剂中制备的，此类面漆随着溶剂的挥发而固化。常用的挥发性面漆包括虫胶和硝基漆。因为树脂不会发生

挥发性面漆

A

B

C

D

在湿润状态下，挥发性面漆以分散在溶剂中的长链分子形式存在（A）。想象一下煮熟的意大利面（聚合物分子）漂浮在沸水之中（溶剂），将水倒去后，意大利面就会沉到底部变成一团硬块。溶剂蒸发时挥发性面漆的变化与此类似（B）。当你涂抹新的面漆涂层时，新涂层中的溶剂会将凝聚在一起的链状分子重新溶解（C），从而将两层涂层融合为一体（D）。

任何化学反应，所以这类面漆也被称为"非改性面漆"；同时，由于它们加热后会发生软化，也被称为"热塑性面漆"。

反应性面漆是通过将树脂转化为不同的化合物而发生固化的。在反应性固化过程中，液态树脂会与其他物质发生反应，形成一种新的化合物，因此反应性固化又被称为"交联固化"或"改性固化"。油基清漆和催化型合成漆均属于反应性面漆。油基清漆可以与氧气发生反应自动固化；而催化型合成漆只有在加入催化剂后才会发生固化，因此一旦树脂转化为硬化的涂层，它们就不再溶于初始溶剂，且不易受热软化。

耐久性

耐久性是指面漆涂层对刮擦、损伤、高温和液体侵蚀的抵抗能力。在选择面漆时，耐久性是首要的考虑因素。一般反应性面漆的耐久性优于挥发性面漆。

由于挥发性面漆中的树脂会因受热或某些溶剂的腐蚀而软化或溶解，因此总的来说，挥发性面漆的耐久性不如反应性面漆。挥发性面漆的这一特点在后期修复或擦除面漆的操作中也许有

利，但其易被刮擦的缺陷也不容忽视。在挥发性面漆中，硝化漆和丙烯酸树脂涂层的整体耐久性是最好的。

除了纯油，其他的反应性面漆均比挥发性面漆制作的面漆涂层更为耐久。反应性面漆的树脂分子可以紧密交联，使水分不易渗入。同时，反应性面漆涂层较挥发性面漆涂层具有更好的耐溶剂性能。油基聚氨酯制作的面漆涂层耐久性最好，且可以手工涂抹，而催化型合成漆、油基清漆、聚氨酯和聚酯纤维树脂是最好的可喷涂面漆。尽管有一些例外，但总的来说，反应性面漆比挥发性面漆更难擦除，后期修复难度也更大。

挥发性面漆会重新溶解于原始溶剂，使后期修复操作便于进行。在划痕处涂抹漆稀释剂，可以快速消除吉他上的白色划痕。

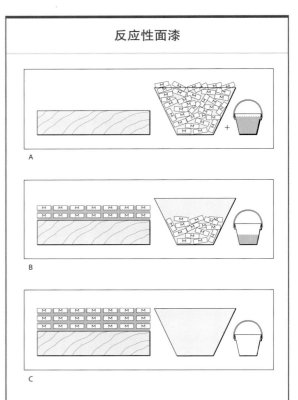

反应性面漆

反应性面漆中含有由小分子聚合而成的大分子。我们可以想象一下，一只水桶里装有砖头和一定配比的石灰、黏土和沙子混合而成的砂浆（图A）。这里砖头就代表面漆中的单体分子。砂浆代表的是面漆中的化学成分。往砂浆里加水，砂浆会变成水泥把砖头粘在一起；相似地，向化学成分中加入催化剂，就会形成聚合物（图B）。干燥的砂浆就像聚合物中的化学交联键。当一排新的砖头（一层新的面漆）堆上来的时候，原先的那层砖头不会被溶解，新的一层砖头可以很好地粘上去（图C）。

这张两步凳需要具备相当的耐磨性，所以使用的面漆是聚氨酯。同时，应当选用较为坚硬的木材，例如图中使用的是榆木。

外观

面漆的外观主要受到三个因素的影响，即成膜质量、颜色和渗入木料的深度。在购买面漆之前，要清楚自己想要的是何种外观：是由可渗透、非成膜面漆形成的自然木质外观，还是由透明、保护性好的成膜面漆形成的外观。

对于天然的面漆产品，一直投入使用的是桐油、亚麻籽油等纯油产品，以及蜡或油与清漆的混合物（例如沃特科公司的产品）。这类可渗透的面漆会在木料内部硬化，使表面呈现一种柔和的光泽。然而，由于它们无法在木料表面形成坚硬的固体薄膜，因此抵抗磨损和液体腐蚀的能力相对不足。

如果想要获得耐久性好，颜色深邃且光亮，同时可以填充木料孔隙的面漆涂层，则需要使用虫胶、合成漆、清漆这样能够形成坚硬薄膜涂层

的面漆。这类面漆常与复杂的染色工艺（比如调色、上釉）一同使用。值得一提的是，在使用虫胶、合成漆、清漆和催化型面漆产品处理木料时，只要涂抹的层数不多，同样可以获得较为自然的外观，同时能提供比纯油更好的保护效果。

面漆的颜色也是影响外观的一大因素。一些面漆会明显加深木料表面的颜色，从而增加其颜色层次和表面光泽。纯油和油基清漆的效果最为明显，溶剂基合成漆和虫胶次之。大多数的水基聚氨酯或丙烯酸面漆，以及一些催化型合成漆，由于在光学上是透明的，且倾向于平铺在木料表面而不会深度渗入木料，所以对木料的天然颜色影响不大。

布莱恩·博格斯（Brian Boggs）为这款樱桃木椅子涂抹了擦拭型清漆，赋予了作品必要的闪亮光泽，凸显了樱桃木精致的射线径纹。薄薄的一层清漆在充分展现精心制作的榫头与雕刻面的同时，也提供了相当可观的耐久性。

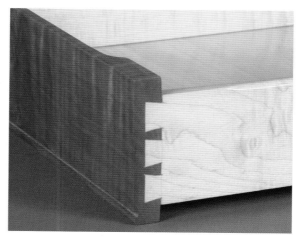

这只抽屉上涂抹了熟亚麻籽油，以提高樱桃木与枫木的对比效果，凸显木材纹理。亚麻籽油外又涂抹了一层硝基漆以提高耐久性。

图中左侧的盘子涂抹的是不会黄化的水基丙烯酸面漆。而盘子后面的枫木储物箱涂抹的则是酚醛树脂／桐油清漆，带有明显的黄色色调。

蜂蜡、虫胶和矿物油均可作为食用级面漆使用。可以将蜂蜡碎屑与矿物油一同置于双层锅中加热，将二者混合。

如果想要保持木料的浅色外观，就不宜使用橙色虫胶或桐油／酚醛树脂清漆一类的深色面漆。一些面漆在涂抹到白色底漆上时会呈现一种黄色的色调。

安全性与环境问题

溶剂基面漆，比如清漆和合成漆，其中含有易燃且具有一定毒性的溶剂。水基面漆则消除了使用过程中的易燃风险，降低了对环境与人体健康的不利影响。纯油是溶剂基合成漆和清漆的替代品，因为不含有任何溶剂，故属于可再生资源。虫胶使用时也较为安全，因为其溶剂是可以通过谷物发酵得到的酒精，没有什么毒性，也没有异味。

在 20 世纪 70 年代禁止油漆中含有铅添加剂之前，在食物加工或婴儿家具制造过程中，面漆的摄入问题一度引起人们的广泛关注。现在，很多消费品牌的面漆在完全固化后是无毒的。尽管如此，当面漆被用于玩具或其他可能被吞入口中的用途时，仍应咨询面漆供应商或制造商。我知道的几种完全安全可食用的食用级面漆包括食品级石蜡、天然油、蜂蜡、矿物油和虫胶。

针对表面处理时环境温度较低或环境中含有较多灰尘的情况，挥发性快干面漆与反应性喷涂面漆（比如催化型合成漆）可以在几分钟内实现无尘干燥。挥发性面漆，比如虫胶和合成漆在温度较低时十分稳定，而在炎热潮湿的环境中则可以通过添加缓凝剂来改善性能。

树脂、溶剂与添加剂

大部分透明面漆中含有树脂、溶剂和添加剂。树脂是面漆中起保护与装饰作用的成分。溶剂可以调节面漆的黏度，使树脂得以渗透并黏附于木料。溶剂还有助于控制面漆流量与涂层的平整度，从而允许操作者使用不同工具涂抹面漆。添加剂可以控制面漆的黏度，并决定面漆涂层最终呈现缎面光泽还是亚光光泽。一些添加剂还可促进面漆的固化或延长面漆的使用寿命——不论是仍在罐中的面漆还是已经涂抹到木料表面的面漆。

树脂

与其依据某种面漆是属于清漆、合成漆或其他类型来挑选面漆，不如根据树脂类型进行选择。下文中列出了一些在木工表面处理产品中常见的树脂。当然，有时候一种面漆中可能含有多种树脂。

丙烯酸树脂具有较好的黏附力、光稳定性（大部分此类树脂不会发生黄化）、固体硬度以及较好的耐磨性能。这种树脂制成的面漆可以是反应性的，也可以是挥发性的。

醇酸树脂具有较好的黏附力，其涂层具有较好的刚性和韧性。许多面漆中均含有醇酸树脂，例如清漆、合成漆、改性面漆和水基面漆。

氨基树脂凝固后刚性极高，但单独使用时容易碎裂，因此这种树脂通常与醇酸树脂或其他类型的树脂搭配，用于制备改性合成漆或清漆。

虫胶具有出色的黏附力，其涂层也非常耐磨，但容易受热损坏，且耐溶剂性能较差。

酚醛树脂是一种硬且脆的化合物，通常与桐油搭配制备清漆。酚醛树脂涂层具有非常好的户外耐久性，是许多户外清漆的基础成分。

聚氨酯树脂是一种坚韧的合成树脂，其涂层具有出色的耐溶剂、耐热和耐磨能力。聚氨酯可分为两大类：一类易发生黄化，只能用于室内；另一类则不会黄化，是户外等级的聚氨酯树脂。

纤维素树脂是由棉或木材中的天然纤维素制备的合成树脂。用于木工的纤维素树脂可分为两种，即硝化纤维树脂与醋酸丁酸纤维素树脂（Cellulose Acetate-Butyrate，CAB）。这两种树脂干燥速度较快，凝固后均较为易碎且硬度较大。硝化纤维树脂容易黄化，CAB 合成漆的黄化速度则要慢很多。

乙烯树脂是一大类可以作为封闭剂以及乳胶漆和一些改性清漆所用树脂的总称。乙烯树脂具有较好的黏附力和韧性。这种树脂可与其他树脂搭配制备面漆。

亚麻籽油和桐油是表面处理过程中使用的两种主要的干性油，这两种油还是其他表面处理产品的基础成分，例如染色剂、封闭剂和面漆等。

图中右侧的面漆是某种典型品牌的聚氨酯树脂，即芳香豆油氨基甲酸酯改性醇酸树脂；左侧的两个罐子中装的是制备户外级、非黄化脂肪族聚氨酯面漆涂层所需的材料。

桐油比亚麻籽油颜色稍浅，二者均可用于制备天然木质外观的面漆。

聚酯纤维存在于一些需要在使用前混合的双组分或三组分面漆中。这种树脂可以形成十分坚硬坚韧的面漆涂层，制作较厚的涂层也不会出现裂纹。

溶剂与稀释剂

面漆和其他表面处理产品使用的溶剂可以根据其化学性质分为不同的组或"族"。我们需要了解不同溶剂与面漆中树脂相互作用的基本知识。

水可以溶解染料和很多树脂（比如阿拉伯树胶），这些物质具有水溶性，因此不能用作面漆。水的唯一用途是作为稀释剂，而任何面漆均可配制可用水稀释的市售产品。

[小贴士]

"溶剂"和"稀释剂"这两个术语很容易混淆。溶剂是指可以将面漆中的树脂溶解，使其呈现液体状态的液体；而稀释剂则是一种与面漆兼容的稀释液，可降低染色剂或清漆的黏度，但并不能溶解树脂。

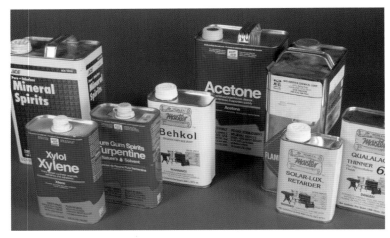

表面处理产品所用的溶剂可以分为以下几个基本类别，从左至右依次为油漆溶剂油和二甲苯（烃类化合物）、萜烯（松节油）、酒精（变性乙醇）、酮（丙酮）、酯（乙酸丁酯）、乙二醇醚（合成漆与染色剂的缓凝剂）和漆稀释剂（混合溶剂）。

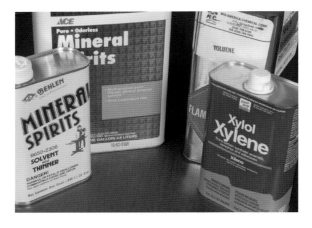

烃类化合物又可以分为脂肪族与芳香族。油漆溶剂油也有"普通的"与无味的产品。无味的油漆溶剂油挥发速度较慢，二甲苯和甲苯的挥发速度较快。

烃类化合物，比如煤油、油漆溶剂油、石脑油、漆稀释剂、甲苯和二甲苯等，既可用作溶剂，也可用作稀释剂。烃类化合物可以分为两类：脂肪族和芳香族。脂肪烃的挥发速度较慢，且更加油腻，芳香烃则挥发速度较快。

萜烯（松节油和D-柠檬烯）是从植物中提取的：松节油来源于松树，而D-柠檬烯提取自柑橘树。这类溶剂几乎可以100%与上面提到的烃类化合物互换，如果你对烃类化合物有不良反应（主要是气味方面），可以使用这类溶剂代替。

变性酒精可以溶解大部分来自天然植物与动物的树脂（例如虫胶），以及一些合成树脂，对染料也有一定的溶解能力。这种溶剂一般与其他溶剂一起使用，作为合成漆等表面处理产品的稀释剂。

酮类，比如丙酮和甲基乙基酮可以作为线型酚醛树脂与一些改性面漆产品（比如催化合成漆和聚酯纤维）的溶剂。

乙二醇醚的性质较为独特，它可以溶解许多天然树脂和合成树脂，并可以与水以任意比例混溶。乙二醇醚与许多溶剂和树脂都有很好的兼容性，因此可用于制备水基面漆。此外，这种溶剂的挥发速度较慢，可以作为缓凝剂用于一些快干型面漆。

添加剂

制造商会在面漆中添加各种添加剂，来满足不同需要。一些添加剂可以使面漆更加黏稠，一些可以加速面漆固化，还有一些添加剂则可以削弱面漆涂层的光泽或防止面漆在罐中成膜。一些添加剂可以控制液体流量，促进面漆涂层展平，一些则可防止细菌与霉菌滋生。制造商在漆罐中加入的添加剂固然无法改变，但表面处理师可以自行购买一些常用的添加剂，来解决表面处理过程中遇到的问题。

缓凝剂可用于减慢某些溶剂的挥发速度，从而防止雾浊或面漆流动性差、难以流布平整等问题。常用的缓凝剂包括乙二醇醚，以及挥发较慢的酮、烃类化合物和乙醇等。

日式催干剂可以提高油基面漆在寒冷天气的固化速度。

紫外线稳定剂可分为两大类：紫外线吸收剂（UVAs）和受阻胺光稳定剂（HALs）。前者可以防止染色表面或裸木褪色或变色，而后者则可以防止树脂因紫外线的照射而退化。

流量控制剂可以解决"鱼眼"问题和其他由于硅酮污染带来的面漆与木料表面的兼容性问题。

消光剂用于削弱面漆涂层的光泽。可以自行向面漆中添加消光剂，但最好的方法还是直接购买已经调至所需光泽（亚光、半光亮或缎面光泽）的面漆。

[小贴士]

油漆是一种含有足量色素、可将木料纹理掩盖起来的清漆产品。因为白色是所有色素中最不透明且不会褪色的色素，所以大多数市售油漆中会添加这种色素。

常用的添加剂包括（从左至右）：缓凝剂（溶剂基和水基）、日式催干剂、紫外线吸收剂、消光剂和防鱼眼添加剂。

测试面漆

如果你不确定所选面漆的某些特性，最好在废木料上进行测试。选择面漆时需要考虑的三个主要因素为：黏附力、涂层的硬度和耐溶剂（包括水）性。

当我们在染色层、釉料层或其他面漆涂层上方涂覆面漆时，黏附力是十分重要的参数。如果你不确定各种产品的兼容性，可进行一个简单的黏附力测试。

在经过染色、上釉的表面和其他涂层上涂抹面漆时，面漆的黏附力很重要。如果你不确定各种表面处理产品之间的兼容性，可以进行简单的黏附力测试。

> **▶ 参阅第 186 页 "黏附力测试"。**

若要测试某种面漆涂层的硬度，需等面漆完全固化后，用拇指的指甲按压，观察是否有凹痕产生。或者，也可以将一张纸放在面漆层之上，用圆珠笔在纸上写字，然后观察面漆层上是否留下了字迹压痕。

若要检测已完全固化的面漆涂层的耐溶剂性能，则在其表面滴加 10 滴左右的水、酒精、家用清洁剂或其他溶剂，然后用一只小碟子将液滴覆盖。等待数小时，将溶剂擦除，观察表面的破坏情况。

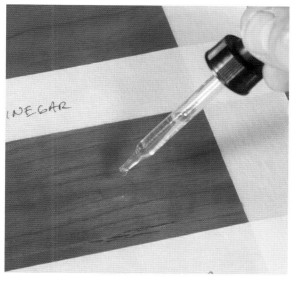

图中的清漆涂层通过了除漆稀释剂外所有溶剂的抗性测试，等待几小时后，只有漆稀释剂会在涂层表面留下明显的痕迹。

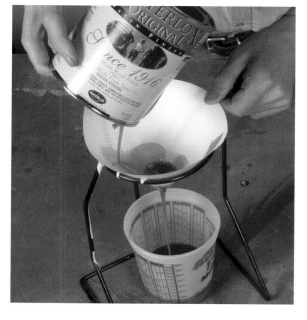

过滤面漆是获得高质量表面处理的第一步。一个金属滤网架可以保证操作顺利完成。当你从盛满的漆罐中倒取面漆时，应将漆罐稍稍倾斜，让面漆沿漏斗壁流下。

涂抹面漆的基础

在本书剩下的部分，我会介绍涂抹特定面漆产品的最佳方法。不过，我们需要首先了解一些几乎适用于任何面漆的基本准则。

准备工作

在使用前最好先过滤面漆，并将其分装到较小的容器中，而不是直接从漆罐中取用。使用黏度杯可对面漆进行精确稀释。黏度杯是一种底部具有精密开孔的小杯子。在测量某种面漆的黏度时，需要记录该面漆从某种型号的黏度杯中流尽所需的时间（比如福特4号杯，用时16秒）。黏度等级通常用于各种工业涂料。

涂抹多层涂层

对于纯油和大多数的油与清漆的混合物，只有涂层达到一定数量，我们才可以自由地将新涂抹的涂层擦除。成膜面漆则需达到"最小涂层数目"才能获得足够的耐久性。低固含量的挥发性面漆，比如虫胶和合成漆，需要涂抹4~5层涂层，而高固含量的面漆，比如清漆，则至少需要涂抹两层涂层。

为了计算涂层的干膜厚度，需要知道以体积分数表示的面漆固含量，如果没有在漆罐或技术参数表上找到这一数值，可咨询制造商。

面漆的固含量通常会列在漆罐或技术参数表上，面漆的固含量有两种表示方法：一种以重量分数表示，另一种则以体积分数表示。对表面处理师来说，体积分数表示的固含量更为重要，这样只要我们知道这一参数，便可以根据湿膜厚度计算出干膜厚度，而湿膜厚度可以使用简单的工具进行测量。

► 参阅第187页"测量涂层厚度"。

例如，如果面漆的固含量体积分数为35%，那么，3层2 mil（密耳，厚度单位，1 mil=0.001 in）厚的湿膜干燥后形成的干膜涂层的厚度为2.1 mil（3×2×0.35）。

面漆光泽

许多面漆可以制作出不同光泽的涂层，包括光亮光泽、缎面光泽与亚光光泽。如果需要在深色木料表面涂抹3层以上的涂层，最好先涂抹光亮光泽的面漆制作基底涂层，然后涂抹缎面光泽的面漆作为最后的面漆涂层，以避免涂抹多层缎面或亚光光泽的面漆出现浑浊的外观。在使用无光泽面漆，比如半光亮、缎面或亚光光泽的面漆时，需充分搅拌产品，使消光剂分散均匀。我通常使用平头的搅拌棒进行搅拌，这种搅拌棒可以把沉淀在漆罐底部的消光剂刮下，重新分散到液体之中。

缎面、半光亮和亚光面漆需要彻底搅拌，使消光剂分散均匀。可以使用平头的搅拌棒将罐底沉积的消光剂刮下。

处理内表面

切忌将干性油制备的面漆涂抹在抽屉、箱子或橱柜等用来储存食物或衣物的家具内部。这样的产品包括所有油类、清漆、改性油和油与清漆的混合物，它们的气味不易散去。这种情况下最好使用虫胶或合成漆，反应性双组分面漆也可以。

处理多脂硬木

黑黄檀木、毒黄檀木和一些替代种类的硬木中含有大量天然油脂，会阻止氧气进入油基面漆中开始固化的进程。因此在表面处理过程中应尽量避免将干性油产品直接涂抹在这种木料表面。如果需要涂抹清漆，应先使用虫胶或乙烯基封闭剂封闭裸木表面。

内部涂层的打磨

打磨涂层可以消除瑕疵，平滑涂层表面，同时增强面漆涂层之间的黏附作用。如果相邻两层涂层的涂抹时间间隔 4~6 小时，且上一涂层的表面很干净，除非制造商有明确要求，否则通常是不需要在涂层之间进行打磨的。对于反应性面漆，在打磨前需等待足够的时间使其干燥（具体时间参阅产品标签）。因为大多数挥发性面漆会将先前涂抹的涂层重新溶解，因此涂层之间的打磨只有在存在缺陷需要修复时才会进行，此类涂层的打磨一般使用 240 目或 320 目的砂纸。而反应性面漆涂层的打磨需要使用更为精细的砂纸（比如400 目），以避免出现可见的划痕。如果不确定某种面漆应该使用多少目数砂纸进行打磨，选择400 目或 600 目的砂纸总是没有问题的。在打磨复杂的轮廓时，应使用缓冲磨料垫。

处理部件

尽可能将较大的部件拆解开来分别处理。如有可能，应对抽屉的背板和底板单独进行处理。如果作品结构复杂具有很多板条，应在组装前分别完成各个部件的表面处理。可以将较小的部件浸入面漆中取出，或者把它们固定到木条上刷涂面漆；如果需要对小型部件进行喷涂，可以制作一只筛箱或者把这些部件用胶带固定在胶合板上再进行喷涂。

双面处理

对部件的两面同时进行表面处理是个不错的主意。此方法可以加快操作，同时避免部件在湿度过低或过高时发生形变。

► 参阅第 192 页"双面处理"。

处理雕刻部位

为了保持雕刻部位的清晰轮廓，应尽可能减少面漆的使用量，同时避免打磨内部涂层。一般来说，对于雕刻部位的表面处理，喷涂是最佳方式。我个人比较喜欢在雕刻部位使用低固含量的合成漆或虫胶。

把这些小木制把手放在筛箱上方进行喷涂。这只筛箱的顶面使用 ½ in（12.7 mm）规格的金属丝网制成，喷涂时空气会从网孔中穿过，因此不会把这些把手吹得到处乱滚。

为了保持图中的抓球爪式桃花心木桌腿的清晰轮廓，笔者使用画笔涂抹了两层较薄的虫胶，然后用 0000 号钢丝绒轻轻打磨。

测试和测量

黏附力测试

如果你不确定某种面漆的黏附力或几种面漆产品间的黏附效果，可以在废木料上进行测试。让待测面漆固化 4 天以上，为高精度修补刀换上新刀片，在木材表面切割出一系列间隔 ⅛ in（3.2 mm）、长 2 in（50.8 mm）的贯穿面漆涂层、深至木料表面的凹痕，然后转动 90°，在与这些凹痕垂直的方向切割出相同的系列凹痕（图 A）。用手指轻轻拂过表面，将表面掉落的碎片或碎屑擦除。取一段 6~8 in（152.4~203.2 mm）长的干净的透明胶带，将其粘贴于此交叉划痕区域上，并用指尖（图 B）或橡皮擦轻轻按压。抓住胶带的一端，沿相反的方向向后平稳的拉动胶带。

检查交叉划痕区域是否有碎片掉落。小于 20% 的掉粉率说明面漆的黏附力可以接受；如果超出 20%，则表明面漆的黏附力较弱。图中这张胡桃木测试平板依次涂抹了熟亚麻籽油封闭剂和水基合成漆，结果不错，顺利通过了测试（图 C），这块颜色较浅的枫木面板，其面漆产品则未能通过测试（图 D）。

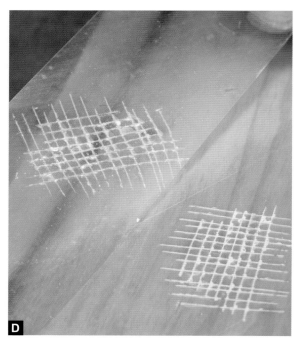

黏度测试

为了检测某种液体面漆的黏度，可以购买一只黏度杯。

在测试黏度之前，需确保面漆的温度为 70 ℉（21℃），因为温度对黏度的影响很大。接下来，首先将黏度杯完全浸入面漆中（图 A），然后将其提至面漆液面上方 6 in（152.4 mm）高度处（图 B）。从杯体上沿离开液面开始计时，到液流出现第一次中断时停止计时（图 C）。

将记录的时间换算为秒，所得的数值即为该液体的黏度。如果你用的不是面漆供应商推荐的黏度杯，那么可以使用转换表进行换算。最后，用小刷子将黏度杯清洗干净，因为杯孔中残留的面漆会导致下次测量出现偏差。

测量涂层厚度

面漆制造商可能不希望某个涂层超过湿膜厚度，另外一些人可能会要求涂层达到一定的干膜厚度，以获得较好的性能。为了计算这两种厚度，你需要知道"密耳计"的使用方法。密耳计是一块带有齿状结构的冲压金属，相邻的齿依次增加 1 mil。在使用密耳计测量厚度时，首先像真实的表面处理那样将涂料喷涂或手工涂抹在样品表面（图 A），然后将密耳计垂直竖起压在湿面涂层上（图 B）。取回密耳计，记录第一个未沾染面漆的齿，以及与其相邻的最后一个沾上面漆的齿。在此图中，为了清晰起见，我将密耳计在涂层上拖动了一段距离，可以看到，标有 6 mil 的齿未在涂层上留下痕迹，而标有 5 mil 的齿则造成了拖痕（图 C）。这层涂层的厚度即为 5 mil。

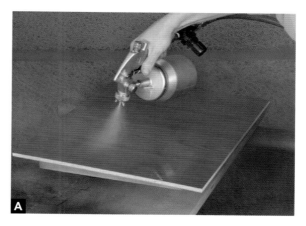

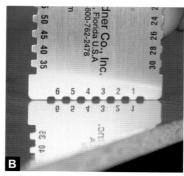

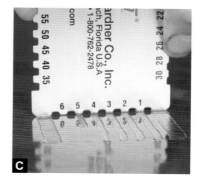

刷涂

准备好刷子

一些刷涂问题，比如面漆中的碎屑与松弛的刷毛，可以通过在刷涂前对刷子进行整理而避免。最为有效的预防性保养措施从将刷子存放在抽屉中开始，如此可以避免刷子被木屑和其他空气中的颗粒物污染（图 A）。在使用刷子之前，先将刷毛末端前后轻拂几下以除去灰尘（图 B）。如果看到有松动的刷毛，便将其去除。将刷子浸入用于稀释和清洗面漆的溶剂之中，直到金属箍没入液面之下。刮去容器边沿过量的溶剂，然后用干净、干燥的棉布将多余溶剂吸干（图 C）。溶剂浸润可以理顺刷毛，使最开始的涂抹更加顺畅，同时让刷子更易于清洗。

基本刷涂技术

基本刷涂技术可以帮助你轻松地在桌面或其他平整、水平的表面刷涂面漆。按照之前介绍的方法整理刷毛，然后将刷毛浸入盛有面漆的容器中，至约一半长度的刷毛浸入液面之下。在容器侧壁上轻轻挤压刷毛，去除过量面漆（图 A）。从距离边缘约 3 in（76.2 mm）的地方开始（图 B），轻轻向着边缘拉动刷子，并在到达边缘后将刷子提起（图 C）。

现在回到刚才开始的位置，将刷子向着另一

侧边缘拉动，完成整个笔画的刷涂（图D）。重复以上操作，完成剩余区域的刷涂，注意每次刷涂的笔画要与前一次的刷涂区域保持¼~½ in（6.4~12.7 mm）的重叠（图E）。刷涂工作应尽可能快速完成，给自己留下足够的时间来进行后续的"扫掠"工作。这一工作是通过将刷子垂直握持，并用刷尖轻轻掠过涂层表面来实现的。清漆的开放时间较长，一般有足够的时间进行扫掠，而快干型的合成漆和虫胶则要困难许多。

刷涂虫胶和合成漆

在刷涂快干型面漆，例如合成漆和虫胶时，我喜欢使用一种干燥速度更快、可以形成更薄涂层的技术。若要刷涂的是虫胶，我会使用1磅规格的虫胶；对于合成漆，我会用漆稀释剂按照1∶1的比例进行稀释。可配合此技术使用的最合适的刷子是画刷，因为画刷的刷毛较少，能承载的面漆也较少（图A），从而使刷涂时形成较厚涂层的可能性也大大降低。此技术不要求连贯地完成一整条区域的刷涂，可以分部分逐一完成。

每次涂抹4 in×4 in（101.6 mm×101.6 mm）的区域。从靠近边缘处起始，拖动画刷远离边缘进行刷涂（图B）。完成一块区域后，重新将画刷蘸满面漆，继续刷涂另一块区域，然后用画刷在两个区域间来回迅速扫拂数次，使两个区域融

为一体。画刷尤其适合复杂表面或较小的区域，因为它们可以在边缘刷涂非常薄的虫胶或合成漆涂层（图C）。在刷涂圆形或木旋部件时，可以一圈圈地轻轻扫拂部件表面，以避免漆液滴落（图D）。

刷涂框架–面板组件

在对框架-面板组件进行表面处理时，需要用到钉板。使用钉板不仅可以加快处理，同时可以防止背面刷涂的面漆液滴通过下方的支持物粘到部件的另一面上。首先刷涂面板的背面，且暂时不要刷涂边缘（图A），然后抓住边缘将门板抬起，将其翻转后仍然置于钉板上（图B）。对于图中这样的框架-面板组件，我一般使用没有分隔刷毛的小号刷子（例如画刷）来刷涂清漆，因为这种刷子可蘸取的面漆有限，不会在刷涂开始的缝隙处堆积过多面漆。首先完成冒头、梃和中心面板的刷涂，再刷涂边缘（图C）。用干抹布把小号刷子上多余的面漆吸干，然后用小号刷子把缝隙处堆积的面漆清理干净。

喷涂

喷涂水平平面

对于桌面或其他平面，有一种基本的喷涂技术，被称为"交叉影线法""盒式喷涂法"或"双程喷涂法"。首先保持喷枪正对且垂直于平面边缘，对 4 条边缘进行喷涂；然后提高喷枪高度，使其与平面呈 45° 角，再次喷涂边缘，使更多面漆落在边缘的顶面（图 A）。接下来，垂直于木料的纹理方向，从靠近自己的边缘开始喷涂第一条面漆带。此时喷枪应位于边缘外侧，扣下扳机，面漆就会雾化喷出并抵达边缘（图 B）。保持喷雾与平面垂直并间隔一定距离，横向于纹理移动喷枪（可以参考喷枪的操作手册）。在喷枪到达平面的另一边缘后，松开扳机。重复上述操作，注意新喷涂的面漆带与上一条面漆带保持约一半宽度的重叠（图 C）。完成一遍喷涂后，将部件旋转 90°，顺纹理方向重复上述操作（图 D）。在转盘上进行操作会更方便。这种喷涂技术可以实现面漆的均匀覆盖。

[小贴士]

在不会损坏底层调色层或釉层的前提下，可以用手指将喷涂过程中出现的液滴迅速擦去（图 T），然后对该区域重新进行喷涂。

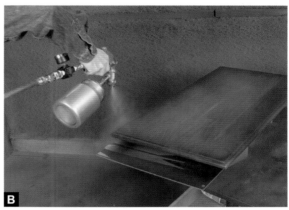

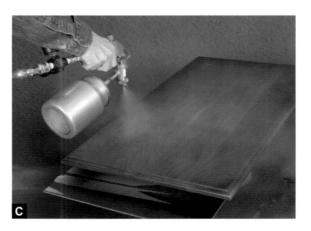

喷涂垂直平面

为了有效地喷涂电视柜侧板那样的垂直平面，使用远程压力进料式喷涂装置会很方便。应从侧板的底部起始向上喷涂（图A）。使用压力进料式喷枪时，需保持喷枪枪身水平，如此可以得到水平的喷雾模式；如果使用的是重力式喷枪或虹吸式喷枪，则可以通过调整气帽获得水平的喷雾。与喷涂水平面类似，在喷涂垂直平面时，也要保持新面漆带与前一条面漆带重叠约一半的宽度（图B），不过为了防止面漆滴落，只需进行单程喷涂。将部件置于转盘上，便可以轻松对其进行双面喷涂。对于框架的正面，同样是从底部开始向上喷涂。如果可能，可以调整喷雾扇面的宽度，使其与框架宽度匹配（图C）。

双面处理

实木桌面、门板和其他在使用时不会牢固固定的平面需要进行双面处理。双面处理可以防止由于环境湿度突变引起的部件翘曲。在喷涂桌面时，准备两根保温管，在这两根保温管中间插入铁管来增加保温管的重量，使其不会滚动。将保温管放在钉板的螺丝之间，确保螺丝的尖端比保温管矮1 in（25.4 mm）以上（图A）。将桌面正面朝下放在保温管上，首先喷涂底面（图B）。暂时不要喷涂桌面边缘，因为我们稍后需要抓住边缘把桌面翻过来。抓住桌面边缘抬起桌面，撤掉保温管，然后把桌面正面朝上放在钉板上进行喷涂（图C）。

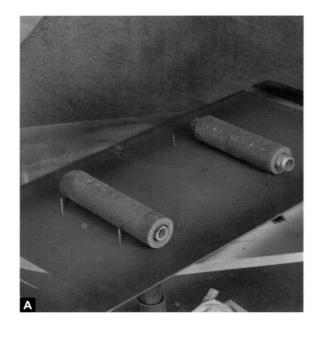

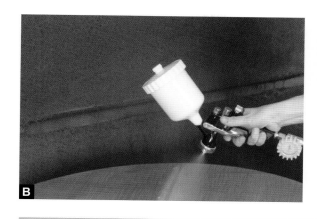

喷涂复杂的部件

喷涂椅子等复杂的三维作品，基本原则是：从不显眼的位置开始喷涂，最后喷涂最为显眼的位置。对于一把椅子，先将其上下翻转，以便于完成横撑的喷涂，并顺势喷涂椅面底部（图 A）。别忘了，诸如顶部冒头部件底部等不容易看见的区域也是需要进行喷涂的（图 B）。

接下来喷涂椅背和椅背的顶部冒头，然后是座椅边缘，椅面的喷涂留到最后。若要喷涂椅背的纺锤柱与椅面连接处，应首先正对椅面，对着纺锤柱进行喷涂（图 C），然后迅速将转盘旋转180°，从背面喷涂连接处（图 D）。

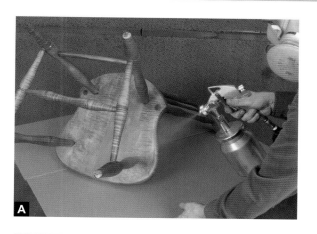

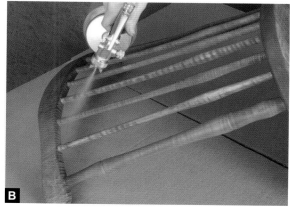

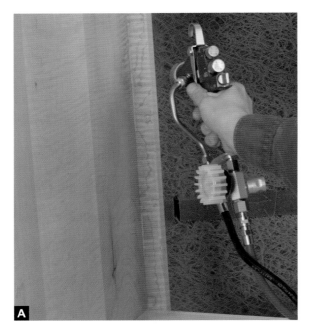

喷涂橱柜内部

为了使较大的家具（比如这只枫木电视柜）更容易处理，可以将顶板组件、底板组件和背板分别拆下，然后从背侧开始，依次喷涂柜子的4个内表面区域。

从每块侧板的4条边缘开始，首先喷涂顶部，然后沿面框的背侧向下喷涂（图A），此时需要的是垂直的喷雾模式，因此应将喷枪垂直握持。到达侧板底部边缘时，重新调整喷枪使枪身水平（图B）。最后，喷涂侧板的中间区域（图C）。先完成两块侧板和顶板的喷涂，把底板留到最后，这样过喷的面漆不会沉降到底板上，形成粗糙的涂层表面（图D）。应尽可能对着喷漆柜后面的过滤器喷涂，避免过喷的面漆残留在部件表面。如果在户外进行喷涂，则可以在身后放一台落地扇，这样能获得同样的效果。

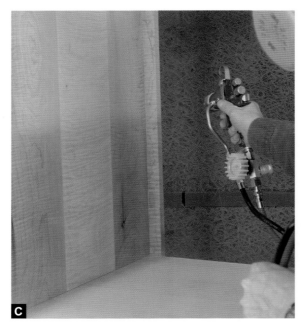

处理雕刻区域

对雕刻区域进行表面处理需要格外小心。我倾向于手工处理雕刻区域，我最喜欢的技术是先涂抹一层虫胶封闭剂，再擦涂凝胶型清漆。

使用小号的画刷在雕刻区域表面涂抹一层 1 磅规格的虫胶作为封闭涂层（图 A）。待虫胶干燥后，使用超细的灰色合成钢丝绒轻轻打磨，然后去除打磨的粉尘，使用硬毛刷将缎面光泽的凝胶型清漆涂抹在雕刻区域（图 B），并在清漆固化前用鞋刷除去凹陷处过量的凝胶型清漆。将鞋刷上的凝胶型清漆擦干净，然后再次使用，像擦鞋那样擦拭雕刻区域表面，直到获得柔和的缎面光泽（图 C）。

［变式方法］

在用虫胶封闭雕刻表面后，也可以用亚光或缎面光泽的可喷涂合成漆代替凝胶型清漆进行处理（图 V）。

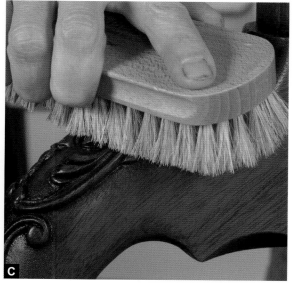

预涂面漆

在胶合前进行"预涂面漆"可以防止过量胶水挤出以及面漆在缝隙和角落处堆积，同时便于处理其他的狭窄区域。这件樱桃木套盒所有待上胶的区域都用蓝色胶带遮蔽起来，然后对剩余表面进行处理。干接部件，标记出胶带的位置，然后用锥子标记出接合边缘（图 A）。此外，横向槽也要用同样的胶带封闭起来（图 B）。

待涂抹完虫胶后，去除蓝色胶带，将部件胶合起来。胶水不会粘在涂有虫胶的表面，因此可轻易将其擦净（图 C）。也可以等胶水干燥后将其剥离，不过不要干燥得太彻底，因为胶水变得十分坚硬后会很难去除。

[变式方法]

对于含有榫卯结构的组件，在预涂面漆前可在榫头上粘贴胶带，同时用纸巾把榫眼塞满（图 V）。

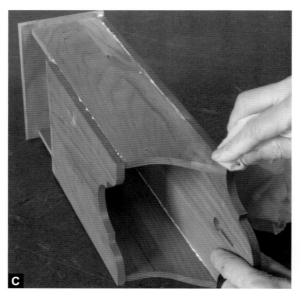

第 14 章
反应性面漆

　　反应性面漆是一类通过与其他成分发生反应实现固化的面漆。其他成分可以是空气中的氧气，也可以是加入面漆中的催化剂。反应性面漆包括油、清漆和改性面漆。在本章，我们会详细介绍这些面漆产品，包括如何使用这些面漆以及解决操作中的问题。我把反应性面漆分为以下几个类别：纯油、热改性油、清漆和改性面漆。

纯油

　　表面处理产品中使用的各种天然油便属于这一类别，常见种类有亚麻籽油、桐油、大豆油、红花油和椰子油等。亚麻籽油和桐油属于干性油。亚麻籽油源于亚麻植物，桐油源于油桐树的坚果。油桐树原产于中国，现在南美洲和美国也有种植。半干性油，比如大豆油和红花油，以及非干性油，比如椰子油，是清漆和其他面漆中的主要成分。在以上所有产品中，亚麻籽油和桐油使用最为广泛。

　　干性油通过"自氧化聚合"过程与空气中的氧气结合，形成一种橡胶状的固体。简单来说，用干性油涂抹一层薄薄的涂层，氧气会自动与油分子反应，形成更大的分子。这种化学反应通过"交联"将分子结合在一起。

　　亚麻籽油和桐油都无法干燥到足够的硬度，从而在木料表面形成薄膜涂层。它们的作用是渗透到木纤维的细胞结构中，将细胞包裹在橡胶状固体内，从而加深木料的颜色与纹理。虽然无法成膜，但只要细心维护，不让木料过多地接触水分和染色剂等化学物质，这两种油可以产生一种

亚麻籽油和桐油是最常用的油类面漆。其中，桐油（右侧）具有较好的防水性能，且颜色较浅，随着时间的推移，其黄色会变得更淡。

美观、自然的外观效果，且易于涂抹。现在，生桐油仍被广泛用于表面处理领域，而生亚麻籽油则由于干燥时间过长已被弃用。

熟油与聚合油

　　如果把生亚麻籽油加热后再冷却至室温，亚

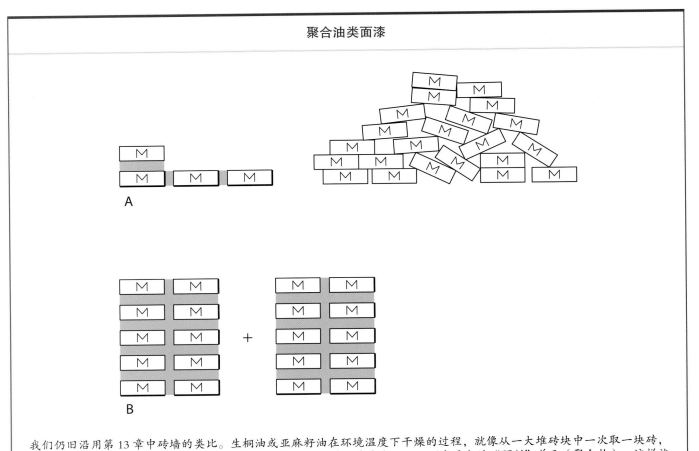

聚合油类面漆

A

B

我们仍旧沿用第13章中砖墙的类比。生桐油或亚麻籽油在环境温度下干燥的过程，就像从一大堆砖块中一次取一块砖，慢慢筑成一堵墙那样（图A）。而对油进行热处理可以使其预先聚合，从而形成更大的"预制"单元（聚合物），这样就可以使用更少的水泥（交联剂）（图B）、花费更短的时间建造出相同尺寸的墙壁。

麻籽油的干燥速度会大大加快。这种经过热处理的产品曾被叫作"熟"亚麻籽油，现在我们知道，带有这个名字的产品实际上并未被煮熟，而是通过在其中添加化学催干剂的方式来加快其干燥速度的。聚合亚麻籽油不同于市面上销售的熟亚麻籽油，一般不作为表面处理产品进行销售，但毫无疑问，一些面漆产品（比如丹麦油）中还有这种成分。

聚合桐油是在可控的加热条件下生产的，可以得到一种固化速度较快，且涂层较为耐用的产品。因为热处理会使其变得比生油更加黏稠，因此一般需在这些产品中添加稀释剂。

涂抹的油涂层越多，木材的颜色就越深，纹理也会愈加明显。图中这块有影枫木的左侧涂抹了7层熟亚麻油，而右侧涂抹了2层。

纯油的使用基础

纯油作为面漆使用的目的是获得一种"接近天然木色"的自然外观。纯油产品可以加深木料的颜色，突出木料的纹理但不能形成耐液体或耐磨损的保护涂层。同时，这种产品容易修复与维护，如果某处表面开始变得暗淡、出现划痕或损坏，简单地在表面涂抹更多的纯油即可。

清漆是最受消费者欢迎的面漆之一。这种产品具有多种配方和浓度，包括了较稀的擦拭型产品和较稠的膏状凝胶型清漆。

▶ 纯油还是清漆？

纯油与清漆最基本的区别在于，如果纯油产品涂得太厚，或者堆积成"膜"，油膜干燥后只会软化变皱，同时带有一定的黏性，因此纯油产品一般被归为"渗透型"面漆。不过，如果将纯油与硬质的天然或合成树脂一同加热，就可以得到一种涂层硬度更大、更加光亮且耐久性更好的产品。清漆则是一种成膜型面漆。下图是清漆（左）和纯油（右）被倒在玻璃表面呈现的状态，差异非常明显。

也可以在涂抹一些涂层硬度较大的面漆（比如虫胶和合成漆）之前涂抹纯油，来达到封闭木料与突出木材图案和纹理的效果。其后涂抹的面漆涂层可以提供抗划痕、耐液体和耐热的能力。对于已经染色或上釉的木料，纯油不是合适的选择，因为油层不够坚硬，不能很好地保护染色层，尤其是在一些需要经常用手接触的部位，比如椅子的扶手和抽屉面板等，十分容易磨损和产生划痕。

若要使用纯油产品，最好涂抹较薄的涂层，如此才可以获得合适的干燥速度，尤其是在固化时间会相应延长的寒冷天气中。如果涂层太厚，桐油涂层会"结霜"，或形成苍白的涂层外观。亚麻籽油涂抹时呈现一种较浅的琥珀色，但此颜色会随着时间的推移发生黄化，对于颜色较深的木材，这也许不是问题，但在颜色较浅的木材（比如枫木或桦木）表面，偏黄的色调很不美观。桐油的黄化趋势则要弱得多。

注意：浸了纯油的抹布有自燃的危险，应当合理处理，具体处理方法参阅第 12 页内容。

清漆

如今，有多种清漆产品可用于表面处理，其

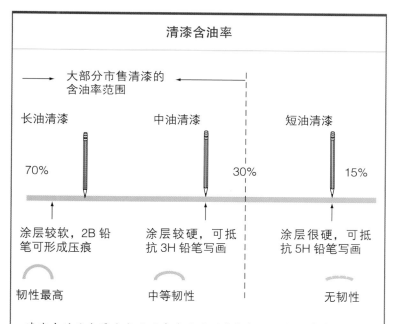

清漆含油率

大部分市售清漆的含油率范围

长油清漆	中油清漆	短油清漆
70%	30%	15%
涂层较软，2B 铅笔可形成压痕	涂层较硬，可抵抗 3H 铅笔写画	涂层很硬，可抵抗 5H 铅笔写画
韧性最高	中等韧性	无韧性

清漆中的油含量决定了面漆涂层的硬度与韧性。长油清漆适用于户外，对涂层韧性要求很高，硬度对其则并不重要。对于桌子等家具，应适当提高清漆中的树脂含量，以提高涂层的硬度，从而获得更好的耐久性。大部分市售清漆的油含量为 30%~70%。短油清漆通常需要烘烤才能固化，仅在工业生产中使用。

中大多数是通过将醇酸树脂、酚醛树脂和聚氨酯树脂与各种油混合制备的。纯油与清漆的主要不同在于，清漆干燥后能够形成坚硬、光亮的薄膜涂层，纯油则不能（参阅"纯油还是清漆"）。

最初的清漆是通过将天然树脂或化石树脂（比如琥珀、柯巴脂或山达脂）与某种干性油（比

不同的清漆具有不同的特性。桐油/酚醛树脂清漆（最左侧）颜色最深，大豆油醇酸清漆的颜色最浅（最右侧）。右三的清漆为快干型清漆，是一种乙烯基改性的醇酸清漆。

清漆可以说是最容易刷涂的面漆了，因为它能提供足够的开放时间，让你可以回过头来修复涂抹过程中产生的液滴、刷痕与其他瑕疵。

▶ "不要稀释"？

今天，几乎所有的清漆标签上都会注明"此产品不能稀释"。这一警告源于 1990 年美国颁布的《净化空气法案》（Clean Air Act），此法案要求面漆制造商遵守联邦制定的溶剂排放标准。如果在产品中添加稀释剂，就达不到这些标准。制造商致力于开发无须稀释且性能较好的面漆产品，但面漆往往因此变得非常黏稠。当然，如果你在清漆产品中添加稀释剂，也不会有人逮捕你，不过我建议你先试着使用原装产品，再考虑稀释的问题，如果面漆看起来十分黏稠，可先尝试将其加热至室温。

成酚醛树脂。

大部分现代清漆为醇酸树脂型清漆。这类清漆的制备方法是：在加热条件下，将纯油（比如亚麻籽油、大豆油、红花油或桐油）与酸类和醇类化合物混合。如果将醇酸型清漆中的部分酸换为异氰酸酯，便可制备出聚氨酯/醇酸树脂（称为聚氨酯改性醇酸树脂）。这种产品作为油基聚氨酯面漆出售。

判断清漆质量的主要因素之一是清漆中的油/树脂比例，即"含油率"。清漆中的油含量会影响涂层的硬度和韧性，如上页所示。清漆中使用的树脂类型同样会决定其特性。

醇酸型中长油清漆可以作为标准的通用型室内面漆使用，具有较好的一般防护性能。含亚麻籽油的醇酸清漆制作过程中需要用到大量溶剂，因此这一产品已逐渐被淘汰，颜色更浅、不易黄化的含大豆油的醇酸清漆则成为其替代产品。

酚醛型长油清漆也可用于室内的表面处理，但这种产品主要还是作为户外清漆使用。酚醛型长油清漆通常添加的是桐油。

聚氨酯/醇酸清漆通常被称为"聚氨酯"，这类产品涂层的耐热、耐溶剂和耐磨损性能是最好的。

快干型清漆是用乙烯基醇酸树脂制备的。这种产品可在 15~30 分钟内实现无尘干燥，但涂层的耐久性不如其他 3 种产品。

清漆刷涂、擦涂或喷涂均可。当前的空气质

如亚麻籽油）一同加热制备的，这类经过热处理的清漆被称为油树脂清漆，意思是通过加热使树脂被油溶解或吸收。现在，油树脂清漆的制作工艺仍然存在，只不过使用的树脂是天然树脂和合

量法规要求减少面漆中使用的溶剂量，如此可能会导致一些清漆过于黏稠。也就是说，若要擦拭或喷涂此类清漆，需在使用前用石脑油或油漆溶剂油对其进行稀释。

[小贴士]

在刷涂清漆时，大多数表面处理师会选择天然鬃毛刷，因为相比合成鬃毛刷，天然鬃毛刷可以蘸取更多的清漆。不过，合成鬃毛刷清洗起来更加容易。

油与清漆的混合物

为了满足市场对于兼具纯油的"渗透性"和清漆的"厚膜"特性的需要，面漆制造商开发出了一种"极长油清漆"。这类面漆最常见的产品是丹麦油，它还有很多其他的名字，比如北欧油（Nordic oil）和斯堪的纳维亚油（Scandinavian oil）等。

这类面漆的性能与纯油较为相似，但耐用性比未加添加剂的矿物油高出不少。这类面漆的涂抹方式与纯油相同，擦拭涂抹后静置一段时间，将过量面漆擦除。它们的干燥速度比熟亚麻籽油或生桐油稍快，同时由于含有少量树脂，可以较快地形成较为坚固的涂层。

这类产品没有统一的配方，很难猜测其具体的成分和配比。由于这一不确定性，许多表面处理师会选择制作自己的版本。我发现一个不错的配方，就是将 1 杯室内醇酸清漆与 1 杯石脑油和 1/4 杯亚麻籽油或桐油混合。加入的纯油越少，对清漆涂层的耐久性和硬度的弱化程度就越小。同时，纯油的引入会延长清漆的干燥时间，可以通过添加日式催干剂来加快其干燥速度。

虽然油与清漆的混合物的涂抹方法与纯油相似，但还是有细微的差别。首先，油与清漆的混合物在较短时间内就会变黏或开始干燥，因此必须尽快擦拭；第二，在使用经油漆溶剂油稀释的油与清漆的混合物处理橡木这样的开孔木材时会遇到一些问题：如果一次涂抹的面漆过多，即使将过量的面漆擦除，仍会有油从孔隙中不断渗出。

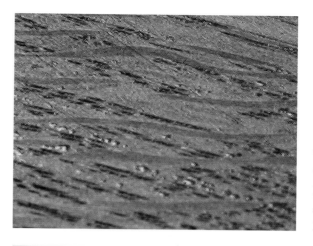

如果渗出的油在表面干燥，就会结成粗糙的痂，难以用干抹布擦除。可以用漆稀释剂润湿抹布将其擦掉，但更简单的方法是使用锋利的刮刀将其刮掉。

防止结皮

容器中残留的氧气会导致纯油和清漆过早凝固，为了防止这种情况发生，可以在封闭容器之前，用惰性气体置换掉氧气。

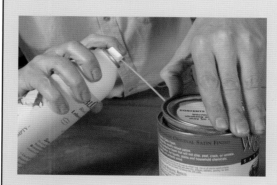

图中的防结皮气体产品可以用惰性的氮气和二氧化碳置换清漆罐中的氧气。

关于这个问题，有三种解决方案。第一种，不要一次性涂抹过多面漆，相反地，在施涂第一层和第二层涂层时，涂层应尽可能薄一些，并充分干燥，待木料表面的孔隙被封闭后，就不会再渗油了。第二种，持续关注部件，及时将表面渗出的油擦去。第三种，在涂抹油之前先用 1/2 磅规格的虫胶封闭木料表面。

改性面漆

改性面漆中含有多种可促进固化的成分，需在使用前进行混合。这些产品也会被称为"催化型"或"双组分"面漆，它们以不同的树脂体系为基础，大致可以分为三类：氨基型、聚氨酯型和聚酯型。下面我会依次介绍这三类改性面漆。

氨基型改性面漆

常见的氨基型改性面漆可分为三类：改性清漆、催化合成漆和预催化漆。

改性清漆在美国是一种标准清漆，用于制作可以快速固化且具有较高韧性和硬度的涂层，比如餐具柜和办公家具所需的涂层。改性清漆含有树脂和酸性催化剂两种成分，其中的树脂是氨基型树脂和醇酸树脂的混合物，有时也会添加其他树脂，例如非干性油类醇酸树脂和乙烯树脂，来提高涂层的耐久性与韧性。酸性催化剂需要在改性清漆使用前添加，添加比例由制造商确定。大部分改性清漆是无色透明的，且不易发生黄化。

催化合成漆（最左侧）和改性清漆（中）都需要在使用前将催化剂加入面漆中。预催化漆（右）省去了这一步骤，但涂层的耐久性也有所下降。

2K 聚氨酯面漆是为特殊用途配制的涂层韧性极高的面漆。图中左侧的户外级清漆非常适合处理门板，而右侧的室内级聚氨酯／丙烯酸产品则能提供良好的涂层耐磨性能。

但这种清漆具有两大缺陷：一是在固化时会释放具有毒性与致癌性的甲醛废气；二是如果涂抹的涂层过多，这种面漆层会开裂或碎裂。

催化合成漆的性质与改性清漆相似，不同的是催化合成漆中添加了硝化纤维或其他纤维素型的共聚树脂。这类产品是被开发出来将传统的合成漆转化为更加耐用、固体含量更高的升级产品，其涂层可以更好地擦除，同时保留了传统合成漆的外观。催化合成漆会发生黄化，因此不适合制作水白色（光学透明）和无黄化涂层，除非其中的共聚树脂为丙烯酸树脂或丙烯酸丁酸酯树脂。

预催化漆综合了改性清漆与催化合成漆的特点，不同的是预催化漆中事先加入了催化剂，而不像催化合成漆那样需要在使用前添加催化剂。开发预催化漆的初衷是为了消除麻烦的混合步骤。各种预催化漆涂层的耐用性各不相同，具体性能取决于其各自的生产方式。一般来说，预催化漆涂层的韧性介于催化合成漆与标准的溶剂基合成漆之间。

双组分聚氨酯

这种聚氨酯型面漆与油基聚氨酯面漆较为不同。这种面漆也被称为"2K 聚氨酯"（K 来源于德语的"Komponent"），是通过将两种组分在使用前混合而制备的。2K 聚氨酯制作的面漆涂层十分坚韧耐用，同时适用于室内与户外。2K聚氨酯面漆在美国的应用不及欧洲广泛，通常用于在意式家具、汽车内饰、乐器和办公家具表面形成"湿润光泽"的外观。不同于大多数的改性面漆，双组分聚氨酯面漆的抛光效果极好，如果你希望得到具有最佳的耐用性、清晰度与抛光质量的涂层，这种面漆是最佳选择。

不同于改性清漆和催化合成漆，这种聚氨酯面漆对涂层数没有限制，但需要更长的时间才能干燥，且保质期较短。这种面漆与其他产品（比如染色剂和釉料）的兼容性较差，但大多数面漆制造商会提供全套的 2K 聚氨酯产品，即使用来自同一家面漆制造商且已经过测试的釉料、封闭剂和染色剂就没有问题了。

聚酯树脂

聚酯型面漆涂层的硬度与韧性最高，通常用于餐桌、会议桌、汽车内饰以及为不确定平衡的音乐家制作的高端乐器上。聚酯面漆中含有聚酯树脂基料和可以启动固化的过氧化物引发剂，以及可以加速整个过程的促进剂，如果树脂基料中没有此种组分，则需要单独添加。

聚酯面漆的主要用途是为涂抹 2K 聚氨酯面漆、合成漆和其他面漆制作基底涂层。由于其较高的固含量（90% 以上），聚酯面漆可以形成较厚的漆层，即使在垂直表面亦是如此。聚酯面漆的缺点在于，需要在十分洁净的容器中精确混合。如果你需要像玻璃一样坚硬的面漆涂层，不妨选择聚酯面漆。

改性面漆基础

对于需要涂抹改性面漆的部件，最好不要使用超过 150 目的砂纸进行打磨。如果部件表面打磨得过于光滑，面漆的黏附效果就会降低；不过，150 目的砂纸会在表面留下划痕，无法满足高端作品的制作要求。有鉴于此，如果需要将部件表面打磨得更光滑，唯一的选择是对第一层涂层所用的面漆进行稀释。如果面漆供应商反对这样做，那只能使用特殊的封闭剂代替。

除了预催化漆，其他所有改性清漆都需要在使用前进行适当混合。通常说明书中会给出混合所需的体积关系，因此无须称重。不过，也有一些产品既可以按照重量关系混合，也可以根据体积关系混合。最容易制备的面漆是 2K 聚氨酯面漆，只需将面漆与硬化剂以 2∶1 的比例混合。

一旦各种成分混合完毕，便需在产品标签上规定的时间范围内使用。如果对某种面漆产品比较熟悉，你就可以更好地判断某一特定用途需要混合多少面漆。记住，催化剂需在加入稀释剂前添加。

在使用催化合成漆、预催化漆和改性清漆时，控制适当的涂层厚度是十分重要的。一般来说，干膜厚度不应超过 5 mil。

聚酯面漆涂层的硬度和韧性都非常高。根据制作商的不同，这种面漆可能包含 2~3 种单独组分。三组分体系在涂抹时可以进行调整，以适应各种恶劣的天气状况。

可以在涂抹氨基型面漆（右）之前先涂抹一层乙烯基封闭剂。可以购买与 2K 聚氨酯面漆和聚酯面漆（左）搭配使用的专门的绝缘聚氨酯封闭剂。

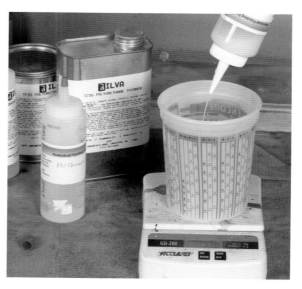

在少量地混合一些多组分产品时（比如图中的绝缘封闭剂），最好称取各种组分，重量数值要比体积关系准确得多。

有一个方法可以避免混合过多造成的面漆浪费，即提前称取所需用量并将其保存在容器中，用于必要时快速混合。记得用干净的塑料或玻璃容器来盛放这些液体。

▶ 改性清漆词汇表

如果你是第一次使用改性清漆，可能会发现一些工业术语难以理解。下面是对相关术语的简单介绍。

脂肪族聚氨酯：一种不会黄化的氨基甲酸酯，具有出色的户外性能。

芳香族聚氨酯：一种会发生黄化的氨基甲酸酯，是油基聚氨酯面漆和 2K 聚氨酯面漆的主要成分。

催化剂：一种可以加速或激活反应性面漆固化过程的化学物质。

龟裂：涂层表面的细微裂缝，通常是由面漆涂抹过多导致的。

密尔：衡量涂层厚度的标准单位。1 mil 等于 1/1000 in。

甲醛：氨基型面漆的一种成分与凝固时的有毒副产物。

引发剂：一种可以引发聚酯面漆交联与固化反应的过氧化物。

三聚氰胺树脂：一种在改性清漆与合成漆中使用的氨基型树脂。

促进剂：添加到聚酯面漆中的一种含钴化合物，可以加速面漆的固化过程。

保质期：多组分面漆混合后可以保存的时间。

重涂窗口：可以成功涂抹另一层面漆的时间间隔。

脲醛树脂：一种用于改性清漆和合成漆的树脂。

起皱：第二层改性面漆涂抹不当时出现的一种缺陷。

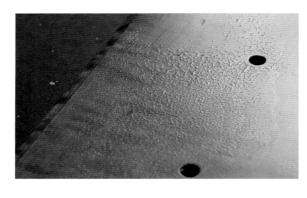

在使用改性面漆时，任何问题（比如图中所示的鱼眼或起皱问题）都会在测试样木板上立刻显现出来。

▶ 参阅第 187 页"测量涂层厚度"。

而聚酯面漆和 2K 聚氨酯面漆则没有干膜厚度的限制，你可以根据需要涂抹相应的面漆层数。

氨基型改性面漆、2K 聚氨酯和聚酯型面漆最常见的问题是黏附性差、产品混合不当以及缺少重涂窗口。黏附问题体现在面漆涂层遭到碰撞、产生凹痕或暴露在潮湿环境中时会出现白斑；产品的混合与使用不当常常会造成涂层起皱或龟裂。这些问题有时可以通过打磨或重新涂抹进行修复。

在涂抹面漆涂层之前，应首先在测试木板上喷涂，然后等待 5~10 分钟，观察是否有问题出现。在喷涂重要作品之前，最好让水滴在测试件表面保持 24 小时，以检测涂层的防水性能。此外，还需测试涂层的黏附特性。

▶ 参阅第 186 页"黏附力测试"。

如果测试件没有出现问题，就可以继续操作，为部件喷涂第一层涂层了。与其他面漆一样，喷涂改性面漆时也需要适当的通风。而且，氨基型改性面漆在干燥过程中会释放甲醛气体，因此需将完成处理的部件置于通风良好的区域等待面漆固化。在产品标签规定的时间内涂抹第二层涂层，涂抹时间过晚或未对第一层涂层进行合理打磨均可导致涂层起皱或龟裂。

［小贴士］

在需同时使用油基釉料和氨基型改性面漆的情况下，可以使用制造商指定的釉料，或将釉料涂层夹在两层乙烯基封闭涂层之间。

操作实例

涂抹纯油

在涂抹第一层纯油（比如熟亚麻籽油）之前，将纯油适当加热可以使其获得更好的渗透效果。首先使用双层锅把纯油加热到 150 ℉（65.6℃）（图 A），然后足量涂抹第一层纯油，如果过程中出现了干燥斑点，应及时补油（图 B）。静置15~30 分钟，然后用抹布将过量的纯油擦除。

让第一层涂层干燥过夜，然后用加热的油涂抹第二涂层，涂抹方法与涂抹第一层涂层时完全相同，不同的是可以使用 600 目的湿 / 干砂纸对第二层涂层进行湿式打磨（图 C）。这一过程中产生的油和打磨粉尘形成的浆料可以填充木料表面的孔隙，使木料表面更加光滑。之后，用抹布将木料表面擦拭干净，留下一层很薄的油膜涂层。你可以根据需要继续涂抹，随着涂层数的增加，木料的颜色会加深，光泽也会有所提高。等到最后一层涂层涂抹完成后，可以在干燥的面漆涂层之上打蜡抛光，或者用干净的干抹布进行擦拭来增加表面光泽。

[变式方法]

用等量的油漆溶剂油稀释纯桐油可以加快油的干燥速度（图 V）。在这种情况下，无须对纯油预先加热。

A

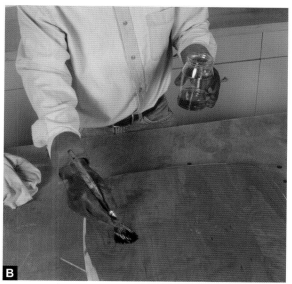

B

V

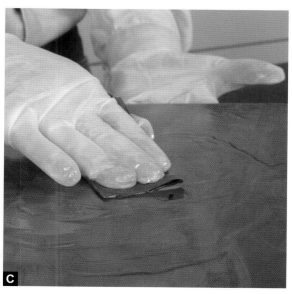

C

涂抹擦拭型清漆

在擦涂清漆之前，应首先确定产品中的固含量，如果固含量超过 30%——大多数现代清漆产品都是如此——则需用等量的油漆溶剂油对清漆进行稀释（图 A）。也可以使用石脑油作为稀释剂，这样还可以加快面漆的干燥速度。

将清漆倒在部件表面，几分钟后将其擦去（图 B），等待 2~4 小时，待涂层充分干燥后，再涂抹第二层涂层。对于后续涂层的涂抹，我通常会使用折叠的无纹纸。用翻盖瓶倒出清漆，将纸巾前沿约 1 in（25.4 mm）的部分润湿并用其擦拭部件（图 C）。不同于油涂抹后要立刻擦除，涂抹清漆时应涂抹一层薄薄的涂层，然后放置足够长的时间让其充分干燥。一般来说，一天可以涂抹 2~3 层涂层，且无须打磨内部涂层。

等到涂抹了 3~4 层涂层后，轻轻打磨涂层表面使其更加光滑，这一步是获得高质量面漆涂层的关键。先使用 600 目的砂纸轻轻打磨涂层表面（图 D），最后使用 0000 号钢丝绒结束打磨。至此，可以得到一种低光亮的自然外观；如果想要获得更为光亮的光泽和更加丰富的颜色层次，可以继续涂抹。

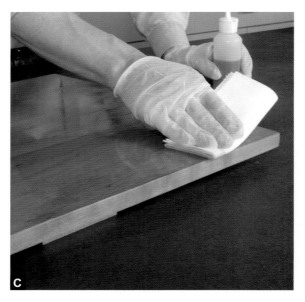

刷涂清漆

　　在刷涂清漆之前，首先涂抹一层封闭涂层，可以使用清漆打磨封闭剂，或者只是简单地将第一层涂层所用的清漆用等量石脑油稀释后使用。我一般使用的是虫胶，因为虫胶在 30 分钟内便可以干燥到足以进行打磨的程度（图 A）。打磨完毕后，使用粘布除去打磨产生的碎屑（图 B）。

　　接下来，采用"流动"技术刷涂一层未稀释的清漆。

➤ **参阅第 189 页"刷涂虫胶和合成漆"。**

　　之后用刷尖扫拂涂层表面将其整平（图 C）。一般应涂抹至少两层涂层，如果希望涂层更厚一些，可适当增加涂层数。如果相邻两层涂层在一天之内涂抹完毕，便无须进行打磨。不过，稍稍打磨有助于整平刷痕，清除碎屑。可以将油漆溶剂油作为润滑剂，使用湿 / 干砂纸进行打磨，或者如图中所示的那样用干砂纸打磨。一些清漆颗粒可能会堵塞砂纸，可以将砂纸放在合成磨料垫上来回摩擦去除这些黏糊糊的颗粒（图 D）。

　　在刷涂垂直表面时，首先沿水平方向刷涂清漆，然后从上向下扫拂涂层，将其整平（图 E）。

涂抹改性清漆与催化合成漆

改性清漆与催化合成漆的涂抹方法相同。在这个特定的示例中，我在经过染色和上釉处理的卷纹枫木桌面上涂抹了催化合成漆（在为卷纹枫木桌面上漆之前，我在已染色和上釉的测试板上进行了测试）。

在用淡棕色水基染料染色剂为桌面染色后，让其干燥 8 小时。接下来，在桌面与测试件上分别涂抹一层乙烯基封闭剂，干燥 30 分钟，然后用 320 目的砂纸将表面打磨光滑（图 A）。之后用油基釉料分别为桌面和测试件上釉（图 B 和图 C），待釉料干燥 2 小时后，再施涂一层乙烯基封闭剂并干燥 1 小时，然后轻轻对其进行打磨。

虽然大多数制造商都建议直接使用未稀释的催化合成漆，但为了获得更好的喷涂效果，我还是加入了 10% 的稀释剂进行稀释。接下来便可以喷涂第一层涂层了（图 D）。由于厚度较薄，第一层涂层往往非常美观，但为了获得较好的耐久性，建议涂覆两层涂层。待第一层涂层干燥 2 小时后，使用 600 目的砂纸将瑕疵与灰尘颗粒打磨掉，再喷涂第二层涂层。在喷涂第二层涂层的过程中可能会出现起皱或其他涂抹问题，因此应首先在测试板上进行测试。

涂抹 2K 聚氨酯面漆与聚酯漆

下面是以聚酯漆为底漆和填充剂、用 2K 聚氨酯面漆制作面漆涂层的示例。这张白蜡木桌面的边缘使用紫檀木进行封边，因此需要首先涂抹一层隔离封闭剂，这是在热带硬木、油基染色剂和油基釉料上涂抹聚酯漆或 2K 聚氨酯面漆前的必需步骤。在配制少量溶液时，为了保证溶液浓度准确，需要使用天平进行称量。喷涂隔离封闭剂（图 A），然后干燥 2 小时。

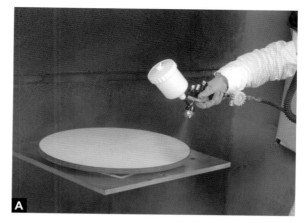

混合聚酯面漆需要非常干净的设备。可以选择塑料夸脱混合容器，并在使用前用丙酮将容器内壁擦拭几遍，以去除任何污物。在稀释聚酯漆时，应使用制造商推荐的丙酮稀释剂，图中的通用丙酮只能用于清洗（图 B）。

喷涂聚酯底漆。为了获得较好的填充效果，应采用交叉影线喷涂法，间隔 1 小时完成两层涂层的喷涂。干燥 12 小时，然后依次使用 320~600 目的砂纸将涂层表面打磨平整（图 C）。聚酯粉尘颗粒很细，具有一定的危害，因此我一般选择在喷漆房中完成此项操作，以便能够及时排出粉尘。如果在工房的主操作区打磨，可以使用下吸式工作台或连接了工房真空吸尘器的砂光机。待粉尘全部除去后，涂抹 2K 聚氨酯制作面漆涂层（图 D）。我使用的是光亮光泽的面漆产品，其可以通过后续抛光获得镜面般的外观效果。

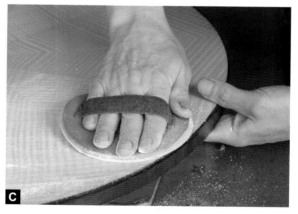

注意，2K 聚氨酯中含有异氰酸酯，因此需要特殊的处理方式并配备安全装备。混合时一定要全程佩戴手套。我喜欢使用如图所示的供气式呼吸器，当然也可以使用盒式呼吸器，但盒式呼吸器必须为全罩式，才能同时保护眼睛，且一定要定期更换呼吸盒。

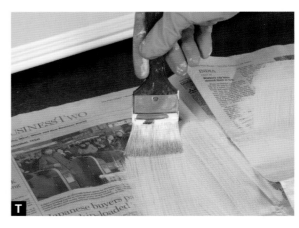

刷涂油漆

在刷涂油漆前，先使用 180 目的砂纸将部件表面打磨光滑，然后用变性酒精将其擦拭干净（图 A）。接下来刷涂一层底漆，这是本次表面处理的关键。可以咨询油漆制造商，选择最适合当前作品的底漆。有些底漆更适合封闭染色涂层，有些则是涂抹到已有涂层上效果较好，还有一些底漆能够提供较好的打磨特性。虫胶底漆可以满足上述所有需要，且干燥速度快，在这里我用的是虫胶底漆（图 B）。

涂抹一层底漆，让其干燥 1 小时，然后用 220 目的砂纸进行打磨。检查涂层表面是否出现凹痕等瑕疵，这些瑕疵在上漆后会更变得加明显。使用乳胶木填料填充凹痕，然后用 220 目的砂纸将填充区域打磨平整。再涂抹一层虫胶底漆，干燥 1~2 小时后，用 320 目的砂纸打磨去除刷痕，将部件表面打磨光滑。

我建议在油漆中添加适量油漆调节剂来提高其流动性（图 C）。使用优质鬃毛刷刷涂面漆，在刷涂时应尽可能保持技术动作一致。在刷涂复杂边缘时，尽量用刷毛将整个边缘罩住（图 D）。在部件背后放一盏灯，通过反光检查表面是否有遗漏未上漆的地方。最后，用刷尖在涂层表面轻轻扫拂，将涂层表面整平。

[小贴士]
为了方便清洗刷子，应尽可能地把刷子上的油漆刷涂到一张报纸上，然后再用溶剂进行清洗（图 T）。

喷涂油漆或染色改性清漆

　　油基和其他溶剂基油漆最好使用喷枪喷涂。在本示例中，我自制了一种白色油漆：向透明的缎面改性清漆中加入 15% 体积的白色染料和 3 滴深褐色染料（图 A）。在喷涂油漆前，首先用 150 目的砂纸将尖锐的边缘磨圆。

　　首先喷涂一层底漆（图 B）。这里使用的是一种与改性清漆一样涂层坚固耐用的催化底漆。如果使用的是深色面漆，则最好使用深色底漆，因为浅色底漆可能会透过面漆涂层显露出来。可以直接购买不同颜色的底漆，不过向白色底漆中添加浓缩染料也是个不错的方法（图 C）。一般来说，喷涂 1~2 层底漆即可，喷涂完毕后，让其自然干燥，然后使用 320 目的砂纸将涂层表面打磨光滑。

　　在喷涂面漆之前，应将部件表面的粉尘清除干净，避免对漆面造成污染。我通常使用压缩空气来进行清理，将粉尘吹向喷漆柜的过滤器。如果没有这样的装备，可以使用粘布或用石脑油润湿的抹布进行擦拭。总之，要避免灰尘飘浮在空中，最后沉降在面漆涂层上。清理工作完成后，就可以喷涂面漆涂层了。我通常会先喷涂一层涂层，等待 2 小时后，使用 600 目的砂纸将瑕疵打磨去除，再喷涂最后的涂层（图 D）。

　　当你按照上述步骤喷涂油基油漆时，应将其中的底漆换为虫胶或油基的底漆制作封闭涂层。油基底漆涂层具有更好的耐用性。使用石脑油而非油漆溶剂油来稀释油漆，此举可同时加快干燥速度，防止涂层出现流挂（图 E）。

第 15 章
挥发性面漆

挥发性面漆是通过面漆中的溶剂挥发到空气中，同时留下树脂而实现固化的，在这一过程中，树脂未发生变化，也未进行转化。常见的挥发性面漆可分为两类：虫胶和溶剂基合成漆。许多水基面漆也具有挥发性，但水基面漆同时也具备一定的反应性，我会在第 16 章中介绍。

虫胶

虫胶是一种天然树脂，可以从紫胶虫的分泌物中提取。这些分泌物通常以茧的形式存在，经过收集、提纯，最后被制成干燥的薄片或纽扣状虫胶出售，溶解于酒精中使用。市场上可以直接买到预制的虫胶溶液，但也可以购买片状或纽扣状的"干虫胶"，自行配制虫胶溶液。

虫胶的颜色及其是否含有天然蜡是判断虫胶

可以通过物理过程除去虫胶的颜色与其中含有的天然蜡，形成各种颜色的虫胶，其颜色从深石榴石色（右）到较浅的橙色（中）、金色（左）不等。在下方的木板上可以看到每种虫胶的颜色。

受原产地、收获时间与其他环境因素的影响，生虫胶（被称为"颗粒紫胶"）可呈现深石榴石色（左上）或较浅的焦糖色（右上）。进一步提纯后可以制成精制虫胶（下）。

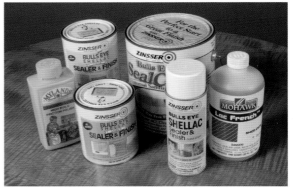

预制虫胶有含蜡（左边 3 种）与脱蜡（右边 3 种）两种形式。最右侧的产品是一种填充漆，由虫胶和合成漆溶剂制成。

性能的重要特征。虫胶的颜色范围可以从淡黄色到深棕色，其颜色对自身的工作性能没有影响。如果想获得更多的颜色选择，可以购买干虫胶，而非预制虫胶。

虫胶的颜色可以通过化学漂白或过滤工艺除去。一般来说，通过化学漂白法脱色会使分子结构发生改变，从而导致虫胶的稳定性下降，而过滤法脱色则相对更加温和。经过化学漂白的虫胶为一种颗粒状的白色粉末，而非片状。液体形态的化学漂白虫胶以"白色"或透明虫胶溶液的形式出售，但我们无法从虫胶溶液看出其是否经过了化学漂白。

树脂中含有的天然蜡会降低虫胶的防潮性能，同时影响其与聚氨酯面漆、水基面漆的黏附作用。因此，当需要虫胶作为封闭剂与这些面漆同时使用时，最好使用脱蜡虫胶。可以从产品标签上看出虫胶是否已经脱蜡。

保质期

虫胶有许多预制配方，但你也可以通过将虫胶片溶解在酒精中自行制备虫胶溶液。选用预制虫胶溶液会方便许多，但一些表面处理师为了保证溶液新鲜，通常会选择自己配制。新鲜程度是个十分重要的因素，因为一旦虫胶溶于酒精就会发生化学变化。尽管一些表面处理师声称，他们使用保存多年的虫胶溶液效果也不错，但我的测试表明，用脱蜡虫胶片制备的溶液在 6 个月之内才能提供最好的涂层防潮性。超过保质期的虫胶溶液，要么制作的涂层难以固化，要么会使涂抹在其上的涂层起皱。自制的虫胶溶液通常具有 6 个月到 1 年的保质期；干虫胶片则可以无限期地存放在阴凉干燥的区域而不会变质。

我的建议是，如果表面处理过程中的重要环节（包括涂抹面漆涂层）需要用虫胶，最好使用脱蜡虫胶片配制新鲜的虫胶溶液。其他情况下，使用预制虫胶溶液进行一般的封闭、制作基底涂层或用作调色剂基底都是可行的。在购买预制虫胶溶液时，建议选择那些明确标注生产日期的产品，并在保质期内使用。不管是预制虫胶溶液还是虫胶片，都需要在阴凉干燥的区域保存。

配制虫胶溶液

配制虫胶溶液需要用虫胶片以一定比例与变性酒精混合，并以溶解在 1 gal（3.8 L）酒精中的虫胶磅数来衡量。比如，2 磅规格的虫胶就是指将 2 lb（0.91 kg）虫胶溶解在 1 gal（3.8 L）酒精中制成的溶液；5 磅规格则是指 1 gal（3.8 L）酒精中溶解了 5 lb（2.3 kg）虫胶。

自行配制虫胶溶液时，可以按比例减少虫胶片的用量，以获得合适的溶液浓度。预制虫胶溶液的浓度则通常为 2 磅规格、3 磅规格和 4 磅规格，因此在使用时可能需要进行稀释。对于如何使用已有虫胶溶液配制所需浓度的溶液，可参考第 214 页表格。

[小贴士]

在自制虫胶溶液时，应使用标有"可用作虫胶稀释剂"且具有正规商标的变性酒精。

变性酒精的主要成分是乙醇，不过，其中掺杂了添加剂，因此不能饮用。典型的变性酒精配方为：95% 的乙醇、4% 的甲醇和 1% 的甲基异丁基酮（MIBK）。一些表面处理师喜欢使用纯乙醇，因为纯度越高，溶解虫胶片的速度越快。不过，与市售的变性酒精相比，并未有证据表明，

若要制备特定规格的虫胶溶液，只需成比例地减少酒精和虫胶的用量。例如，将 2 oz（56.7 g）虫胶片加入 8 oz（236.6 ml）酒精中，即可制得 ½ pt（236.6 ml）2 磅规格的虫胶溶液。

虫胶溶液的固含量

下面给出了相应规格虫胶溶液中的固含量。这些数据可以帮助你计算干膜厚度。

规格	固含量 %（以重量衡量）
¼ lb	3.5%
½ lb	7%
1 lb	14%
1½ lb	18%
2 lb	22%
3 lb	31%
4 lb	37.5%
5 lb	42%

虫胶溶液的稀释

可以通过添加适量变性酒精对预制虫胶溶液进行稀释，下表给出了将一定浓度的虫胶溶液稀释到所需浓度时需要添加的变性酒精的量。例如，若要将 2 磅规格虫胶稀释为 1 磅规格，则需向 1 份已有的 2 磅规格的虫胶溶液中添加 2/3 份变性酒精。

变性酒精与现有溶液的比例

现有规格	¼ 磅	½ 磅	1 磅	1½ 磅	2 磅	3 磅
½ 磅	1：1					
1 磅	3：1	⅞：1				
1½ 磅	4½：1	1⅔：1	⅓：1			
2 磅	5：1	2：1	⅔：1	¼：1		
3 磅	8¾：1	3¾：1	1½：1	¾：1	⅓：1	
4 磅	11：1	5：1	2：1	1¼：1	¾：1	¼：1
5 磅	12¾：1	5¾：1	2¾：1	1½：1	1：1	⅞：1

使用纯乙醇配制的虫胶溶液可以提供更好的涂层耐久性或其他特性。

有许多方式可以目测虫胶片的重量，但我还

条件允许的话，虫胶溶液的混合与储存都应在带有塑料盖子的玻璃罐中完成。为了防止盖子出现胶黏，可在瓶口处缠绕特氟龙胶带或在瓶口螺纹处涂抹凡士林。

是建议用天平称重。称量所需的变性酒精与虫胶片，在玻璃罐或塑料罐中进行混合；每隔 30 分钟摇晃一次溶液，防止大量部分溶解的虫胶积聚在容器底部。待虫胶完全溶解后，在漆罐上注明配制日期。我建议配制好的溶液在 1 年内用完。

合成漆

合成漆是一种快干型表面处理产品，可以增加木材的颜色深度和层次。根据使用类型的不同，合成漆制作的涂层具有中等以上的耐久性和耐磨性。下面列出了一些合成漆的种类，每种合成漆均具有不同的特性。

硝基漆是最常用的合成漆。硝基漆涂层具有中等的防水性，但对热和某些溶剂十分敏感。硝基漆最大的缺点是会随着时间的推移发生黄化，因此不适合与浅色木材或白色面漆一同使用。一些硝基漆为深琥珀色，另一些则颜色较浅，还有一些具有相当的透明度，可以作为"水白色"使用。硝基漆不像下面要介绍的丙烯酸漆那样具有光学中性。现在可以买到的大部分硝基漆都是浅琥珀色的。

➤ 合成漆的改性

不同的漆稀释剂配比可以提供不同的挥发速率,实现不同天气条件下的面漆喷涂。"快速"稀释剂适合在 50~60 ℉（10.0~15.6℃）的温度范围使用;"中速"稀释剂适合在 60~80 ℉（15.6~26.7℃）使用;"慢速"稀释剂则适用于 80 ℉（26.7℃）以上的环境。如果稀释剂包装上未标明其挥发速率,一般默认为中速稀释剂。

在中等稀释剂中加入等量的丙酮,可以加快面漆在较低温度下的挥发。如果要减慢中速稀释剂在炎热潮湿天气下的挥发速率,可以在每夸脱稀释剂中添加 1~2 oz（28.4~56.8 g）的漆缓凝剂。其他合成漆添加剂包括可以消除鱼眼的硅酮,以及减少橘皮褶的流平剂。

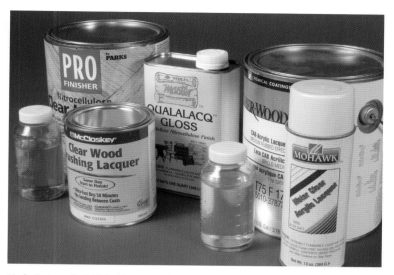

迄今为止,合成漆仍然是最受专业木工表面处理师欢迎的面漆。硝基漆（左）是一种浅黄色的液体,会随着时间的推移发生黄化;丙烯酸漆（右）则为透明面漆,且不会黄化。

丙烯酸改性漆是基于丙烯酸树脂与不会黄化的醋酸丁酸纤维素树脂制成的。这种产品具有硝基漆的一般特性,同时呈现出完全的水白色。也就是说,当用这种面漆涂抹浅色木材时,涂层不会带有任何琥珀色,也不会随着时间的推移发生黄化。

合成漆的固含量约为 20%,也就是说,在溶剂挥发后,涂抹在木料表面的合成漆只有 1/5 会留在表面成膜。若要进行喷涂,合成漆还需要进一步稀释,可以根据需要添加稀释剂,无须担心引起其他问题。不过,如果你希望涂层的固化速度快一些,则应尽可能地少添加稀释剂。

虫胶与合成漆的使用

虫胶和合成漆均可用刷子或喷枪涂抹,且涂抹方法相似（其中法式抛光是个例外,我会在第 219 页进行介绍）。两种产品的主要优点在于,它们干燥迅速,且后续涂抹的涂层可与前一层涂层融为一体。

➤ 参阅第 177 页"挥发性面漆与反应性面漆"。

这两类面漆的干燥速度非常快,因此可以避免灰尘在涂层表面沉降。这些树脂在干燥过程中

不会发生任何化学变化,因此可以在短时间内打磨和重新涂抹涂层,这样可以在一天之内完成几层面漆的涂抹。可以使用 240 目的砂纸打磨内部涂层,此过程中产生的划痕会在涂抹下一层涂层时消融。

虫胶和合成漆的大多数问题是由天气引起的。炎热潮湿的天气会使新涂抹的涂层发白,这一现象称为"雾浊",是由于面漆从环境空气中吸收水分,导致树脂从溶液中析出。如果面漆干燥后雾浊情况仍未消失,可在涂层表面喷涂一种

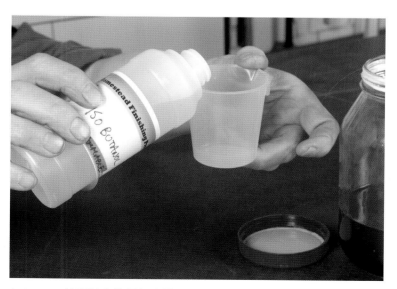

加入 10% 体积以内的慢挥发性醇（比如异丁醇）可以使虫胶的刷涂或喷涂更加容易。如果买不到异丁醇,可以添加漆缓凝剂。

挥发速度较慢的稀释剂，将涂层重新溶解；也可以在涂抹下一层涂层之前对雾浊区域进行打磨。在炎热潮湿的天气里，许多表面处理师会在合成漆中添加漆缓凝剂或挥发速度较慢的稀释剂。

合成漆的另一个常见问题是气泡，通常在木料的孔隙结构处以小孔的形式出现。这种现象是由于前一涂层中溶剂挥发不完全，或在潮湿天气下涂抹了过厚的涂层。这一问题较难解决，不过可以打磨掉尽可能多的面漆，一定程度上缓解状况，然后在干燥环境下重新涂抹。

刷涂或喷涂虫胶有时会在部件的转角处发生堆积，形成"厚边"。这种现象是由虫胶在干燥过程中各处表面张力不同引起的，可以通过在面漆中添加含硅酮的润湿剂加以解决。另一个与表面张力有关的问题是鱼眼（参阅第 174 页）。鱼眼无法通过简单擦拭除去，需要先让涂层干燥，然后将其打磨除去；或者迅速在合成漆中添加适量防鱼眼剂，在原有涂层干燥前及时重新喷涂。

刷涂虫胶与合成漆

虫胶与合成漆均可使用天然鬃毛刷或合成毛刷进行刷涂。对于虫胶，我喜欢使用 1 磅规格或 1½ 磅规格的溶液。刷涂用合成漆的配方与喷涂用合成漆基本相同，唯一的不同是刷涂用合成漆

在刷涂虫胶或合成漆时，最好刷涂多层薄涂层，而不是一次性制作很厚的涂层。薄涂层干燥更加迅速，且由于残留的刷痕较少，因此更容易打磨。

中要加入挥发速度较慢的溶剂，使其在干燥前具有较好的流动性。为特定品牌的刷涂用合成漆专门设计的稀释剂通常为慢速稀释剂，但也可以使用市场上常见的中速漆稀释剂。在刷涂虫胶与合成漆时，我喜欢刷涂多层薄涂层，特别是在处理一些复杂表面的时候。在打磨刷痕或粘在涂层表面的尘粒之前，最好已经刷涂了至少两层涂层。

在刷涂这两种面漆的过程中，你可能会发现，溶剂以及来自刷子的摩擦会将不含黏合剂的染料制作的染色层拉起。可以通过轻刷或使用油（比如丹麦油、熟亚麻籽油或桐油）对染色涂层进行封闭来解决这个问题。封闭涂层至少要过夜干燥，才能刷涂虫胶或合成漆。另一种方法是在染色涂层上方喷涂气溶胶虫胶。

［小贴士］
气溶胶虫胶使用方便，且不含蜡，因此与其他面漆具有较好的兼容性。

喷涂虫胶与合成漆

虫胶与合成漆均可通过喷涂较好地施涂，但这一操作需要一定的安全保护措施，因为过喷产生的烟雾具有可燃性。必须在户外进行喷涂，或在设备齐全的喷漆柜中进行。

▶ 参阅第 6 页"喷涂表面处理产品"。

因木料对刚开始几层合成漆涂层的吸收较不均匀，因此我们需要先涂抹虫胶、打磨封闭剂或乙烯封闭剂制作封闭涂层。涂抹封闭涂层并非必需的步骤，但这一举措可以加快表面处理过程。对于易受潮的部件，应选用乙烯封闭剂。在涂抹封闭剂之前，可以先在木料表面涂抹一层薄薄的亚麻籽油或桐油，以突出木料表面的纹理，同时使其更有立体感。

在喷涂这两种面漆时，除非要喷涂的是不含稀释剂的高固含量合成漆，否则应将喷枪设置为喷涂较低黏度面漆的状态。喷涂的话，我一般使用的是 2 磅规格的虫胶溶液，或者 21% 固含量的合成漆，加入 50%~100% 比例的稀释剂进行稀

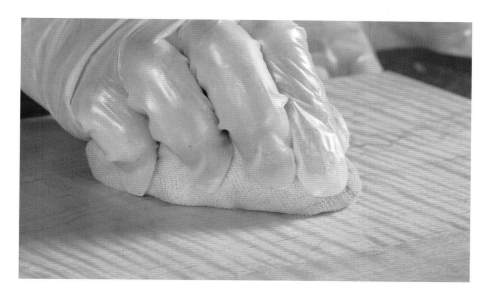

在涂抹虫胶或合成漆前，用熟亚麻籽油或桐油擦拭木料，形成一层较薄的油膜，可以突出木料纹理，使木料表面更有立体感。

释。如果在潮湿的天气进行喷涂，可以使用挥发速度较慢的稀释剂，或在原有稀释剂中添加漆缓凝剂。如果使用涡轮喷枪喷涂虫胶，喷枪中的热空气会将挥发速度较快的变性酒精迅速闪蒸，因此若要使用此种喷枪，则需添加缓凝剂。

　　虫胶涂层在厚度较薄时干燥效果更好，每次涂抹厚度不应超过 3 mil，且一天内不应涂抹超过两层涂层。对于合成漆，则可以在一天内涂抹 3 层涂层。在 70 ℉（21.1℃）、50% 相对湿度下，两种面漆相邻两层涂层之间的涂抹应间隔 1~2 小时。如果天气更加潮湿，还要适当延长间隔时间。除非需要去除嵌在涂层中的粉尘或碎屑，否则不必打磨涂层。很多表面处理师会在涂抹 3~4 层涂层后打磨涂层表面，以确保最终的面漆涂层尽可能光滑。

　　还有两种不适合合成漆，只能用来涂抹虫胶的独特方法，这两种方法均涉及用布蘸取虫胶溶液进行擦拭。两种技术分别是"法式抛光"和"布垫法施涂"。

法式抛光

　　法式抛光是一种年代颇为悠久的工艺，在这道工艺中，需手工涂抹多层虫胶，获得光滑、无缺陷的光亮漆面。如果操作得当，只需很薄的涂层就可以获得颜色层次丰富的光亮漆面，而无须像合成漆或清漆那样涂抹较厚的涂层。漆面是在涂抹的同时擦拭得非常光亮的，换句话说，与清漆与合成漆的涂抹不同，虫胶涂层无须等待涂层干燥就可以进行擦拭。

　　尽管比简单刷涂或喷涂多了一些工作量，但法式抛光其实并不算是一项复杂的操作。近些年来，法式抛光工艺逐渐被合成漆喷涂工艺所取代，但这一工艺仍然具有独特的优势：涂层干燥速度快，没有难闻的气味，且不需要昂贵的设备。直到今天，法式抛光工艺在乐器与仿古家具的制作中仍有应用。

　　法式抛光工艺包括 3 个阶段：填充孔隙、涂抹虫胶和擦除虫胶。

如果处理得当，法式抛光只需一层极薄的虫胶涂层就可以获得难以置信的颜色层次和非常光亮的涂层外观。

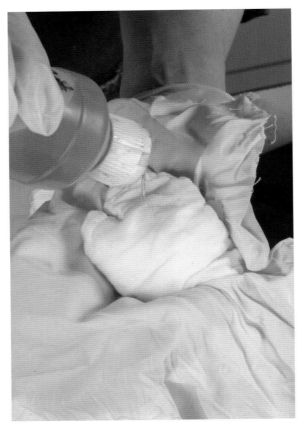

传统的法式抛光用的抛光垫是用亚麻布包裹羊毛制成的，用平纹细布包裹棉布的抛光垫使用效果也不错。带喷嘴的塑料瓶可将虫胶很好地分散到抛光垫上。

用于法式抛光和布垫法的擦拭垫可长时间储存于密闭罐子中，以后可以重复使用。

填充孔隙是为了在涂抹虫胶前获得光滑、平整的表面。实际上，只有开孔木材需要填充孔隙。在法式抛光工艺中，我们使用硅藻土或 4F 浮石来填充孔隙，而非之前介绍过的膏状木填料。在为开孔木材填充孔隙的过程中，你可能会遇到许

多问题，因此我建议先用樱桃木或枫木等纹理细密的木材练习法式抛光技术，因为这些木材不需要填充。

在上过油的木料表面，应涂抹极薄的虫胶涂层，并用一种双材料的抛光垫进行涂抹，抛光垫外层为平纹细布，内层是吸水棉或羊毛芯。因虫胶极易在擦拭过程中干燥，因此有时会在抛光垫上添加少量婴儿油，防止面漆粘在其上。

最后一步是擦除虫胶，同时将先前残留的婴儿油清除。

小贴士

在对需进行法式抛光的开孔木材染色时，应尽可能避免使用色素染色剂，因为抛光垫和磨料带来的摩擦极易将染色涂层破坏。对于需进行法式抛光的部件，最好使用染料染色剂或化学染色剂。

布垫法施涂

布垫法施涂是指使用吸水布擦涂虫胶薄层的技术。这一技术与法式抛光的不同之处在于，无须用油进行润滑，用一块吸水布擦涂即可，不需要使用法式抛光中的擦拭垫。与涂抹清漆类似，通过布垫法施涂的虫胶涂层也较薄。与清漆不同的是，虫胶干燥速度较快，因此几分钟后就可以涂抹下一层涂层了，而不像涂抹清漆那样，需要等待几小时甚至几天时间让涂层干燥。因此，如果采用此技术，可在一天内轻松完成虫胶的涂抹、擦除以及后续的打蜡工序。

用来涂抹虫胶的吸水布需具备以下特点：柔软、吸水性好、尽可能不起毛。我一般使用的是一种称为衬布或描图布的产品。在施涂过程中，可将此布垫储存在密封的罐子里。一种带喷嘴的挤瓶可将虫胶较好地分散到吸水布上。

注意：你可能会发现，有的产品叫作"布垫法合成漆"，这种产品实际上是在虫胶中添加了合成漆溶剂和一些起润滑作用的添加剂，专门用于合成漆家具的现场维修。对于抛光，我还是喜欢直接使用虫胶。

操作实例

法式抛光操作

首先在木料表面涂抹一层熟亚麻籽油，用干净的棉布进行擦拭（图 A）。如果处理的是开孔木材，那么接下来需要填充孔隙：将一些硅藻土洒在木料表面，以画圆的方式进行擦拭，使硅藻土嵌入孔隙中（对于尚未染色的木料，可以使用 4F 浮石）。随着硅藻土与油逐渐混合，其颜色会变得更深，且不再是粉末状（图 B）。如果硅藻土仍然呈粉末状，则需补充一些油。在逆光条件下检查表面，确保所有孔隙均已被填充，然后用干净的布擦去多余的油和硅藻土。第二天，在木料表面涂抹更多的油和硅藻土，然后将部件静置 3 天以上。

接下来，用 14 in（355.6 mm）见方、80 支纱的未漂白平纹细布包裹高尔夫球大小的棉花或羊毛，制成用于涂抹虫胶的抛光垫（图 C）。在内芯中倒入 1 oz（29.6 ml）变性酒精，并将平纹细布的两端拧紧，底部不要留下缝隙或褶皱。在洁净表面轻轻按压抛光垫，将其底部压平，然后打开外侧包裹的平纹细布，向内芯中补充 1 oz（29.6 ml）1 磅规格的脱蜡虫胶溶液。沿直线从部件的一端擦拭到另一端，如此重复 3 次。待抛光垫干燥后，继续向内芯补充虫胶溶液。

当虫胶开始变黏时，停止擦涂，在抛光垫底部滴加几滴婴儿油作为润滑剂（图 D）。然后以画圆和画"8"字的方式进行擦拭。在边缘区域画直径 6~8 in（152.4~203.2 mm）的圆，在中心

A

B

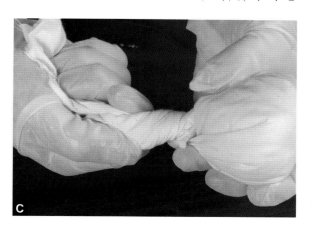

C

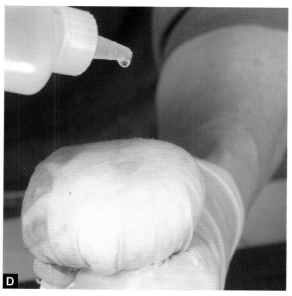

D

E

F

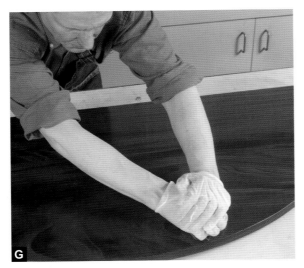

G

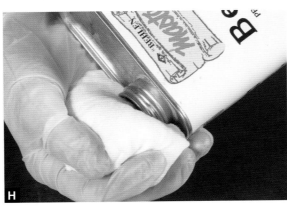

H

I

区域画"8"字（图E）。（为了更清楚地展示这一过程，这里使用的是白色抛光剂。）等待15~20分钟，部件表面就会开始变得光亮。现在，我们已经用虫胶将表面的孔隙填充完全。如果使用的是2磅规格的虫胶溶液，整个过程还可以加快。当孔隙填充完毕，且木料表面覆盖了一层较薄的虫胶时，停止擦拭，让涂层过夜干燥。

第二天，以油漆溶剂油或石脑油为润滑剂，用600目的砂纸轻轻打磨虫胶涂层（图F）。之后，使用0000号钢丝绒或灰色研磨垫进一步研磨使表面平滑。将打磨的残留物去除后，继续使用2磅规格的虫胶填充抛光垫，并用婴儿油作为润滑剂，以画圆和画"8"字的方式继续擦拭，将虫胶涂抹均匀。当抛光垫中吸收的虫胶干结后，不必再补充虫胶，而是施加30~40 lb（13.6~18.1 kg）的压力进行挤压（图G）。可以在体重秤上测试所用的压力是否合适。过夜干燥，如果看不到木料表面的孔隙，那么涂抹虫胶的工序就算完成了。对开孔木材来说，此工序一般要历时3天左右，而闭孔木材只需1天。

干燥1天左右，擦去残留的油。可以用一块经石脑油润湿的干净软布进行擦拭。然后是最后一道工序，让部件表面呈现闪亮的光泽。首先将1 oz（29.6 ml）变性酒精倒到一块干净的吸水棉布上（图H），用手调整棉布，使酒精均匀分散，得到较为湿润的棉布。横向于已经抛光的表面用棉布轻轻擦拭，不待前一次擦拭的酒精干燥即迅速进行新一次擦拭，就像擦鞋油那样，直到表面变得非常光亮（图I）。如果在此过程中棉布的一面吸饱了油，应及时换面继续擦拭。

布垫法施涂

布垫法施涂虫胶是一种技术，而非特定的产品。布垫法与法式抛光的不同之处在于，布垫法涂抹过程中不使用润滑油。同时，两种方法所用擦拭垫的制作与使用方式也不同。

将不起毛的吸水布揉成一团，制成底部无缝隙或褶皱的擦拭垫。用约 1 oz（29.6 ml）的变性酒精喷湿擦拭垫，同时通过挤压使变性酒精在整个擦拭垫中分散均匀，并挤出过量变性酒精。接下来，在擦拭垫底部喷洒 1~2 oz（29.6~59.1 ml）2 磅规格的虫胶溶液（图 A），在部件表面涂抹第一层涂层：先将整个表面润湿，再将过量虫胶擦除（图 B）。大约 30 分钟后，用 600 目的砂纸打磨表面并将粉尘清除。

再次用虫胶润湿擦拭垫，涂抹下一层涂层。从距离最近的边缘开始，拖动擦拭垫完全越过另一侧边缘（图 C），然后从此边缘出发，再次拖动擦拭垫到达并越过近侧边缘，整个操作过程就像刚刚降落的飞机立刻重新起飞那样（图 D）。接下来，将刚才的擦拭顺序颠倒过来，仍然像之前那样擦拭相同的区域。以相同的方式继续擦拭部件表面，并始终保持顺纹理方向操作，直至覆盖整个部件宽度。稍后，最先涂抹的区域也干燥得差不多了，可以从头再擦拭一遍。最后，以相同的方式擦拭部件的边缘。

当擦拭垫开始变干的时候，应及时补充虫胶溶液，因为变干的擦拭垫会在具有黏性的虫胶涂层上留下条纹或纤维。待涂层表面干燥后，依次使用精细砂纸和 0000 号钢丝绒将表面的涂抹痕迹打磨干净。至于涂层的厚度，可以根据实际需要自行决定。

布垫法最适合处理平面，对于擦拭垫无法触及的角落和狭窄区域，可以先使用刷子刷涂数层虫胶建立基底涂层。

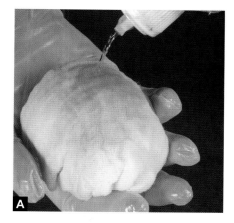

刷涂虫胶

在刷涂虫胶时，应首先将刷子浸入变性酒精中进行活化，然后把过量的变性酒精拧干。将一半高度的刷毛浸入 1 磅规格的虫胶溶液中，之后在罐壁上把未被刷毛吸收的虫胶刮去（图 A）。

对于复杂的表面（例如这个饼形桌面），我们不能像往常那样拖动刷子远离边缘进行刷涂，而要对先前的刷涂技术进行一定调整。用刷子蘸取少量虫胶溶液后，从桌面与雕刻轮廓相接处开始刷涂，慢慢向着桌面中心拉动刷子（图 B），直至到达桌面的另一端，如有必要，可在此时适当补充虫胶溶液。在开始新的刷涂笔画时，应使其与相邻的新鲜涂层保持部分重叠，将两块区域融为一体（图 C）。使用刷子边缘刷涂凹槽区域和其他复杂轮廓区域（图 D）。对于雕刻区域，较小尺寸的刷子效果较好。边缘处应采用上下拍打的方式轻轻涂抹（图 E）。

尽可能快速且有节奏地操作，以便在虫胶涂层开始固化之前将不同区域融合在一起。如果在刷涂时部分固化的虫胶区域涂层开裂，则应停止在此区域继续刷涂，因为这时候尝试修复只会使情况变得更糟。可以等涂层干燥后将这些粗糙的区域打磨光滑。

使用虫胶的好处在于，当你完成整个表面的刷涂后，涂层通常已经干燥，可以立刻开始刷涂下一涂层。不过，如果在同一区域刷涂了 3 层涂层，应让部件干燥 6~8 小时再继续刷涂。

合成漆的一般喷涂

这款带有雕刻桌腿的未染色胡桃木桌是喷涂合成漆涂层的不错选择。我在这张桌面上依次喷涂了两层打磨封闭剂和两层光亮光泽的合成漆，最后涂抹了一层缎面光泽的合成漆。为了快速操作，且方便喷涂椅子的所有部位，我是在一张转盘上进行操作的。

首先涂抹两层较薄的打磨封闭剂，此封闭剂已用等量的漆稀释剂进行稀释。从桌子的基座开始，一边快速均匀地喷涂，一边旋转转盘，尽可能避免喷涂过程中断。喷涂时应从内向外进行，先喷涂桌腿的内侧，再转移至外侧（图 A）。在喷涂桌面时，应将喷枪的喷雾扇面宽度调整到 6 in（152.4 mm），且保证在整个扇面宽度内合成漆的雾化程度均一。

➤ 参阅第 40 页 "喷枪的调整"。

让封闭涂层干燥数小时，之后用 600 目的砂纸轻轻打磨，并吹去粉尘。接下来，涂抹两层用等量漆稀释剂稀释的光亮光泽合成漆，待涂层过夜干燥后，依次使用 320 目的砂纸和灰色合成研磨垫进行打磨。此时的涂层厚度较薄，因此在打磨边缘与边角时应尽量小心。曲面部位的打磨应使用砂磨垫。将粉尘吹走或用真空吸尘器吸走，然后用粘布把整个表面擦拭一遍（图 B）。

用真空吸尘器把待喷涂区域彻底清洁一遍，同时用压缩空气将衣服上的粉尘吹去，为喷涂面漆涂层做好充分准备（图 C）。在将缎面合成漆倒入喷枪进料杯之前，应先将合成漆搅拌均匀并用细孔滤网过滤。采用交叉喷涂的方式喷涂缎面合成漆（图 D）。

➤ 参阅第 191 页 "喷涂水平平面"。

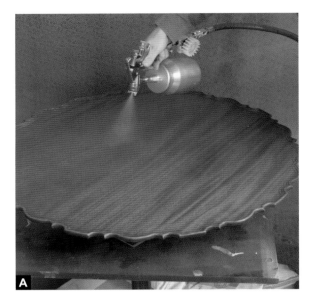

用合成漆喷涂填充的表面

用合成漆喷涂填充的表面，可以获得十分美观的外观效果。在准备喷涂合成漆之前，应先用水基染料为表面染色，用打磨封闭剂封闭表面，然后涂抹深色的油基膏状木填料填充孔隙。

首先喷涂一层用等量漆稀释剂稀释的打磨封闭剂建立载体涂层（图 A）。若要增加美感，可以使用深棕色染料调色剂对桌面边缘进行描影处理（图 B）。让其干燥 1 小时左右，同时将两份合成漆与 1 份稀释剂混合，制备出后续所需的混合物。使用该混合物，以交叉喷涂的方式喷涂 3 层涂层，每层涂层应保证 2 小时的干燥时间。

让涂层干燥过夜，然后打磨除去涂层表面的凹凸不平。最好以手工打磨的方式开始打磨，如果觉得涂层足够厚，再换用砂光机打磨较大的平面区域（图 C）。在边缘的轮廓区域，应使用合成磨料垫打磨。将粉尘除去后，用粘布将部件表面擦拭干净，然后再喷涂 4 层合成漆涂层。

为防止多余的合成漆在轮廓边缘堆积，形成塑料样外观，应尽可能向着桌面内部进行喷涂，避免直接喷涂轮廓边缘（图 D）。让部件干燥 1 周以上，然后对其进行擦拭，直到获得所需光泽。

在染色涂层上喷涂合成漆

我们在钢琴、高端乐器和家具上看到的颜色层次丰富的光亮漆面效果是通过在不透明的染色涂层之上涂抹多层透明的合成漆，并将固化的漆面抛光而实现的。我会以这款经过染色的桌子为示范，首先涂抹硝基漆，然后抛光漆面。

第一步，先用 220 目的砂纸打磨表面，然后加水诱导起毛刺并再次打磨，获得较为光滑的表面。接下来，涂抹一层底漆，其颜色应与所需的面漆涂层匹配。如果喜欢，也可以简单地在打磨封闭剂或乙烯封闭剂中加入染色剂，用这两种产品来制作底漆涂层（图 A）。

待底漆涂层干燥后，检查表面是否存在缺陷，由于涂覆了纯色的底漆，如果表面存在缺陷应当十分明显。在缺陷处涂抹填充剂进行修复（图 B）。待填充剂干燥后，使用 220 目的砂纸将表面重新打磨一遍，然后再涂抹一层底漆。等到第二层底漆干燥后，用 320 目的砂纸将表面打磨光滑，然后涂抹所需的染色剂。

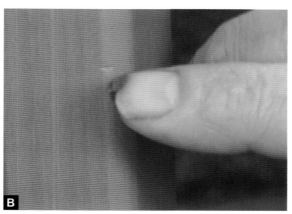

彩色合成漆不容易买到，因此我一般都是通过在透明合成漆中加入 15%~20% 体积的染色剂来自制彩色合成漆。对于这张桌子，我分别为其框架和桌面配制了黑色和红色的合成漆（图 C）。首先涂抹两层涂层，待其干燥后，使用 600 目的砂纸将表面打磨光滑，然后再涂抹两层涂层。

让染色涂层干燥过夜，然后依次用 600 目的砂纸和灰色合成研磨垫进行打磨，将粉尘清理干净后，就可以涂抹透明合成漆涂层了（图 D）。在制备喷涂用的合成漆时，应尽可能地减少稀释剂的用量，以免因为溶液过稀在喷涂垂直表面时出现流挂。我通常会在 1 小时内完成 3~4 层涂层的喷涂，之后用 320 目的砂纸对已干燥的涂层进行打磨。接下来再喷涂 3~4 层涂层，并让漆面固化 2 周，最后擦拭涂层表面，获得所需的光泽。

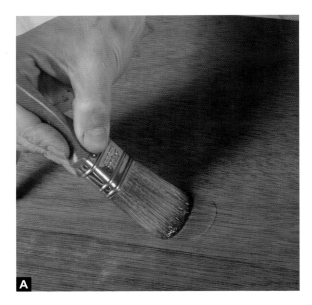

刷涂合成漆

刷涂合成漆不像刷涂虫胶那样容易。合成漆会迅速固化，导致我们缺乏足够的时间进行扫拂以去除刷痕。不过，合成漆涂层所具备的干燥时间短、透明度高、耐磨性能好等优点却足以抵消这些缺点。

在刷涂面积较大的平面时，最好先涂抹一层较厚的合成漆，利用合成漆自身的重力流平。使用刷毛厚实的天然鬃毛刷以蘸取较多面漆，从距一侧边缘 3 in（76.2 mm）处起始刷涂，一直刷涂到另一侧边缘。然后在距离第一条刷涂笔画边缘 ½ in（12.7 mm）处起始刷涂第二条笔画（图 A）。在每一条笔画的末端，将刷子拉离边缘，并迅速回到起始刷涂位置，对较厚的涂层做羽化处理。此外，在开始新笔画之前，还要用刷子对先前留下的 ½ in（12.7 mm）的间隙做羽化处理（图 B）。

对于更加复杂的部件（例如图中的桃花心木展示柜），我会用漆稀释剂对合成漆进行 10% 的稀释，并迅速刷涂部件表面（图 C）。为了迅速完成部件的双面刷涂，可以使用钉板（图 D）。我一般会刷涂 4 层涂层，并在完成第二层涂层后使用 320 目的砂纸打磨涂层表面，除去小气泡、刷痕或液滴等缺陷。对于轮廓部分，我使用灰色研磨垫进行打磨。如果想要缎面光泽的外观，可以先涂抹光亮光泽的合成漆，然后将其擦拭成缎面光泽；或者直接涂抹缎面光泽的合成漆制作最终的涂层。

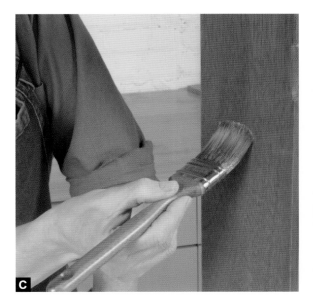

裂纹漆

　　漆面会由于老化而出现裂纹。这种特殊的外观效果也可通过使用叫作"裂纹漆"的特殊合成漆人为实现。在标准的合成漆底漆涂层上涂抹裂纹漆，表面涂层会在干燥过程中开裂，露出下方颜色对比鲜明的底漆。

　　裂纹漆有透明和不透明两种。对于示例中的作品，我选用的是不透明的裂纹漆。首先喷涂标准的彩色合成漆制作底漆涂层（图 A）。待底漆涂层干燥后，将其打磨光滑，并干燥过夜，然后在其上喷涂裂纹漆。这项技术有些难度，需要适当练习才能掌握。在喷涂时，喷漆量要合适，并应尽可能均匀且快速地完成喷涂。喷涂裂纹漆不能使用交叉影线喷涂法，也不能在裂纹效应开始后再次喷涂，因为这样会破坏裂纹效果。同时还要注意，较厚且湿润的涂层会产生较大的裂缝，而较薄的涂层产生的裂缝较小（图 B）。可以在作品的背面清楚地看到这一效果，背面的裂纹尺寸要比正面大得多。注意图中右下角的测试板。我尤其喜欢箱体顶板上的小裂纹效果（图 C）。

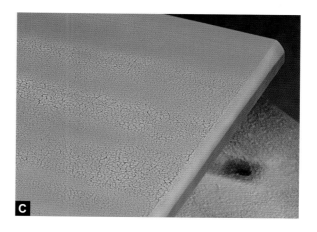

第 16 章
水基面漆

　　水基面漆给那些担心溶剂基面漆具有火灾与健康风险的表面处理师提供了不错的选择。水基面漆干燥速度快、易于清洁、无异味，这些特点使其尤其适用于一些小型工房，这些工房常常缺乏喷涂溶剂基面漆所需的设备。

历史与发展

　　在 20 世纪 80 年代，制造商开始引入水基面漆，来代替易燃、有毒且对环境有害的溶剂基面漆。因为溶剂基面漆中的溶剂只起到了载体的作用，最后仍会挥发完全，因此"改变溶剂种类"的想法是十分自然的。而水无毒且不可燃，是一种十分合理的选择。

　　第一种水基面漆产品是未添加色素的乳胶漆，这种面漆制作的涂层较为苍白，涂抹效果也

不理想。然而，自那以后，这种产品得到了长足的发展，尤其是使用的树脂和添加剂，种类更加丰富。不过，很多人对水基产品的印象仍停留在初始阶段，导致市场上流传着许多不实信息，有关这些疑问，我会在本章一一解答。

水基面漆的成分

　　与溶剂基面漆类似，水基面漆是由树脂、溶剂和添加剂组成的。为了将疏水性的树脂与面漆中的水混合，设计师们设计出了乳液体系和分散体系。在这两种体系中，聚合树脂的黏性颗粒会分散在水、表面活性剂、溶剂和添加剂组成的基质中。事实上，为了配制一种性能良好的水基面漆，可能需要多达 20 种不同的组分。某种水基

水基面漆干燥速度快，刺激性气味较弱，且既可以手工涂抹，也可以喷涂。我们的质检员正在检测是否存在漏涂的区域。

> **什么是"水基"面漆**

　　"水基"面漆是一类使用水作为稀释溶剂的面漆的总称。然而，水并不能将树脂真正溶解。在工业生产中，人们常常用"水溶性"或"水稀释型"来区分不同的面漆产品，"水基"一词则可以将这两类面漆较好地囊括在内。

不同的水基面漆具有不同的透明度、色调、颜色、起毛刺和流动性能。图中从左至右分别是户外型水基桅杆清漆、丙烯酸与聚氨酯树脂混合型面漆、丙烯酸共聚物以及油改性的聚氨酯面漆。

面漆的特定组分决定了其透明度、色调和颜色，以及其起毛刺的性能与流动性能。

让这些成分共同发挥作用极具挑战性。例如，消沫剂的作用是消除表面活性剂产生的泡沫，而表面活性剂可以减小面漆的表面张力，让其更易流平。为了提高水基面漆的流动性与凝聚能力，需添加挥发速度较慢的特殊成分（尾溶剂）和其他添加剂。同时由于乳液的黏度与水相当，因此还需添加增稠剂来防止面漆在垂直表面流挂。

丙烯酸树脂和聚氨酯树脂是水基面漆中使用的两种主要树脂。这两种树脂均具有较好的透明度、光泽度、黏性和耐磨性能，且大部分树脂不会发生黄化。这些树脂的固化可基于化学反应或溶剂的挥发，反应固化型丙烯酸树脂和聚氨酯树脂可以吸收氧气，促使分子间发生交联，形成更为牢固的涂层，因此有时被称为"自交联"树脂。

与溶剂基面漆相似，水基面漆中的聚氨酯树脂也可以是芳香族或脂肪族的。这两种类型的水基面漆与对应的溶剂基面漆制作的涂层具有相似的抗划痕、抗损坏、抗热和抗溶剂性能。许多制造商会将这两种树脂混合以增强面漆的某些特性。例如，可以在丙烯酸树脂中添加聚氨酯，让前者制作的涂层具有更好的抗热和抗溶剂性能；再例如，可以在聚氨酯树脂中添加丙烯酸，让聚氨酯涂层更容易擦拭、提高其黏附能力和硬度，或者降低其成本。一些用于水基面漆的

水基面漆含有丙烯酸树脂、聚氨酯树脂或二者的混合物。水基面漆有户外与室内两种级别，在涂抹前与涂抹时呈现乳白色外观，但干燥后会变得透明。

新一代树脂实际上是以丙烯酸-聚氨酯分子的形式制备的。

水基面漆的使用

如果使用过水基面漆，你会发现它们与溶剂基面漆在外观和性能上均有很大不同。水基产品在透明度、无异味和非黄化、快干特性等方面具有明显优势。为了帮助你更好地使用水基面漆，我将水基面漆与溶剂基面漆最常见的差异归结为

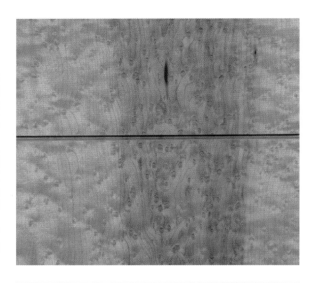

现代的水基面漆已经可以形成与对应的溶剂基面漆相似的外观效果。图中上方的木板使用现代丙烯酸－聚氨酯面漆进行处理，而下方的木板则涂抹了硝基漆，二者的差别已经很难分辨。

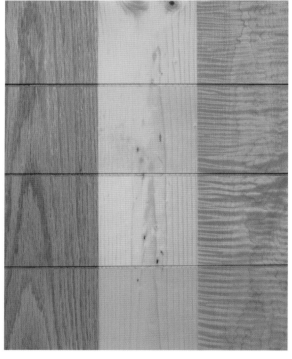

可以为水基面漆涂层添加暖色调的方法包括：向面漆中添加橙黄色染料（下一），用脱蜡虫胶封闭木料表面（下二），在上漆前先在木料表面涂抹一层蜂蜜色染料（上二）。最上方的图片是没有额外处理的水基面漆涂层的效果。

以下几个方面：外观、起毛刺特性、流动性与起泡、工具清洗以及对天气的应对。

外观

早期水基面漆饱受质疑的一个原因是，这些产品在木材表面产生的外观颜色较浅，不能像溶剂基面漆那样加深木料的颜色。现在不同了，通过添加不同的树脂和添加剂，很多这样的问题都得到了解决。然而，许多水基面漆涂层在视觉上仍与合成漆、虫胶、清漆等溶剂基面漆有差距。

当涂抹在樱桃木、胡桃木和桃花心木上时，水基面漆常常缺乏溶剂基面漆所具有的温暖的琥珀色调。这一问题在酸洗木料或颜色较浅的木料上并不严重。实际上，水基面漆偏中性的颜色与非黄化的特点是它的一个优势。不过，在某些情况下，你需要将水基面漆的色调调整得偏暖一些。下面是一些可以实现这一目标的方法。

- 在涂抹水基面漆之前将木料染成琥珀色。可以使用稀释的染料染色剂来模拟清漆或合成漆自然变黄后的色泽。
- 使用脱蜡虫胶封闭木料表面。此举可以在水基面漆涂层下添加琥珀色的暖色调，同时防止起毛刺。
- 添加少量兼容的染色剂来改变水基面漆本身的颜色。一些制造商会以添加剂的形式出售这些染料，但也可以自制蜂蜜色的染色剂。如果使用染料干粉，则应将其用少量水预先溶解，再加入水基面漆之中。

起毛刺特性

与溶剂基面漆不同，水基面漆会使木料表面起毛刺，变得非常粗糙。很多水基面漆的制造商配制了一些可以减少起毛刺的特殊封闭剂，但仍旧无法彻底解决这一问题。对此，你需要采取一些措施。

涂抹脱蜡虫胶作为封闭涂层可以减少起毛刺，同时加深木料的颜色；若不涂抹虫胶，水基面漆涂层会呈现出一种苍白的外观。

- 用 320 目的砂纸打磨木料表面，180 目或 220 目的砂纸是不够的。
- 用 180 目的砂纸打磨木料表面，然后在木料表面擦一些水，诱导起毛刺。待水干燥后，用 220 目的砂纸将木料表面打磨平整。
- 涂抹虫胶封闭涂层，可以最大限度地减少起毛刺。同时，虫胶还可以赋予颜色较深的木料（比如胡桃木和樱桃木）暖色调。
- 首先使用油基染色剂对裸木进行染色，应确保使用的染色剂与水基面漆兼容。如有必要，可对二者的黏附力进行测试。

➤ 参阅第 186 页"黏附力测试"。

流动性与起泡

　　某些品牌的水基面漆在刷涂时会形成泡沫。如果发生了这种情况，可以首先尝试换一把刷子。

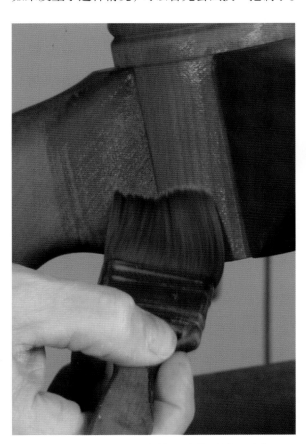

细毛尼龙刷可用于任何水基面漆的刷涂。这把 2 in（50.8 mm）宽刷子尖细的刷尖非常适合处理转台底座的复杂细节。

　　我用过的最适合水基面漆的刷子是细毛尼龙刷。如果换了刷子后仍有泡沫，可以尝试更换面漆的品牌。

　　流动性较差是由不完全聚结引起的，通常会形成凹凸不平的涂层表面。这一现象可能是由天气较热或涡轮机排出的热空气使面漆过快干燥引起的。解决这一问题最好的方法是保持面漆温度为 70 ℉（21.1℃），作品与环境温度不低于 65 ℉（18.3℃）。如果这一要求难以满足，可以加入制造商提供的缓凝剂来减缓面漆的干燥速度。不过，我还是建议尽可能避免向水基面漆中添加其他成分。

　　水基面漆刚涂抹后可能看起来不大好看，这种面漆不会像溶剂基合成漆或虫胶那样迅速流平。保持耐心，面漆聚结是需要时间的，让面漆中的溶剂完成剩下的工作吧。有时候前一天晚上看起来十分糟糕的漆面，到了第二天早上就会变得平整透明了。

[小贴士]

　　一些人可能会建议用水作为缓凝剂，这是不正确的。当我们向水基面漆中加水时，实际上会加速面漆的干燥速度，而不是减缓。

➤ 适合水基面漆的添加剂

　　不同于溶剂基面漆，水基面漆的配方较为复杂，很多时候不易通过引入添加剂来解决表面处理过程中遇到的问题。在不得不向水基面漆中添加其他成分之前，我通常建议先尝试改变涂抹技术或设备的设置。唯一一种可以放心添加而不用担心负面问题的添加剂是蒸馏水，通常可向清漆中加入 20% 的水，向油漆中添加 10% 的水。如果问题仍未得到解决，则尝试换一种涂抹技术或换用其他品牌的面漆。

　　如果加入的水过多，会改变水基面漆的化学性质、增加其表面张力，从而使其流动性下降或容易起泡。如果想通过减缓水基面漆的干燥速度来改善其流动性与流平性，可以使用面漆制造商指定的缓凝剂。你也许会在各种杂志中看到一些诸如添加漆稀释剂、油漆溶剂油或二者的混合物来解决某些问题的建议，这些建议并不可行，没有一个面漆制造商会如此推荐。

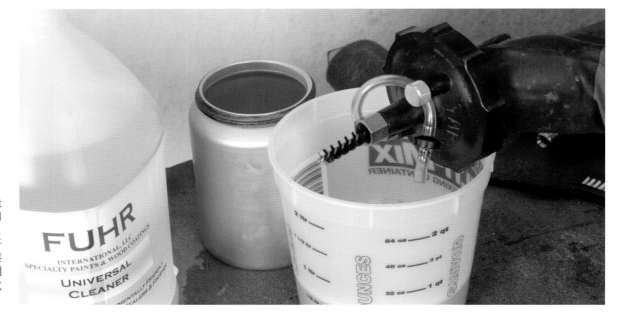

许多面漆制造商会提供专门的水基清洁剂，其对工具中干结的水基面漆的清洗效果明显优于丙酮或漆稀释剂。

喷雾回流会堵塞喷枪的喷嘴与气帽的气孔，可以使用牙签或指甲很容易地将喷嘴处干结的面漆刮下。图中的高精度修补刀只是为了更清楚地进行展示才使用的。

在炎热潮湿的环境下，可以将一台风扇放在完成上漆的作品附近，让风扇吹出的风吹过作品表面，加速面漆中水分的挥发。

工具清洗

水基面漆可以用水进行清洗，但这只限于面漆干燥之前。在将刷子挂起来之前，确保已经及时用水和肥皂对其进行了清洗。水可以清洗掉喷涂工具中的大部分水基面漆但还是会有部分面漆黏附在喷枪或进料杯的金属部件上。更好的选择是搭配使用塑料重力进料杯与液体流经处均为不锈钢部件的重力进料式喷枪。

可以使用漆稀释剂、丙酮或专门的水基面漆清洁剂将干结的水基面漆清除。如果需要在白天进行间歇性喷涂，水基面漆在喷枪中留置的时间为4小时。在这段时间内，你只需定期将喷嘴区域已干结的面漆掸掉。如果面漆留置的时间超过了4小时，那么就需要对喷枪进行彻底清洗了。如果有较多水基面漆残留在喷枪的气帽上，可以降低喷枪的气压或增加将喷枪与部件的距离。

应对天气

尽量避免在环境温度低于55 ℉（12.8℃）或环境相对湿度超过90%的情况下进行表面处理。在极度潮湿的天气下上漆并非不可能，但此时涂抹的涂层难以达到正常的厚度。如果天气较冷，应向工房供暖，同时将水基面漆加热到一定温度再使用。如果改变了涂抹技术或在控制了温度与空气流动后问题仍然存在，可咨询面漆制造商是否需要添加某种添加剂来解决问题。

水基面漆的涂抹

首先使用 180 目或 220 目的砂纸打磨木料，尽量避免使用硬脂酸盐砂纸，因为这种砂纸会在后续的涂层中造成鱼眼瑕疵。打磨完成后，将粉尘清理干净。水基面漆干燥速度较快，在使用这种面漆时几乎可以忽略粉尘沉降的问题，但采取一些措施会更为保险。如有可能，应尽量保持新鲜空气流过整个操作区域上方。

如果你愿意，可以先涂抹一层兼容性的打磨封闭剂，这种封闭涂层更容易打磨。不过这一操作并不是必需的，因为大部分水基面漆可以实现"自封闭"，无须使用专门的封闭剂制作封闭涂层。水基面漆可以直接从漆罐中取出使用，也可以加入 10%~20% 的水稀释后使用（如果水量超过 10%，需事先向制造商确认）。在使用水基面漆之前，需用细滤网或中滤网对其进行过滤。

[小贴士]

不要在水基面漆的金属罐盖上打孔（溶剂基产品经常这么做），这些孔会穿透内衬，使金属暴露在空气中引发生锈。

在使用水基面漆之前，需用细滤网或中滤网对水基面漆进行过滤。

刷涂

刷涂水基面漆时，应使用较为柔软的细毛尼龙刷，尽量避免使用常用来刷涂乳胶漆的廉价钝毛刷，这种刷子会在漆面上留下明显的刷痕。尼龙（Taklon）、琴克斯（Chinex）、耐力丝（Tynex）或奥瑞尔（Orel）等品牌的带有折叠边缘的细毛刷效果都不错。天然鬃毛与合成鬃毛混合制作的

喷枪清洗步骤			

喷涂水基面漆不需要多少技术，可以在身后放置一台风扇，将风速调整为慢速，用来把过喷的喷雾吹离作品，记得提前把周边的机器和工作台用塑料防尘布遮盖起来。

状态	清洗步骤 1	清洗步骤 2	清洗步骤 3
从油基面漆或合成漆换为水基面漆	漆稀释剂	变性酒精	水
从水基面漆换为油基面漆或合成漆	水	变性酒精	漆稀释剂
从水基面漆换为虫胶	水	变性酒精	
从虫胶换为水基面漆	变性酒精	水	

喷涂水基面漆不需要多少技术，可以在身后放置一台风扇，将风速调整为慢速，用来把过喷的喷雾吹离作品，记得提前把周边的机器和工作台用塑料防尘布遮盖起来。

传统的松香粘布在处理水基面漆涂层时有许多问题。对于水基漆面涂层，应使用润湿的不起毛布或专用粘尘布去除打磨产生的粉尘。

毛刷也很好用，相比单纯的合成鬃毛刷可以容纳更多面漆。在使用刷子之前，应将其浸泡在水中进行活化，并在蘸取水基面漆之前将刷子上多余的水分拧干。在处理地板或其他较大的表面时，需要使用合成涂抹垫。为了活化涂抹垫，应在蘸取面漆前用水雾将其润湿。

喷涂

　　喷涂水基面漆的基本步骤与喷涂虫胶或溶剂基合成漆完全相同。不过，这里有两点需要注意，即需要对喷枪的设置与喷涂技术进行细微的调整。关于推荐的喷枪设置，可以咨询面漆制造商。

　　大部分品牌的水基面漆在进行喷涂时，需将喷枪设置成适合较低或中等黏度液体的模式。许多面漆制造商会建议喷涂厚 1~2 mil（0.025~0.05 mm）的较薄涂层，而一些新配方的水基面漆则允许涂抹更厚的涂层。水基面漆容易在垂直表面流挂和滴落，因此分多次涂抹较薄的涂层最为合适。当使用 HVLP 涡轮喷枪喷涂水基面漆时，涡轮等级应至少为 3 级，因为更低等级的涡轮提供的动力不足以将面漆充分雾化。

　　在打磨内部的水基面漆涂层时，应避免使用硬脂酸盐砂纸，这种砂纸上含有的抗负荷成分会在后续涂层中产生鱼眼瑕疵。制造商现已开发出含有改性抗负荷成分的新一代砂纸，包括 3M 公司的自由切金标（Fre-CutGold）和摩卡（Mirka）公司的皇家（Royal）等品牌产品。对于水基面漆涂层，我比较喜欢使用上述品牌砂纸进行干式打磨，而非使用湿/干碳化硅砂纸进行湿式打磨。

　　在去除打磨粉尘时，应使用耐水粘布而非传统的松香粘布。也可以使用湿润的不起毛布。使用水基面漆时切忌使用钢丝绒，因为钢丝绒会引入铁锈，可以使用合成钢丝绒垫作为替代。

混合处理

许多溶剂基产品，比如染色剂和釉料，具有较长的开放时间，且天然带有油性，使用起来很方便。由于溶剂基产品的这些性质，许多表面处理师喜欢在涂抹水基面漆涂层之前先用溶剂基的填充剂、染色剂、釉料或调色剂为木料染色。这种技术被称为"混合处理"。

只需在溶剂基产品的涂层之上涂抹一层脱蜡虫胶作为"黏附层"，就可以将水基面漆涂抹在大多数的溶剂基染色剂和釉料涂层之上。在某些情况下，甚至不需要涂抹黏附层，可以直接在溶剂基产品的涂层之上涂抹水基面漆。不过，在这么做之前，你应该与面漆制造商确认一下，或者进行一次黏附力测试。

➤ 参阅第 186 页"黏附力测试"。

将水基面漆涂抹在溶剂基产品的涂层之上后，应等待至少 1 周时间让水基面漆充分固化，再进行黏附力测试。

水基涂料

在装饰涂料这个分支领域中，水基产品占据了主导地位。尽管油基涂料由于其优异的流平特性深受许多职业表面处理师的喜爱，但对于内墙及饰物的表面处理，大部分表面处理师仍会选择水基涂料。

水基涂料中使用的树脂多种多样，但最常用的是乙烯基树脂和丙烯酸树脂。乙烯乳胶漆主要用于处理干壁或其他不需要耐热、耐化学物质和耐磨损性能涂层的平面区域。如果要处理家具，最好使用具有一定保护功能的丙烯酸树脂和聚氨酯树脂。水基丙烯酸树脂和聚氨酯涂料是家具表面处理的最好选择，但不容易买到。另一个选择是使用常见的、用于处理饰物和其他耐磨表面的

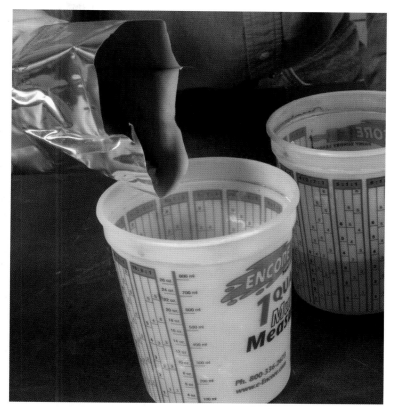

预制牛奶漆通常以袋装粉末的形式出售，使用前需用水溶解。

丙烯酸涂料。一种合适的家具涂料，其成分表上列出的应该是"丙烯酸"而非"乙烯基"。

美国生产的大部分乳胶漆都是刷涂或使用滚筒滚涂的，这类面漆都经过了专门增稠，以防止液滴落下或飞溅。不过，较稠的面漆增加了使用气动喷枪进行喷涂的难度，因此，专业表面处理师通常使用无气装置来喷涂这些未稀释的乳胶漆。如果使用的是传统喷涂装置或 HVLP 装置，则需要对涂料进行一定程度的稀释；或者直接到专业供应商处购买未增稠的水基涂料。

有一类水基涂料在家具表面处理中十分常见，即牛奶漆或酪蛋白漆。这种涂料源于以牛奶中的主要蛋白质——酪蛋白为基础的老式配方。酪蛋白是一种非常耐用的黏合剂，可溶解于石灰水，形成一种与其他水基面漆化学性质相似的胶体分散系。可以向分散系中添加彩色色素，这些色素主要为天然的棕色系色素，比如棕土和赭石。预制牛奶漆通常以袋装粉末的形式出售，使用前需用水溶解。

使用水基面漆

刷涂水基面漆

如果你愿意，可以使用脱蜡虫胶首先涂抹一层封闭涂层。在这张樱桃木桌面上，脱蜡虫胶封闭涂层不仅消除了起毛刺的风险，而且将化学染色剂残留在表面的氢氧化钠封闭起来（图 A）。如果不想涂抹虫胶，可以先用 220 目的砂纸打磨木料表面，然后用海绵蘸取蒸馏水擦拭表面，诱导起毛刺。待木料干燥后，再用 320 目的砂纸重新将表面打磨光滑。

将合成鬃毛刷浸入水中活化，然后拧干过量的水分。使用细滤网或中滤网将面漆过滤至杯中，将刷毛的一半长度浸入面漆中。在杯子边缘按压刷毛，去除过量面漆（图 B）。用刷尖在部件表面流畅地刷出湿润的笔画（图 C），不要用力挤压刷毛，尽量让面漆从刷尖自由流出。趁面漆仍然湿润时，竖直握持刷子，轻轻在表面拖动刷尖，将涂层扫拂平整。在刷涂边缘、边角和非平整区域时，只需用刷尖蘸上面漆小心刷涂，以获得更加精确的控制（图 D）。尽可能在温暖且空气流通较好的房间进行操作，让面漆可以充分干燥，但切忌在刷涂时向漆面鼓气。

第一层涂层干燥后，表面看起来可能会有些粗糙。如果木料之前未染色，可以在这步对其进行打磨；如果木料事先已经染色，为了防止磨穿染色层，需额外涂覆一层涂层后再进行打磨。对于轮廓复杂的区域，需要使用缓冲磨料垫打磨（图 E）。这张桌子的底座只需涂抹两层涂层，而桌面需要涂抹 3 层涂层，以增加整体的耐磨性。

擦涂水基面漆

擦涂水基面漆可以避免表面刷涂时最常见的起泡问题。在水基面漆中添加 10%~20% 体积的水，调制出可用于刷涂的面漆。为了防止在擦拭过程中将未添加黏合剂的染料层拉起，应先使用脱蜡虫胶对其进行封闭。这张未染色的桌面首先使用 1 磅规格的脱蜡虫胶进行了封闭，然后用 400 目的砂纸进行了打磨。

在涂抹面漆时，先将 1 oz（29.6 ml）左右的水倒在一块柔软的不起毛吸水布上将其润湿，然后将湿布自然地握在手中，整理成底部没有缝隙和折痕的擦拭垫，并倒入 ½~1 oz（14.8~29.6 ml）已稀释的面漆（图 A）。以平稳连贯的手法擦涂面漆，每个笔画都要从部件的一侧边缘擦至另一侧边缘（图 B），相邻笔画间要保持约 1 in（25.4 mm）的重叠。当部件表面开始出现条痕时，应及时为擦拭垫补充面漆。涂抹完成后，可以对着涂层吹风，以加快面漆涂层的干燥（图 C）。此时，可以开始擦涂下一涂层了。注意，1 小时内擦涂的涂层不应超过 4 层。

擦涂面漆适用于一些外形复杂的部件，比如图中这张桌子的底座，对于这样的部件，刷涂面漆很较易产生气泡。在对桌腿上漆时，应用擦拭垫将桌腿包裹起来擦涂，如图所示（图 D）。

如果用光亮光泽的产品进行擦拭，容易产生带有斑点的涂层，处理时需将这些斑点擦去。如果使用缎面或亚光光泽的产品，则无须额外擦拭便可获得理想的外观。对于图中这张桌面，我首先用 400 目的砂纸进行打磨，并在涂抹了 4 层涂层后用灰色合成研磨垫重新打磨了一遍。

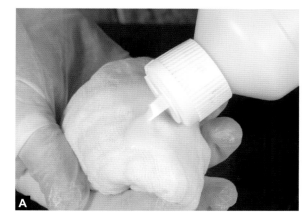

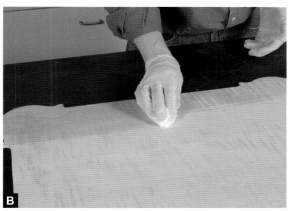

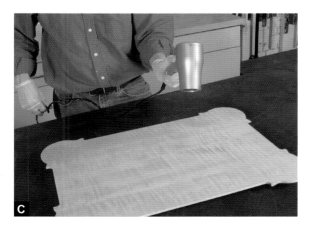

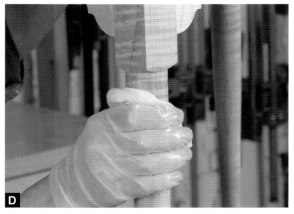

牛奶漆

　　牛奶漆非常适合用来处理这件尚未做任何表面处理的实用松木衣帽架。首先用木粉腻子将家具表面的钉孔全部填充，稍后使用 150 目的砂纸打磨家具表面，并将边缘棱角打磨圆滑（图 A），用脱蜡虫胶封闭木节处。

　　将牛奶漆粉末与水按照 1：1 的比例混合，充分搅拌均匀后将混合液静置 15 分钟。使用合成毛刷将油漆刷涂至家具表面（图 B）。第一层涂层会使木料表面稍起毛刺，因此需将其轻轻打磨光滑，注意在打磨时佩戴防尘口罩。用湿布擦去打磨产生的粉尘，然后涂抹第二层涂层，也就是面漆层。

　　为了营造复古效果，我会先涂抹一层淡黄色漆（图 C），再涂抹红色漆。待涂层干燥后，使用钢丝绒将边缘的淡黄色涂层刮去，形成做旧的外观。

　　牛奶漆涂层上容易出现水渍，因此最好涂抹一层清漆面漆对其提供保护。油基面漆可以加深牛奶漆涂层的颜色，而水基面漆则对其几乎没有影响（图 D）。

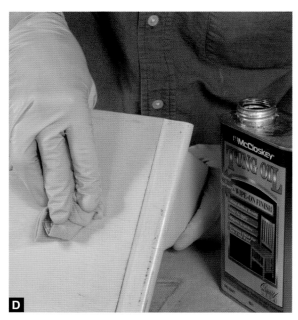

喷涂水基面漆

如果要喷涂水基面漆，应首先将面漆过滤至喷枪进料杯中，并将喷枪调整到流量较低的状态。先喷涂家具不易看到的表面，比如桌面的底面或橱柜的内壁（图 A）。缓慢平稳地移动喷枪，保持喷枪与待处理表面距离一致。喷涂完一个区域后，检查涂层表面是否存在液滴或流挂，尤其是一些垂直表面。如果存在上述情况，说明喷涂的涂层过厚，需对喷枪的流量进行调整，将喷枪更快地移过整个喷涂表面或加大喷涂时喷枪与喷涂表面的距离。等到喷枪调整完毕，而且你对喷枪的移动速度也有一定的感觉之后，再对家具的外部表面进行喷涂（图 B）。在喷涂门板时，需要使用钉板。

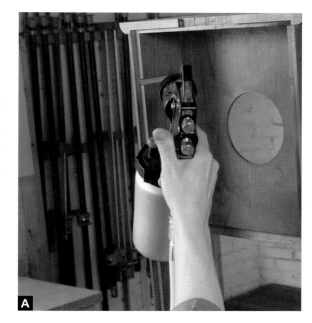

第一层涂层应在喷涂后的 1 小时内达到可进行打磨的硬度。不过，如果木料已经染色，最好喷涂两层涂层，以免打磨时破坏染色层。打磨时应使用 400 目以上的砂纸（图 C）。依次使用湿润的抹布和可用于水基面漆涂层的粘尘布擦拭木料表面，去除打磨产生的粉尘。等待 1~2 小时，喷涂几层较薄的最终涂层（图 D）。我想使这只钟的表面呈现亚光光泽，因此先喷涂了两层光亮光泽的面漆，最后喷涂了一层亚光光泽的面漆，来避免在颜色较深的木料上喷涂 3 层亚光面漆时可能出现的浑浊外观。

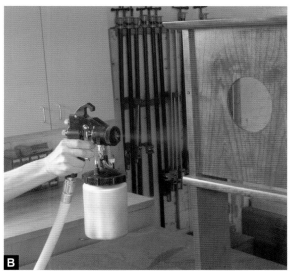

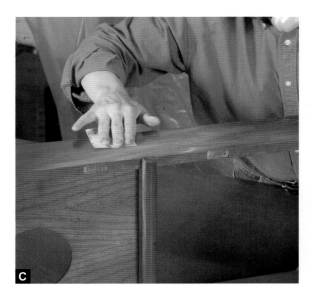

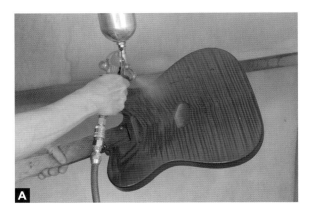

混合处理

将溶剂基产品底漆涂层与水基面漆涂层结合起来的混合处理技术，我会用示例中的吉他进行展示。

首先用蓝色的水基膏状木填料填充孔隙，然后在整个表面涂抹一层酒精基染料。接下来，喷涂一层脱蜡虫胶作为封闭涂层（图A）。虫胶涂层可以兼作底漆涂层，让接下来进行描影处理的黑色调色剂的效果更加明显。这种调色剂是将黑色染料与透明的脱蜡虫胶混合制成的（图B），可将其涂抹在吉他的背部与侧面，通过喷涂旭日图案将这些部位的色调调整至与吉他正面的枫木色调一致（图C）。

➤ 参阅第119页"喷涂旭日图案"。

经过一个晚上，调色剂便干燥充分，此时需要涂抹一层专门的水基封闭剂，来填充油基膏状木填料无法填充完全的孔隙，然后打磨封闭涂层，直至看不到孔隙的轮廓（图D）。

最后一步是在整个表面喷涂100%的丙烯酸清漆，在1小时内涂抹3层涂层。待这些涂层过夜干燥后，再喷涂3层涂层（图E）。将部件静置2周以上，然后抛光涂层表面，获得非常光亮的光泽。

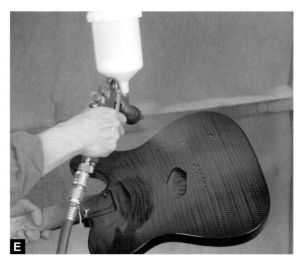

喷涂水基涂料

除非使用无气喷枪，否则乳胶漆需要稀释后才能喷涂。虽然有专门搭配压缩机和涡轮喷枪使用的未增稠水基涂料，但这种涂料很难买到。相比之下，100% 的丙烯酸漆是一种不错的替代产品。丙烯酸漆颜色多样，且涂层非常耐磨。

用于刷涂或滚涂的丙烯酸漆较稠，需添加10% 体积的水进行稀释，才能用于喷涂（图 A）。稀释后的漆液稠度可使用传统喷枪或涡轮喷枪进行喷涂，前提是这些喷枪应使用较大的喷嘴。我一般使用的是配有 2.2 mm 喷嘴的重力进料式喷枪。这种喷枪易于清洗，且可以使用较高的操作气压使面漆充分雾化。

首先涂抹一层底漆，并使用木粉腻子填充木料表面的裂缝或孔隙（图 B）。打磨干燥后的木粉腻子与底漆涂层，并除去粉尘。在喷涂第一层涂层时，应先降低气压，使面漆能够喷涂至所有的角落和边角（图 C）。对于较大区域的最终涂层的喷涂，应调高气压，使面漆充分雾化。可以先在测试板上测试喷枪的设置是否到位（图 D）。

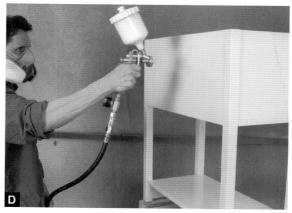

第 17 章
擦拭漆面

　　表面处理的最后一步是对漆面进行擦拭，以去除瑕疵，将表面处理光滑，同时获得所需的光泽。当然，擦拭涂层表面只是可选项，如果你对未经擦拭的涂层表面便已经很满意，那么擦拭就不必进行了。即便如此，掌握涂层擦拭技术也可以为你增加一种解决问题的手段。

擦拭涂层

　　擦拭涂层指的是使用磨料在涂层表面制造均一的精细划痕。通过依次更换更加精细的磨料，可以获得任何光泽度的涂层表面，从不会反光的亚光光泽到高度反光的光亮光泽。

　　擦拭一般分为两步完成。第一步需要将涂层表面的瑕疵去除，并对表面进行消光处理，这一步骤可通过砂纸实现；第二步，将涂层抛光至所

需光泽，这一步需要使用钢丝绒、合成研磨垫和研磨粉来实现。

　　任何成膜涂层均可进行擦拭，只是擦拭的难易程度有所不同。挥发性面漆，比如虫胶、溶剂基合成漆和许多水基合成漆具有热塑性，涂层硬度较高且较脆，这类涂层擦拭起来较为容易，可以迅速获得均匀的光亮光泽表面。因为挥发性面漆的涂层会彼此融合形成共同的膜层，因此对其涂层进行擦拭不会露出单层涂层。反应性面漆则不同，如果对其涂层进行擦拭，表面涂层的边缘会被磨穿，从而露出下方紧邻的涂层。

　　热固性反应面漆，比如大多数的油基清漆、催化清漆和聚酯纤维面漆，其涂层具有较高的硬度和韧性，擦拭起来较为容易，但这些面漆涂层不易形成均匀的光泽，难以获得光亮光泽的漆面。涂层硬度与韧性高的面漆，比如 2K 聚氨酯与催化合成漆，可以擦拭得到光亮的光泽，但与溶剂基合成漆或丙烯酸漆相比，花费的时间更长。

　　虽然桐油、亚麻籽油、丹麦油、油与清漆的混合物形成的涂层较软，但也不会被擦掉，因此可以通过上蜡或用布擦拭来提高光泽。

　　一些面漆中含有颗粒较细的光散射二氧化硅，用于形成亚光、缎面或半光亮的光泽效果。虽然这些面漆涂层也可以通过擦拭去除瑕疵，但

通过湿式打磨与擦拭获得的光亮光泽表面是我们可以获得的最佳外观效果。图中正在对这层已擦拭的漆面进行手工上釉，使其看上去更加完美。

光泽度分级		
光泽度级别	光泽度	反光效果
亚光光泽	10	无反射
蛋壳漆光泽	11~20	轻微反射，如同蛋壳表面
缎面光泽	21~35	反射图像模糊，文字不清晰
半光亮光泽	36~70	反射图像可分辨，文字模糊
光亮光泽	71~85	光亮但无湿润感，文字清晰可辨
高光亮光泽	85+	有湿润感，反射效果如同镜面一般，图像与细节均十分清晰

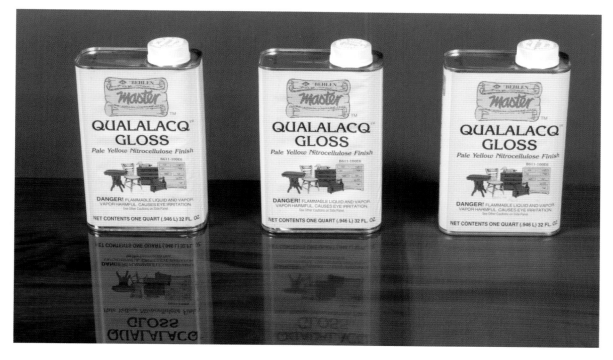

面漆涂层的光泽度是通过其反光性进行判定的。图中从左至右分别为可清楚地反射出漆罐轮廓与标签文字的高光亮光泽漆面、图像与文字稍有模糊的缎面光泽漆面和几乎不产生反射的亚光光泽漆面。

最好不要擦拭，以免破坏其固有的光泽效果。

控制光泽

　　光滑、无划痕的光亮表面可以完美地反射光线，不过，这样的表面可能并不适合你的作品，你可能更喜欢暗一点的光泽效果。无光表面可以通过在光亮的涂层表面制造细微的划痕或使用含消光剂的面漆制作涂层来实现。

　　可以通过打磨面漆涂层来获得任意程度的光泽。由 400 目的砂纸制造的划痕可以使涂层表面非常暗淡；而用 400~1000 目的砂纸打磨的涂层表面则可获得亚光至缎面的光泽；1200 目的砂纸则可以形成半光亮的光泽效果。更为精细的抛光处理则可以获得光亮的表面光泽。

　　消光剂是一种小型透明颗粒（一般为二氧化硅化合物），这些颗粒可以像划痕那样形成漫反射效果。不同制造商对不同光泽的界定不同。工业面漆则是根据"光泽度"这一概念精确分类的，此分类借助一种称为光泽计的光学仪器实现，这种仪器通过测定特定角度（通常为60°）的反射光来定量不同表面的光泽，以精确确定涂层表面的光泽度。

擦拭工具

许多磨料都可用于擦拭面漆涂层。我们之前曾经介绍过，可以用砂纸将面漆表面初步整平和打磨光滑。之后，可以使用钢丝绒、合成磨料垫和磨料粉将漆面抛光到所需的光泽。

砂纸

湿/干式碳化硅砂纸是最受欢迎的传统打磨工具。用砂纸打磨时，通常会加打擦油、油漆溶剂油、石脑油或肥皂水进行润滑，以防止砂纸发生堵塞。为了防止堵塞，也可以使用现代的非负载氧化铝或碳化硅砂纸进行干式打磨。干式打磨的优点在于，可以更清楚地估计打磨进度，从而防止磨穿面漆涂层。裸木更适合湿式打磨，在润滑油的作用下，可以得到较为光洁的表面。

钢丝绒和柔性砂磨垫

常规钢丝绒是根据特定的分类系统进行分级的，其等级从3（非常粗糙）至0000（最为精细）不等。通常来说，000号或0000号钢丝绒可用于擦拭面漆涂层。另一种选择是使用合成钢丝绒，这是一种带有磨料颗粒的非织物合成纤维垫。不论是常规钢丝绒还是合成钢丝绒，二者均可用于干式打磨或配合润滑剂一同使用。

► 参阅第18页"钢丝绒"部分。

第三种选择是使用柔性砂磨垫，即带有泡沫衬里、便于握持的湿/干碳化硅砂纸。因为带有缓冲衬里，这种砂磨垫并不适合除去灰尘颗粒和整平面漆涂层的凹凸不平，而是更适合形成均一的划痕，从而获得亚光或缎面光泽的表面。这种产品与碳化硅砂纸类似，在使用时最好使用润滑油进行润滑。

研磨粉、研磨膏和研磨棒

研磨粉用于经过砂纸或钢丝绒打磨后的表面，可将其抛光至所需光泽。传统上可用于抛光

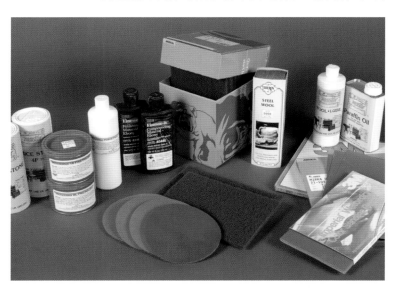

许多磨料可用于擦拭面漆涂层。图中从左至右分别为干浮石与硅藻粉、复合研磨膏与液体抛光剂、合成钢丝绒与常规钢丝绒、泡沫衬里研磨垫与湿/干砂纸以及擦拭润滑剂。

在使用固定式抛光设备时，应使用二氧化硅研磨棒，使用时应将研磨棒抵住旋转轮，来填充抛光轮。

的粉末包括浮石（松脂岩粉末）和硅藻土（风化石灰石粉末）。浮石具有多种级别，从 1F（粗糙）到 4F（精细）不等。硅藻土只有一种级别，其颗粒比浮石精细，足以将涂层表面抛光至光亮光泽。浮石与硅藻土通常与肥皂水或擦拭油等液体一同使用，用于形成浆料。

现代二氧化硅磨料也可用于抛光。二氧化硅磨料的颗粒较为均一，通常以液体悬浮液、研磨膏或研磨棒的形式出售。其中液体悬浮液和研磨膏可以在手工或搭配手持式电动工具进行抛光时使用，而研磨棒则需要搭配固定式的抛光设备进行抛光。研磨膏和液体磨料可以从汽车用品店购买，而研磨棒需要从专业供应商处购买。

二氧化硅磨料通常以"复合材料或抛光材料"的名目出售。在使用时，应先使用复合材料，再使用抛光材料。根据精细程度的不同，可以按照粗糙 1 号、中等粒度 2 号和精细 3 号这样的顺序操作。尽量使用同一种品牌的产品，因为不同制造商对磨料砂粒大小的界定可能存在差异。

涂层厚度与擦拭

擦拭会去除部分面漆，因此待抛光面漆的厚度就决定了最后可以获得的平整与光泽度。许多面漆涂层无须用力擦拭。例如，擦拭型清漆形成的较薄涂层，只需用精细砂纸轻打磨，然后用钢

丝绒进行轻轻擦拭即可。此外，如果需要将某一表面打磨至绝对平整，可以先涂抹一层较厚的面漆，以防磨穿涂层露出木料或内部的染色层。对于需要抛光至高光亮光泽的表面，完全平整是十分必要的，因为在高光亮光泽下，任何微小的表面瑕疵都会显露无遗。

如果想要获得光亮光泽的面漆涂层，最好先填充开孔木材（比如桃花心木、胡桃木和橡木）的孔隙。如果是通过手工擦拭获得缎面光泽的面漆涂层，则孔隙填充与否影响不大。如果对深色的开孔木材进行抛光，应使用颜色较深的膏状木

在进行干式打磨时，应使用含有抗负载添加剂的砂纸。这种含有硬脂酸盐的砂纸可以减少干燥的面漆在砂纸上形成的颗粒。

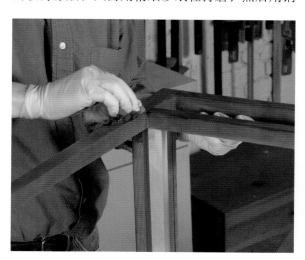

一些较薄的涂层，比如擦拭型清漆制作的涂层，只需用精细砂纸轻轻打磨，然后用钢丝绒轻轻擦拭即可。

图中的直列式气动砂光机可以在较大的表面（比如餐桌桌面或钢琴盖正面）进行湿式打磨。

填料（比如乌木色填料）和蜡，否则，孔隙中残留的成分会在后续过程中呈现白色。

之前我们提过，反应性面漆（清漆、催化合成漆以及双组分面漆）的各涂层之间不会像挥发性面漆那样彼此融合。这就带来了一个问题，即当擦拭太过用力时，便容易磨穿表面涂层露出内部涂层。为了防止使用反应性面漆时产生这一问题，我会首先涂抹3层封闭涂层，将染色涂层或填充表面封闭起来。待封闭涂层干燥1天后，用600目的砂纸进行打磨，最后涂抹一层完整、湿润的面漆涂层。

对于合成漆、虫胶和水基面漆等挥发性面漆产品，我同样会在开始时涂抹3层涂层，并干燥1天。之后，用320目的湿/干砂纸将表面打磨平整，最后涂抹3层完整、湿润的面漆涂层，并进行擦拭。

小贴士

面漆在干燥时可能会从边缘收缩，导致这些区域更容易被磨穿。可以在边缘区域额外喷涂一些面漆，但这一方法并不适用于手工涂抹面漆的情况。

不管使用的是何种面漆，在进行擦拭之前务必确保面漆涂层已充分固化。相比未完全固化的面漆涂层，固化的面漆涂层更容易打磨与擦亮，耗时也更短，因此多花一些时间等待涂层完全固化很有必要。虫胶、溶剂基和水基合成漆，以及双组分面漆涂层至少需固化1周；油基清漆和聚氨酯漆则至少需固化2周。如果面漆黏性较大，在初步整平过程中会粘在纸上，则表明干燥程度还不够，需固化更长的时间。

擦拭薄涂层

在两种情况中，你需要擦拭较薄的涂层。第一种情况，为了获得更为自然的外观，需要制作尽可能薄的涂层时。第二种情况，需要使用某种反应性面漆（比如清漆或某些水基合成漆）来涂覆较薄的面漆涂层时。这些涂层不能彼此融合在一起，如果打磨得过于用力，便会磨穿表面涂层，露出内部涂层。

我喜欢使用抗负载砂纸以干式打磨的方式打磨较薄的面漆涂层。干式打磨更方便看清楚打磨的进度，并借助打磨过程中产生的粉尘颗粒判断已经磨去了多少面漆。干式打磨完成后，可以使用钢丝绒继续擦拭。

擦拭薄涂层是最为简单且柔和的技术，可用于各面漆涂层，也可以用于练习擦拭的基本技巧。

擦拭厚涂层

对于较厚的涂层，可以更加用力进行整平，以获得在逆光下较为完美的平整表面。待表面整平后，可以通过逐级制作更加精细的划痕来获得所需的光泽度。这一工作可通过钢丝绒、研磨粉

精磨砂棉磨料垫是把碳化硅砂纸粘贴到柔韧的泡沫垫上制成的，可用于手持式不规则轨道砂光机。

这种手持式电动工具是砂光-抛光机。功能最好的型号不仅可以变速，而且具有可以从顶部或侧面握持的巨大把手，并可以轻松安装与拆卸抓握式羊毛垫。对于混合与抛光操作，应使用不同的羊毛垫。

这张桌面的处理未使用喷枪，是通过流动涂抹完成处理的。虽然这种技术无法像打磨与擦拭那样获得完全平整的表面或非常光亮的光泽，但可以为你节省不少时间，适合生产实际。

或研磨膏完成。

首先使用最为精细的湿／干砂纸打磨，除去涂层表面的瑕疵。我通常会从 400 目或 600 目的砂纸开始，但如果涂层表面带有一些橘皮褶，我会先用较为粗糙的砂纸进行打磨。

这一过程可以手工完成，但如果经常需要处理较大的表面（比如餐桌桌面），则可以考虑购进一台直列式气动砂光机。这种机器不仅可以节省打磨时间，而且机器形成的划痕更为均一，容易与高端家具的出厂漆面匹配。一般应首先通过湿式打磨将涂层表面打磨至一定的光泽度，再手工打磨以获得缎面光泽或抛光至高光亮光泽。

擦拭至缎面光泽

在擦拭至缎面光泽之前，首先用 600 目的砂纸整平涂层表面，这一过程可通过手工或机器打磨实现。传统的手工擦拭效果可以使用 0000 号钢丝绒沿直线擦拭涂层获得。这种处理方式可以获得十分独特的外观效果，但是在特定的照明条件下，钢丝绒在表面形成的划痕可能会十分明显。也可以使用柔韧的精磨砂棉（Abralon）磨料垫代替钢丝绒进行抛光，这种磨料垫是将极细的碳化硅砂纸黏附在泡沫垫上制成的，可以手工操作，也可以配合不规则轨道砂光机使用。

抛光至光亮光泽

缎面光泽涂层与光亮光泽涂层的区别在于，后者表面的划痕更加精细。若要将缎面光泽的涂层抛光至光亮光泽，需先用较为粗糙的砂纸将表面整平，然后使用 1000 目的砂纸进行湿式打磨。接下来，可以选择传统的浮石、风化硅石或硅藻土进行抛光，也可以使用液体悬浮液或研磨膏进行抛光。

手工抛光至光亮光泽的工作量很大。如果你需要经常抛光较大的表面，可以考虑购买一台抛光机器，这样的机器可以节省大量时间。效果最好的手持式抛光机为直角可变速型号，这类机器配有羊毛垫或泡沫垫。如果需要经常处理面积较小的立体部件，可以考虑购买一台带基座的抛光机，这种机器配有缝制棉花垫，小型装饰部件可以通过低速研磨附件进行抛光。

很多抛光师会使用一种名为"流动涂抹"的技术，以减少擦拭和抛光的工作量。这一技术尤其适用于合成漆等挥发性面漆。在流动涂抹时，首先使用 400 目的砂纸打磨涂层，消除表面缺陷，然后使用灰色合成磨料垫打磨整个表面。去除打磨产生的粉尘后，涂抹一层湿润的面漆涂层，面漆由 1/3 的合成漆和 2/3 的漆稀释剂混合制成，并按每夸脱面漆中 2~3 oz（56.7~85.1 g）的量加入缓凝剂。

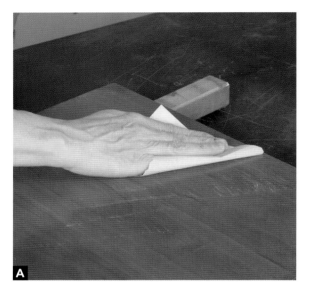

擦涂操作

擦拭薄涂层

　　将一张 600 目的砂纸四等分，取其中一块，将短边的一角夹在小指和无名指之间，然后让砂纸横跨整个手掌，用拇指和食指抓住砂纸的另一端（图 A）。轻轻打磨涂层表面，去除粉尘颗粒和其他缺陷。如果涂层不易打磨成粉末，则需要让其固化更长时间。在部件边缘，保持砂纸平贴部件表面，以防止磨穿边缘涂层。然后，使用经溶剂润湿的抹布擦去粉尘。不要对复杂的装饰件、转角和雕刻表面进行打磨。

　　拆下一块 0000 号的钢丝绒垫，或从钢丝绒卷上剪下 12~14 in（304.8~355.6 mm）长的钢丝绒条（图 B）。将其对折两次后打磨部件的边缘。从距离每侧边缘 3 in（76.2 mm）处起始，以短促的动作快速向内打磨（图 C）。打磨完成后，在侧光下可以看到较为暗淡的划痕。如果继续打磨，就可以在孔隙区域底部或一些较低的区域发现闪亮的斑点。为了消除这些斑点，应适当增加下压钢丝绒的力度。然后打磨其他表面，以较快的打磨手法将整个表面融为一体。

　　为了进一步提高表面光泽度，可以添加一些膏蜡，并在其干燥后抛光涂层表面（图 D）。对于孔隙区域，如果浅色蜡或孔隙中的颜色看上去不是很协调，应换用深色蜡或抛光剂进行处理。在抛光装饰件、转角和雕刻区域表面时，应在钢丝绒上施加足够的压力，使这些区域的光泽度稍稍降低。可以剪下一些小块的钢丝绒，使其可以更好地贴合部件的形状。

擦拭与上蜡结合

如果你想获得半光亮光泽的效果，可以将钢丝绒打磨与上蜡结合起来。图中这张樱桃木酒桌上涂抹了水基面漆，呈现出高光亮的光泽，因此需要打磨平整并消除部分光泽。对于樱桃木和其他深色木料，应使用深色蜡。天然蜡则适用于颜色较浅的木料，比如白蜡木、桦木和枫木。

在使用 600 目的砂纸轻轻打磨掉表面的粉尘颗粒后，制作一块 0000 号钢丝绒垫，制作方法如上页所示。用 1 oz（29.6 ml）的石脑油或油漆溶剂油喷湿钢丝绒垫（图 A）。（油漆溶剂油可以延长蜡的干燥时间）。将钢丝绒垫浸入蜡中，吸取 1 tsp（5 ml）以上的蜡，然后借助此溶剂与蜡的混合物对涂层进行打磨（图 B）。如果有需要，可以刻意在装饰件边缘或其他缝隙区域保留过量的蜡，以模拟做旧的效果（图 C）。当蜡开始变得浑浊时，使用鞋刷进行擦拭，直至得到较为柔和的光泽。图中樱桃木支架的右侧未经擦拭，呈现出较为光亮的光泽，而左侧则是用蜡擦拭的效果（图 D）。

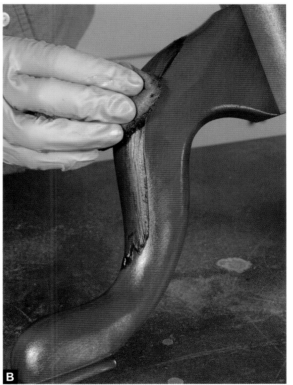

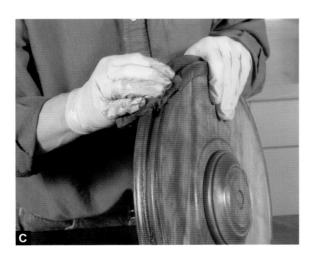

A

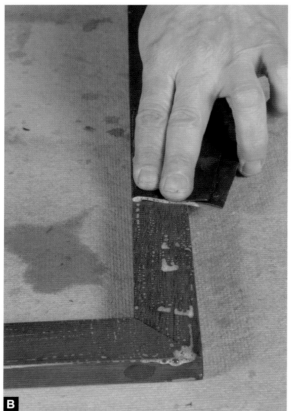

B

C

手工擦拭得到光亮光泽

从 320 目砂纸开始，在肥皂水的润滑下进行打磨，肥皂水可以通过向 1 qt（0.95 L）水中加入 1 瓶盖的洗洁精制备得到。将 1/4 块砂纸包裹住软木打磨块，对涂层表面进行湿式打磨，以去除表面的刷痕与其他缺陷（图 A）。擦除浆料后，涂层表面会呈现出较为暗淡的光泽。一些较为细窄的部件（比如框架）应手工打磨，以防止磨穿边缘涂层（图 B）。

接下来换用 1000 目的砂纸继续湿式打磨。一般来说，在湿式打磨后应使用研磨粉打磨，让表面光泽度稍稍提升一些。首先使用 4F 浮石去除上一步中精细砂纸留下的划痕，此时应用一块湿抹布以画圆的方式擦拭浮石（图 C）。为了进一步提高表面光泽，接下来使用硅藻土继续擦拭。浮石与硅藻土会在桃花心木等开孔木材表面稍有残留，如果出现了这样的情况，可以涂抹深色蜡做最后的处理（图 D）。如果需要稍微减弱一些表面光泽，可以在上蜡之后用 0000 号钢丝绒进行擦拭。

D

手工擦拭得到缎面光泽

很多高端家具呈现出来的丝绸般的平整的表面效果实际上是一种通过手工擦拭得到的缎面光泽效果。这种效果在挥发性面漆涂层上最为明显，但在反应性面漆涂层上也可以实现，只需将最终的干涂层厚度控制在 3mil 以上。

首先以湿式打磨的方式整平涂层表面。使用擦拭油作为润滑剂，后期处理可能要比使用肥皂水更麻烦一些，但它可以加快砂纸的切割速度，同时延长砂纸的使用寿命。首先用 400 目的砂纸包裹在软木打磨块上起始打磨，然后换用 600 目的砂纸继续打磨（图 A）。在示例中，我用砂纸直接打磨至边缘轮廓开始上翘的位置，然后换用灰色合成研磨垫继续打磨装饰件的边缘。将浆料擦去，确保涂层表面划痕均匀，没有凹陷（图 B）。如果表面仍存在一些孤立的瑕疵，最好保守一点，不做处理，而不是冒着磨穿面漆涂层的风险继续打磨。

如果你想省点力气，可以使用"钢丝绒润滑油"或"羊毛蜡"作为润滑剂，这种润滑剂是一种糖浆状的肥皂。这种产品不可用于虫胶或水基涂层表面，因为产品的碱性会破坏这两种涂层。对于虫胶或水基面漆，可以使用擦拭油进行润滑。在涂层表面滴加少许润滑剂，使用包裹软木打磨块的钢丝绒顺纹理方向进行擦拭，形成一种类似拉丝金属的效果（图 C）。从一侧边缘一直擦拭到另一侧边缘，如此重复6次。对于装饰件的边缘，应手工进行擦拭（图 D）。

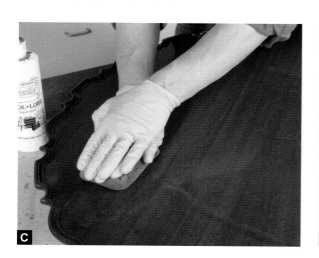

用电动工具进行湿式打磨

　　如果需要处理很多面积较大的平面（比如餐桌桌面或钢琴面板），可以考虑购入一台直列式气动砂光机。这种机器配有一对研磨垫，可沿直线方向来回运动。我使用的型号需要配备两张1/3大小的砂纸，以快速完成较大区域的打磨。在打磨开始时，将机器放在部件表面，用双手控制其方向（图 A）。当打磨到部件边缘时，应确保至少一半的磨料垫仍然接触桌面运动，以防止机器倾斜（图 B）。

　　由摩卡磨料公司生产的精磨砂棉研磨垫非常适合对立体部件（比如吉他琴身）进行湿式打磨（图 C）。精磨砂棉研磨垫是一种将碳化硅磨料黏附在开孔泡沫垫上，且背面具有一个可抓握把手的打磨工具。可以将其直接安装在不规则轨道砂光机的衬垫上（图 D），或者安装到一块 ½ in（12.7 mm）厚的接口垫上，提供额外的偏转与缓冲能力。

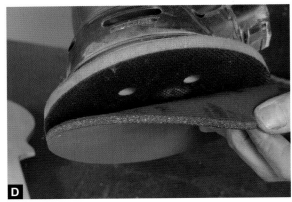

用抛光机抛光得到光亮光泽

　　若用抛光机打磨出光亮光泽，需首先使用手头最精细的砂纸整平涂层表面。对于这张半月形桌面，我先使用 400 目的砂纸进行打磨，之后换用 1000 目的砂纸继续打磨。

　　准备两块研磨垫——一块用于复合研磨膏，另一块则用于更为精细的抛光膏。通过用一根木棒抵住旋转的研磨垫，将松散的纤维与残留的浆料去除，实现研磨垫的活化（图 A）。按照每平

方英尺 1 tbsp（15 ml）的比例添加复合研磨膏，在机器关闭的情况下将其在研磨垫上涂抹均匀（图 B）。将抛光机放在待抛光表面上，开启机器，使其处于最低转速，并在开启后迅速移动机器。将研磨垫倾斜 3°~5°，使一半的研磨垫可以接触涂层表面（图 C）。在打磨部件边缘时，同样保持抛光机倾斜，使研磨垫向着远离部件边缘的方向旋转，而不是迎着部件边缘旋转（图 D）。在抛光时，应首先处理部件边缘，然后逐渐向中间区域移动，通过复合研磨膏使边缘与中心融为一体。这样，所有因湿式打磨产生的划痕均已被复合研磨膏产生的暗淡划痕所取代。

更换涂有抛光膏的研磨垫重复上述步骤。随着抛光膏的分解，涂层表面的光泽度会迅速提升（图 E）。最后，在涂层表面喷一些水以保持其清凉，同时用干擦拭垫轻轻抛光，获得光亮光泽。若要获得湿润效果的光泽，可以在最后一步中手工涂抹超细抛光剂或釉料。

[变式方法]

表面抛光（Surbuf）研磨垫是一种较小的羊毛垫，带有可与不规则轨道砂光机相连的可握持衬垫（图 V）。虽然这种磨料垫的处理速度不如抛光机，但也可以以相同的方式使用复合研磨膏和抛光膏。

B

C

D

V

E

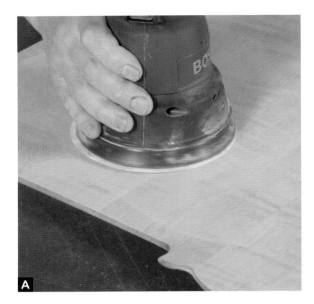

用精磨砂棉研磨垫擦拭得到缎面光泽

如果想获得缎面光泽的表面，同时避免钢丝绒产生的拉丝金属效果，可以在不规则轨道砂光机上安装精磨砂棉研磨垫进行抛光。这种磨料垫的目数从 180 目到 4000 目不等，被广泛用于家具的抛光，用来减少使用钢丝绒手工打磨的烦琐步骤。

首先使用细砂纸打磨除去粉尘颗粒、刷痕或橘皮褶等表面瑕疵（图 A）。只需将电源插头插入带有接地故障电路断路器的插座，就可以使用肥皂水作为不规则轨道砂光机的润滑剂（图 B）。否则的话，则需要使用擦拭油，这种润滑剂不会引发触电危险。

将磨料圆盘安装在砂光机垫中央，把砂光机放在部件表面，然后开启。开始时缓慢移动砂光机，随后逐渐加速。如果中途砂光机停止旋转，则适当补充润滑剂。在处理桌腿和望板时，还需额外安装 ½ in（12.7 mm）厚的接口垫（图 C）。

我更习惯使用气动式掌砂，这种砂光机要比电动式掌砂更容易操作。此外，气动式掌砂翼面较低，更容易处理狭窄的区域（图 D）。

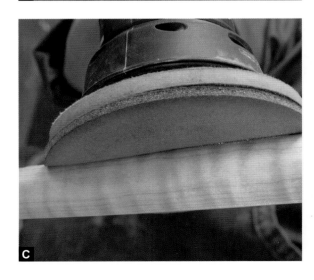

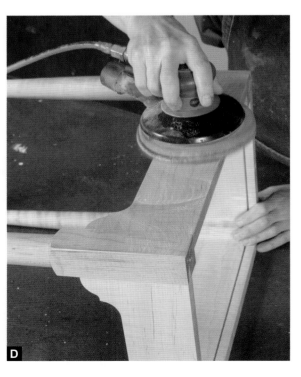